TRAITÉ
D'AGRICULTURE

À L'USAGE DU MIDI DE LA FRANCE

AGRICULTURE GÉNÉRALE
CULTURES SPÉCIALES, VITICULTURE, CULTURES ARBUSTIVES
ÉTUDE DES ANIMAUX, ÉCONOMIE RURALE

PAR MM.

B. CHAUZIT
PROFESSEUR D'AGRICULTURE
DU GARD

J.-B. CHAPELLE
PROFESSEUR D'AGRICULTURE À NÎMES
(GARD)

Couronné par la Société d'Agriculture du Gard

AVEC 111 FIGURES DANS LE TEXTE

MONTPELLIER
CAMILLE COULET, LIBRAIRE-ÉDITEUR
Libraire de l'École nationale d'Agriculture

PARIS
G. MASSON, LIBRAIRE-ÉDITEUR
Boulevard Saint-Germain, 120

1893

TRAITÉ

D'AGRICULTURE

A L'USAGE DU MIDI DE LA FRANCE

TRAITÉ
D'AGRICULTURE

A L'USAGE DU MIDI DE LA FRANCE

AGRICULTURE GÉNÉRALE

CULTURES SPÉCIALES, VITICULTURE, CULTURES ARBUSTIVES

ÉTUDE DES ANIMAUX, ÉCONOMIE RURALE.

PAR MM.

B. CHAUZIT
PROFESSEUR DÉPARTEMENTAL D'AGRICULTURE
DU GARD

J.-B. CHAPELLE
PROFESSEUR D'AGRICULTURE A BAGNOLS
(GARD)

AVEC 117 FIGURES DANS LE TEXTE

MONTPELLIER
CAMILLE COULET, LIBRAIRE-ÉDITEUR
Libraire de l'École nationale d'Agriculture
PARIS
G. MASSON, LIBRAIRE-ÉDITEUR
Boulevard Saint-Germain, 120

1893

PRÉFACE

Les ouvrages d'agriculture à l'usage des élèves des écoles primaires sont nombreux. Depuis que le Gouvernement s'est préoccupé de l'enseignement agricole dans les campagnes et a fait connaître l'esprit de cet enseignement, bien des auteurs ont écrit de très bons livres, que l'on trouve d'ailleurs en ce moment dans toutes les bibliothèques scolaires. Mais aucun de ces ouvrages n'est approprié spécialement à chacune des régions agricoles de la France. Celui que nous publions aujourd'hui est particulièrement adapté à la région du Midi.

Dans notre travail, nous espérons n'avoir oublié aucune question importante, sans toutefois être sorti du cadre que nous nous étions assigné. Tous les sujets d'un intérêt secondaire ont été très condensés ; nous n'avons donné des développements complets que sur les principales cultures de la région. Mais, dans aucun cas, nous n'avons oublié que notre objectif était d'instruire des jeunes élèves et des agriculteurs ; par conséquent, nous nous sommes efforcés d'être clairs, pratiques, et de présenter, sous une forme très compréhensible, le côté théorique de toutes les questions, qu'on aurait tort de négliger.

Nous avons d'abord posé les bases de l'agronomie moderne et puis parlé des principales cultures de la région.

Nous avons ensuite étudié l'horticulture, qui comprend la culture des arbres et celle des légumes.

Enfin l'économie du bétail et l'économie rurale devaient aussi trouver leur place. Le bétail est l'auxiliaire le plus direct et le plus précieux du cultivateur; il doit être bien connu. Et quant aux règles de l'économie rurale, tout agriculteur digne de ce nom doit les connaître.

Les instituteurs trouveront dans notre livre un cadre qui leur facilitera beaucoup leur tâche, et les élèves y puiseront des notions d'agriculture générale précises, y apprendront à soigner rationnellement les cultures qu'ils voient faire autour d'eux. Les agriculteurs de profession eux-mêmes et notamment les régisseurs, les bayles, etc., trouveront aussi dans notre Traité de précieux conseils,

Nous souhaitons que ce livre, en faisant connaître l'agriculture, la fasse aimer et contribue, pour sa part, à retenir aux champs la jeunesse française que tout, actuellement, attire vers les villes.

Enfin, nous devons ajouter que notre travail a obtenu le premier prix au concours ouvert par la Société d'agriculture de Nimes, et qu'il est publié sous les auspices de cette Société et du Conseil général du Gard.

TRAITÉ D'AGRICULTURE

MÉRIDIONALE

CONSIDÉRATIONS GÉNÉRALES

Définition et but de l'agriculture. — L'agriculture est une des plus importantes branches des connaissances humaines. On doit la considérer comme une science, puisqu'elle s'appuie sur les sciences physiques, naturelles et économiques. Ce n'est pas un art, ce n'est pas une simple pratique, car l'art c'est l'application de la science, et la pratique agricole consiste dans l'application intelligente des lois de l'agronomie. Son but est d'obtenir les produits des végétaux et des animaux de la manière la plus avantageuse.

L'agriculture constitue l'une des industries les plus importantes ; elle met en œuvre, en effet, un capital très grand et occupe une très nombreuse population ; ses produits, de toute sorte, représentent une valeur considérable.

Rôle de l'instituteur. — L'instituteur peut aider puissamment à la diffusion du progrès agricole dans les campagnes. C'est à lui qu'incombe le devoir de bien interpréter les faits et même de donner quelques conseils aux agriculteurs avec lesquels il est en relation. Mais son rôle principal sera d'inspirer le goût de l'agriculture aux enfants de leur faire aimer la vie des champs. Et il atteindra facilement ce résultat en intéressant ses élèves aux choses de la nature, en les initiant à la connaissance de la vie des plantes et des animaux, et surtout en multipliant les promenades agricoles. Dans ces promenades, il entretiendra les enfants des fleurs, des plantes, des animaux, des instruments qu'ils auront l'occasion de voir, et c'est ainsi que naîtra le goût de la vie des champs.

Evidemment, l'instituteur ne peut pas faire de ses élèves des agronomes, mais il peut facilement inculquer aux enfants des notions d'agriculture rationnelle ; il doit être un semeur de bonnes idées agricoles.

Dans le jardin de l'école, quelques expériences devront être tentées ; ainsi on fera des essais d'engrais, de taille de la vigne et d'arbres fruitiers, de greffage, etc. L'instituteur pourrait même instituer chez les principaux agriculteurs de la commune de véritables expériences agricoles qu'il visiterait avec ses élèves. Dans ces champs d'expériences, on mettrait en évidence l'action de tel ou tel engrais sur telle ou telle culture, on essaierait les semences améliorées, les plantes nouvelles et même les instruments perfectionnés.

A ces différents points de vue, on le voit, l'instituteur peut rendre de bien grands services à l'agriculture française.

PREMIÈRE PARTIE

AGRICULTURE PROPREMENT DITE

—

A.— AGROLOGIE

Chapitre I.— **Globe terrestre, sol et sous-sol**.

Primitivement, la terre était une masse incandescente qui se mouvait dans l'atmosphère. Elle s'est ainsi refroidie et sa surface s'est solidifiée progressivement. La terre est donc formée par une série de couches superposées ; son épaisseur est très grande ; elle atteint aujourd'hui plus de 80 kilomètres. En se solidifiant, la terre se contractait et il se formait ainsi des fentes par lesquelles s'échappaient des matières à l'état liquide. Ces matières, en se répandant à la surface du globe et se solidifiant à leur tour, ont formé des roches très dures appelées *roches primitives*.

Par suite de son mode de formation, la surface de la terre est très inégale ; elle présente des saillies et des creux qui constituent les montagnes et les vallées.

Formation de la terre arable. — La terre arable est le résultat de la désagrégation des roches. Parmi les principaux éléments qui concourent à la réduction des roches en parties fines, nous citerons :

1º L'eau, qui, en pénétrant dans les interstices des rochers, les fait éclater lorsque la gelée arrive et qui, à l'état de pluie, entraîne les particules ténues des roches et dissout les parties solubles des pierres ;

2º L'air, qui, en pénétrant dans les roches, en modifie la composition et facilite par suite leur destruction ;

3° Les glaciers, qui rabotent, qui usent la surface des rochers sur lesquels ils reposent ;

4° Les variations d'humidité et de sécheresse de l'atmosphère qui désagrègent et réduisent en menus fragments la surface du sol.

Selon la cause qui a agi, on donne au terrain formé une dénomination différente. D'une manière générale, on peut diviser les terrains en deux classes : 1° les terrains formés sur place, qui proviennent des débris des roches restés à demeure ; 2° les terrains d'alluvions, formés par les matériaux entraînés par les eaux.

Nous pouvons maintenant définir ce que l'on entend par agrologie. On appelle agrologie l'étude du sol et du sous-sol.

Sol. — Le sol est appelé aussi *terre arable* ou *terre végétale*. C'est la partie meuble du terrain, celle qui se trouve directement exposée aux rayons du soleil, qui est attaquée par les instruments aratoires ; la partie de la terre dans laquelle les plantes développent leurs racines.

Quand les terrains sont formés sur place, le sol est ordinairement peu profond. Lorsque, au contraire, ils sont formés par des alluvions, c'est-à-dire par des matériaux transportés et déposés par les cours d'eau, leur profondeur peut être considérable.

Sous-sol. — Le sous-sol est la partie du terrain qui se trouve immédiatement au-dessous du sol; c'est la couche inerte qui n'est généralement pas attaquée par les instruments aratoires.

Selon sa composition, le sous-sol retient ou laisse passer l'eau plus ou moins facilement.

CHAPITRE II. — **Composition de la terre arable.**

La composition de la terre arable dépend de la nature des roches qui l'ont produite. Toutefois, les éléments constitutifs sont toujours les mêmes, mais ils ne rentrent pas dans la même proportion dans les divers terrains.

Ces éléments constitutifs se divisent en deux groupes :

1° Éléments physiques ou mécaniques.

2° Éléments chimiques ou alimentaires.

Les éléments physiques ne jouent qu'un rôle secondaire ; ils servent simplement de support, de vase à la plante. Ces éléments sont le *sable*, l'*argile*, le *calcaire* et l'*humus*.

Les éléments chimiques sont ceux qui alimentent la plante. Leur abondance ou leur absence détermine la fertilité ou la stérilité des terres. Ces éléments chimiques, essentiels ou alimentaires, sont l'*azote*, l'*acide phosphorique*, la *potasse*, la *chaux*, la *magnésie*, le *fer* et l'*alumine*.

Rôle des éléments physiques. — *Sable*. — Le sable est encore appelé silice (de silex ou pierre à fusil) ; il provient de la décomposition de certaines roches ; on le rencontre en grande abondance sur les plages et sur les bords des cours d'eau. Il constitue la partie de la terre que l'eau ne peut délayer.

Le sable donne aux terres les qualités suivantes : il les rend meubles ou friables et par suite faciles à travailler, perméables à l'air, à l'eau et à la chaleur.

L'argile est l'ensemble des matières terreuses délayables dans l'eau, et ne faisant pas effervescence avec les acides. L'argile a un toucher onctueux ; elle hâpe à la langue ; avec l'eau, elle forme une pâte liante qui durcit sous l'action de la chaleur. Elle communique au sol ses propriétés ; elle le rend humide et lui donne de la ténacité.

Le calcaire est la partie terreuse qui fait effervescence avec les acides et s'y dissout.

Le calcaire est du carbonate de chaux, autrement dit un composé de chaux et d'acide carbonique. Il est généralement blanc; aussi les terrains calcaires ne s'échauffent-ils pas facilement, car la couleur blanche réfléchit la lumière et la chaleur. Il se laisse facilement pénétrer par l'eau.

L'humus est cette matière noire qui résulte de la décomposition des matières végétales ou animales enfouies dans le sol. Cette matière organique est très avide d'eau; grâce à sa couleur, elle absorbe facilement la chaleur; par sa richesse en éléments fertilisants, elle augmente la fertilité des terres.

Rôle des éléments chimiques. — *Azote.* — L'azote, qui forme les 79/100es de l'air, se trouve en proportion minime dans le sol. Néanmoins, c'est un élément indispensable à la végétation; un terrain qui manquerait d'azote serait stérile.

L'azote se rencontre dans le sol sous trois formes différentes : 1° l'azote organique, qui est apporté par les matières organiques, végétales ou animales introduites dans la terre ; 2° l'azote ammoniacal, qui se trouve en très petite quantité dans le terrain, et 3° l'azote nitrique, qui est la forme la plus assimilable et qui provient de la transformation de l'azote organique et ammoniacal.

Acide phosphorique. — L'acide phosphorique est aussi indispensable que l'azote. Toutes les plantes contiennent cet élément qui sert aux animaux pour la constitution de leurs os.

Potasse. — La potasse est absolument nécessaire à certains végétaux, et notamment à la vigne et à la pomme de terre. La potasse provient de la décomposition de certaines roches composées.

Ces trois éléments constitutifs : azote, acide phosphorique et potasse, sont de beaucoup les plus importants. Ils se trouvent généralement en minime proportion dans toutes les terres (de 0,5 à 2 pour 1000) et toutes les cultures les réclament.

Chaux. — La chaux constitue un principe alimentaire de second ordre ; elle facilite l'absorption par les végétaux de certains éléments fertilisants. La chaux est très répandue dans beaucoup de terrains et forme la majeure partie des terres calcaires.

Magnésie. — Le rôle de la magnésie n'est pas encore bien défini ; mais il est probable que cette matière est utile à la vie du végétal.

Oxydes de fer et d'alumine. — Ces oxydes servent aussi à la végétation, mais leur principal rôle est de conserver les matières fertilisantes, d'en empêcher la déperdition.

Chapitre III. — **Classification des terrains**.

On peut classer les terrains soit d'après la nature des plantes qui y poussent, soit d'après leur richesse en éléments fertilisants, soit enfin d'après l'abondance de certains éléments physiques. Nous adopterons cette dernière classification, parce qu'elle nous paraît la plus simple.

Les trois éléments physiques sur lesquels cette classification est basée sont le sable, le calcaire et l'argile. Selon que l'un ou l'autre de ces éléments prédomine, on a des terrains sablonneux, calcaires ou argileux.

Ainsi, nous appellerons *terrains sablonneux* ou *siliceux* ceux qui renfermeront plus de 60 p. 100 de sable ; *terrains argileux*, ceux qui contiendront plus de 50 p. 100 d'argile, et enfin *terrains calcaires*, ceux dans lesquels on trouvera plus de 60 p. 100 de carbonate de chaux.

On peut ajouter une quatrième classe qui comprendra les *sols tourbeux* ou *humifères*, c'est-à-dire ceux renfermant une forte proportion d'humus.

DESCRIPTION DES TERRAINS. — **Terrains argileux.** — Les terrains argileux ne se laissent pas facilement pénétrer par l'eau ; quand ils l'absorbent, ils forment avec elle une boue épaisse d'une grande consistance. Ils sont humides, à cause de l'eau absorbée, et froids, parce que cette eau, en s'évaporant, amène un abaissement de température.

Les terres argileuses sont appelées *terres fortes*, à cause de la consistance de leur masse ; elles adhèrent très fortement aux instruments aratoires ; il est presque impossible de les travailler après la pluie.

Les terrains argileux durcissent beaucoup pendant la sécheresse et, en se desséchant, se contractent, se fendillent et produisent quelquefois de larges crevasses ; une fois desséchés, durcis, ils sont difficiles à travailler. Il faut donc saisir, pour labourer ces terrains, le moment où ils ne sont ni trop secs, ni trop humides. On doit les labourer très profondément afin de faciliter l'écoulement des eaux dans le sous-sol.

L'argile jouissant de la propriété de retenir les matières fertilisantes, il en résulte que les terres argileuses sont relativement fertiles.

Parmi les plantes qui s'accommodent très bien de ces terrains, nous citerons le blé, le trèfle, la vesce, l'avoine, etc.

Les terres où l'argile ne dépasse pas certaines proportions sont considérées comme bonnes, surtout dans les pays où l'on cultive le blé.

Lorsqu'une terre argileuse vient d'être labourée, on reconnaît sa nature aux caractères suivants ; les raies du labour sont bien marquées, bien liées, les arêtes des bandes de terre sont presque vives, le terrain a un aspect luisant qui disparaît lorsque la terre est sèche.

On peut améliorer les terrains argileux en enlevant, par le drainage, l'excès d'eau qui les rend compacts ; en y apportant de la chaux, qui tempère leurs propriétés absorbantes, ou, enfin, en y ajoutant du sable qui les rendra plus pénétrables, plus perméables. On modifiera encore leurs qualités en les labourant souvent pendant l'été et en les charruant profondément. L'emploi du fumier de ferme pailleux les améliorera en les divisant.

Les terrains argileux sont très abondants dans la région méridionale.

L'argile, mélangée avec les autres éléments physiques, forme les terrains *argilo-calcaires*, *argilo-siliceux*, dont les propriétés varient suivant la proportion de ces divers éléments.

Terrains calcaires. — On appelle terrains calcaires ceux dans lesquels le calcaire domine. Ils sont de couleur blanchâtre et réfléchissent les rayons caloriques ; par suite, leur surface est chaude et leur intérieur froid. Lorsque leur réverbération est trop intense, elle devient préjudiciable à la végétation. Après une pluie, ils deviennent boueux ; ils sont, au contraire, très friables lorsqu'ils sont secs. Ces terrains sont arides lorsqu'ils reposent sur une roche de même nature et que la profondeur de la couche arable est faible.

Ces sols sont généralement pauvres ; il faut les fumer fortement pour en obtenir de bonnes récoltes ; ils sont très avides d'engrais qu'ils absorbent rapidement.

Parmi les plantes qui paraissent s'adapter à ces terrains, on peut citer le sainfoin, la luzerne, le blé, etc. ; et, parmi les arbres, le pin, le sapin, l'amandier, l'olivier, le chêne, etc. ; la vigne américaine végète difficilement dans ces terrains.

Pour les améliorer, on peut employer l'argile, la marne argileuse, le sable.

On rencontre le plus souvent le calcaire mélangé avec les autres éléments physiques ; il forme alors des sols désignés sous les noms de *calcaréo-argileux*, *calcaréo-sili-ceux*, etc. Selon la nature du calcaire, les terrains sont désignés sous la dénomination de terrains crayeux, tuffeux, marneux, magnésiens, etc.

Terrains sablonneux. — Ces terrains ne font pas pâte avec l'eau ; ils sont formés essentiellement de sable. Ils n'ont aucune consistance, aucune ténacité ; ils sont perméables ; ils n'offrent pas d'adhérence aux instruments. Leur couleur est d'un blanc jaunâtre. On les appelle aussi *terres légères*.

A cause de leur faible consistance, ces terrains sont facilement travaillés. Il se laissent aisément pénétrer par les éléments, de sorte que les matières fertilisantes y sont vite détruites ; ce sont de grands mangeurs d'engrais. Ils s'échauffent et se dessèchent très facilement sans durcir.

Les labours doivent y être superficiels ; le plombage à l'aide de rouleaux y produit d'excellents effets.

On peut modifier facilement la composition de ces terrains lorsqu'ils reposent sur un sous-sol argileux. Il suffit de mélanger, par des labours profonds, le sous-sol avec le sol.

Parmi les plantes qui y poussent bien, on peut citer l'orge, le seigle, l'avoine, la pomme de terre, la luzerne, la vigne, l'asperge, le pin maritime, etc. La vigne n'y est pas inquiétée par le phylloxera, qui ne peut s'y multiplier.

Les terrains sablonneux se divisent en terrains *silico-argileux* et *silico-calcaires*.

Dans le Gard, on rencontre les terrains silico-argileux dans les Costières ; les terrains d'alluvions, que l'on observe dans la petite Camargue, appartiennent à cette catégorie.

Les terrains *silico-calcaires* sont le type des terres à sainfoin. Ils sont blancs et se tassent difficilement dans la main. Ces terrains ont l'inconvénient d'être trop secs ; en même temps, ils manquent de consistance.

Les terrains *sablo-humifères* sont caractérisés par les terres de bruyère ; ils sont mouillés et se tassent difficilement. Lorsqu'ils sont secs, ils tombent aisément en poussière. Ces sols sont riches en matières organiques ou humus; pour cette raison, ils conviennent très bien aux cultures florales et potagères.

Enfin les terrains *silico-argilo-calcaires* constituent les *terres franches*. La terre franche est formée, par parties égales, des trois éléments principaux : sable, argile, calcaire. Elle se tasse dans la main quand on la presse avec les doigts ; elle fait effervescence avec les acides.

Ses principales qualités sont d'être, à un degré convenable, humide et chaude, meuble et tenace. Elle conserve bien les produits de la décomposition des engrais. Elle est moyennement riche en éléments minéraux et en éléments organiques.

Terrains humifères. — Les terrains humifères comprennent, principalement, les marécages et les tourbières. Ils se prêtent difficilement à la culture et doivent être fortement amendés et drainés. Ils sont de couleur noire et très humides.

Les terrains caillouteux sont formés de cailloux siliceux roulés et déposés par les eaux. Comme exemple de ces terrains, on peut citer la plaine de la Crau (Bouches-du-Rhône), la plaine de Graves (Gironde) et enfin les Grès du Gard.

Les terrains granitiques, très répandus dans les Cévennes, sont siliceux ; ils proviennent de la décomposition des roches du même nom. Il y pousse un foin très estimé, surtout sur les bords du Gardon.

Les terrains volcaniques sont formés par des amoncellements de laves rejetées par les volcans. Ils sont très fertiles. On peut citer, parmi les terrains de cette origine, la plaine de la Limagne, en Auvergne, et la vallée de Naples.

B. — MOYENS PROPRES A MODIFIER LA COMPOSITION DU SOL

Chapitre I.— **Amendements**

On appelle amendement toute substance ou toute pratique capable de modifier les propriétés physico-chimiques des terres. Les apports de calcaire, d'argile et de sable constituent donc des amendements.

Les amendements les plus employés sont *la jachère, l'écobuage, la marne, la chaux* et *le plâtre.*

La jachère est une pratique qui consiste à laisser le sol improductif pendant un certain temps. C'est un moyen de fabriquer de l'engrais naturellement, de profiter de l'apport de matières fertilisantes fait par l'atmosphère et de permettre au sol de s'enrichir par suite de la décomposition et de la transformation des matières organiques et minérales qu'il contient.

On dit que la jachère est *nue* lorsqu'on laisse le terrain inculte, sans s'en préoccuper. La jachère *cultivée* consiste à donner quelques labours pendant le repos du sol. Enfin, dans la jachère cultivée et semée, on ne se contente pas d'aérer le terrain et de détruire les mauvaises herbes par les labours, on y sème encore des graines pour obtenir des plantes destinées à être enfouies avant leur maturité.

La jachère n'est pas un progrès ; elle ne se comprend que dans les pays pauvres. Elle n'est justifiée par aucune bonne raison ; on doit poursuivre sans cesse son abandon.

La terre n'a pas besoin de se reposer ; en la fumant, on peut lui rendre largement les matières nutritives enlevées par les plantes.

Ecobuage. — Cette opération consiste à brûler les

herbes qui se trouvent à la surface du sol, soit directement, soit en bâtissant des espèces de fourneaux avec des mottes de terre. Par l'écobuage, l'argile acquiert des propriétés comparables à celles du sable ; les plantes calcinées enrichissent le sol par les matières fertilisantes contenues dans leurs cendres.

Marnage. — On appelle marnage l'opération qui consiste à amender les terres avec de la marne.

La marne est composée surtout de calcaire ; elle renferme aussi de l'argile et du sable ; elle jouit de la propriété de se déliter à l'air et à l'humidité.

On dit qu'elle est *calcaire* quand elle renferme cet élément dans la proportion de 80 p. 100 ; elle est *siliceuse* quand elle contient de 30 à 60 p. 100 de sable ; elle est enfin appelée *argileuse* quand l'argile entre pour 30 à 40 p. 100 dans sa composition.

La marne doit être transportée sur le sol en hiver, par un temps sec. Après une exposition assez longue à l'air pour lui permettre de se déliter, on la répand sur toute la surface de la terre. On doit l'incorporer au sol par des labours et par des hersages.

La quantité de marne à employer dépend de la nature du terrain ; généralement, cette quantité est égale à 2 p. 100 de l'épaisseur de la couche arable.

Les effets de la marne sont nombreux : 1° elle modifie la composition physique du terrain ; 2° elle neutralise les acides qui peuvent se trouver dans le sol ; 3° elle désorganise les résidus des plantes et favorise par suite leur assimilation. Les effets du marnage ne se font généralement sentir qu'à la deuxième ou troisième année. On doit fumer après le marnage.

Chaulage. — Le chaulage est cette pratique agricole qui consiste à mettre de la chaux dans les terres. Les effets de cette opération sont rapides et puissants. Le chaulage convient aux terrains acides, argileux et humifères.

Selon la nature des pierres qui la produisent, la chaux

a une composition et des propriétés différentes. Ainsi, on distingue :

1° La *chaux grasse*, formant avec l'eau une pâte liante et se réduisant en poudre au contact de l'air.

2° La *chaux maigre*, qui renferme du sable ; exposée à l'air, elle se délite moins bien que la précédente et forme avec l'eau une pâte peu liante.

3° La *chaux hydraulique* riche en argile, qui a la propriété de durcir sous l'action de l'eau.

4° La *chaux magnésienne*, qui appporte dans le sol du calcaire et de la magnésie.

Enfin la *chaux ammoniacale* provenant de la fabrication du gaz de l'éclairage.

L'application et l'épandage de la chaux se font à la même époque et de la même manière que pour la marne.

Il ne faudait pas abuser du chaulage, car la chaux n'apporte aucune matière nutritive et excite l'activité du sol. Les chaulages trop répétés ou trop abondants stériliseraient la terre. C'est donc avec raison que l'on a pu dire «que le chaulage enrichissait le père et ruinait les enfants».

La quantité de chaux à répandre varie entre 100 et 400 hectolitres par hectare. Mais il vaut mieux chauler peu et chauler souvent, que de répandre à la fois de grandes quantités de chaux.

La chaux, comme la marne, affermit les terres légères, rend perméables les terres argileuses, décompose les matières organiques, neutralise les acides, détruit les insectes, favorise la dissolution des principes fertilisants. Les plantes qui en profitent avantageusement sont le froment, les légumineuses, etc.

Plâtrage. — Franklin a démontré les bons effets de cette pratique en répandant du plâtre sur un champ de trèfle, de manière à former les caractères suivants : «*Ceci a été plâtré*». Au moment de la coupe, on vit ces lettres se détacher nettement sur le champ, par suite de l'exubé-

rance de végétation communiquée par le plâtre. La cause
du plâtre était ainsi gagnée.

Le plâtre, que l'on extrait des carrières, est utilisé en
agriculture à l'état cru ou cuit indifféremment. Son application a lieu au printemps, au moment du réveil de la
végétation. Il convient surtout aux plantes fourragères,
naturelles ou artificielles (luzerne, trèfle). Dans ces derniers temps, il a été démontré aussi, par MM. Chauzit et
Trouchaud-Verdier, qu'il agissait favorablement sur la
vigne.

La quantité à appliquer est, en moyenne, de 5 à 600 k.
par hectare. On le répand à la volée, le matin, de préférence lorsque les feuilles sont encore couvertes de rosée.

Le plâtre agit en favorisant la transformation et l'assimilation des engrais azotés ; il facilite encore la diffusion
de la potasse et de l'acide phosphorique par les réactions
qu'il exerce sur les éléments du sol.

Chapitre II. — Des Engrais.

On appelle engrais les matières qui servent d'aliment
aux plantes. Pour bien comprendre l'importance des engrais, il faut connaître la composition et le mode de nourriture des végétaux.

Si l'on brûle une plante, une partie s'échappe sous forme
de gaz ou de fumée, c'est la *matière organique ;* une autre
partie reste à l'état solide et forme la *matière inorganique,*
minérale, c'est la cendre.

Avec la matière organique, l'eau que contiennent les
tissus de la plante s'est échappée également.

Dans les plantes herbacées, la proportion de cendres
s'élève à environ un centième du poids total ; dans les
plantes sèches, au contraire, cette proportion peut atteindre un dixième du poids total.

La *matière organique* est formée par les combinaisons très nombreuses de quatre corps simples : l'oxygène, l'hydrogène, le carbone et l'azote.

L'*oxygène*, que l'air atmosphérique renferme dans la proportion de 21 p. 100, est indispensable à la végétation.

L'*hydrogène* se trouve principalement dans l'eau (un neuvième en poids).

Le *carbone* existe dans l'air à l'état d'acide carbonique; cet acide est décomposé par les plantes en carbone et en oxygène sous l'influence de la lumière.

L'*azote*, en se combinant à l'hydrogène, donne l'*ammoniaque*, et avec l'oxygène il forme *des nitrates*. Ces corps, dissous dans l'eau, sont absorbés par les racines.

Les *matières minérales* se trouvent dans le sol en quantité plus ou moins grande, et lorsque les combinaisons dans lesquelles entrent l'azote, l'acide phosphorique, la potasse et la chaux viennent à faire défaut au terrain, il faut recourir aux engrais.

Les végétaux vivent aux dépens de l'air et du sol. Dans l'air, ils absorbent, par leurs feuilles, les éléments essentiels des matières organiques. Dans le sol, ils puisent, à l'aide de leurs racines, leur nourriture, c'est-à-dire les matières minérales dissoutes dans l'eau.

La nécessité de l'emploi des engrais ressort de ce fait que chaque récolte emprunte au sol les éléments dont elle est formée. La terre est ainsi appauvrie. Pour maintenir sa puissance de production, il est donc indispensable de lui restituer les principes fertilisants enlevés par les récoltes. C'est ce que l'on réalise à l'aide des engrais.

Pour faire un bon usage des engrais, il faut connaître :

1° La nature et la composition du sol sur lequel on les applique ;

2° Les besoins, en éléments nutritifs, des plantes que l'on cultive.

Les engrais que le cultivateur peut employer sont très nombreux. Nous les grouperons en plusieurs classes, savoir :

1° ENGRAIS D'ORIGINE ANIMALE . . {
Matières fécales et eaux d'égout,
Poudrette,
Colombine,
Guano,
Os, noir animal,
Sang,
Cornes, poils,
Chiffons de laine.
Débris de tannerie,
— de cuirs,
— d'équarrissage,
— de poissons.

2° ENGRAIS D'ORIGINE VÉGÉTALE . . {
Engrais verts,
Débris de plantes,
Marc de raisin,
Tourteaux,
Résidus de distillerie,
Plantes marines,
Cendres de bois,
Suie.

3° ENGRAIS D'ORIGINE MIXTE . . . {
Fumier de ferme,
Boues des villes, balayures.

4° ENGRAIS D'ORIGINE MINÉRALE . . {
Cendres de houille,
Sels ammoniacaux,
Nitrates,
Sels de potasse,
Phosphates.

5° ENGRAIS CHIMIQUES. . . . . .

1° Engrais divers d'origine animale. — Ces matières fertilisantes sont généralement riches en azote ; c'est là leur caractère principal. Nous allons présenter une étude sommaire des plus importantes.

Matières fécales. — Eaux d'égout. — Poudrettes. — Ces matières, riches en éléments fertilisants, peuvent être utilisées avec profit.

Les *vidanges* sont employées directement ou après avoir été desséchées, c'est-à-dire converties en *poudrette*.

Les *eaux d'égout* constituent un engrais liquide excellent ; elles sont, en effet, toujours chargées de débris de balayures et d'excréments tombés sur la voie publique. Pour en tirer le meilleur parti, il convient de les utiliser en irrigation.

La *colombine* est l'engrais formé par la fiente des volailles de basse-cour et surtout des pigeons. C'est un engrais énergique qui contient environ 8 p. 100 d'azote ; on l'emploie soit isolément, soit en le mélangeant avec du fumier ou à un poids égal de terre.

Guano. — Le guano se trouve au Pérou et sur d'autres continents américains ; il est formé principalement par des détritus de poissons et d'oiseaux.

Les guanos ammoniacaux renferment 12 p. 100 d'azote, 24 p. 100 de phosphates et de 2 à 3 p. 100 de potasse. Ils se reconnaissent à ce qu'ils dégagent une odeur d'ammoniaque.

On appelle *guano phosphaté* celui qui a été lavé par les pluies ; il a perdu ainsi une grande partie de ses principes azotés.

Le *phospho-guano* est un engrais préparé avec du guano et des os ; le but de ce mélange est d'enrichir le guano en acide phosphorique.

Le guano est un engrais actif que l'on répand au printemps, à la volée, et à la dose de 300 à 400 kilogr. par hectare.

Les os, riches en acide phosphorique, doivent être concassés avant leur emploi ; leur assimilation est ainsi plus rapide.

Le noir animal, qui provient de la combustion des os en vase clos, sert à la décoloration des jus sucrés de betterave ; il peut être utilisé ensuite comme engrais.

Le sang est surtout riche en azote ; on l'emploie, en agriculture, à l'état de *sang desséché*.

Les matières cornées, également riches en azote, ne sont assimilables qu'après avoir été réduites, préalablement, en petits fragments.

Les chiffons de laine étaient très employés autrefois pour la fumure des vignes, à cause de leur teneur en azote. Ils ont l'inconvénient de se décomposer très lentement, mais ils rendent la terre meuble.

Les débris de tannerie se composent de débris de peaux et de rognures de cuir. Pour les utiliser pratiquement, il convient de les réunir et de les transformer en compost avec de la chaux.

Les débris d'équarrissage ou débris *de chair* constituent un engrais très actif, à décomposition rapide.

Dans la campagne, on doit enfouir précieusement les animaux morts, les recouvrir de chaux vive, puis de terre ; ils se décomposent ainsi rapidement en produisant un excellent engrais.

2° **Engrais d'origine végétale.** — Ces engrais sont, en général, beaucoup moins riches en azote et en acide phosphorique que les matières animales ou d'origine animale.

Les engrais verts résultent de l'enfouissement dans le sol, par le labour, de plantes herbacées qui s'y décomposent. On sème de préférence des plantes à croissance rapide, telles que le lupin, la vesce, le sarrasin, etc., que l'on enfouit ensuite avant leur maturité.

Parmi les *autres végétaux* et les débris de plantes que l'agriculture peut encore utiliser comme fumures vertes, nous citerons le buis, le romarin, la lavande, les roseaux, les sarments de vignes, les feuilles d'arbres, etc.

Dans les contrées maritimes, on va chercher sur les bords de la mer ou des étangs des plantes marines (algues, varechs, goémon) qu'on enfouit dans les champs.

Le marc de raisin peut servir à la nourriture du bétail ou bien comme engrais, soit après la distillation, soit après avoir été employé à la fabrication de la piquette. Il se décompose lentement ; il est préférable de le mélanger avec du fumier.

Tourteaux.— Les tourteaux sont les résidus de la fabrication des huiles de graines oléagineuses. Ils sont riches en éléments fertilisants ; ils contiennent, en moyenne, 5 à 6 p. 100 d'azote et 1 à 3 p. 100 d'acide phosphorique. Ils peuvent être employés à la fois comme matière fertilisante ou comme aliment pour le bétail, suivant leur nature et suivant les circonstances. Pour le bétail, on emploie les tourteaux de lin, d'arachide, de coton ; comme engrais, on se sert surtout du tourteau de sésame, de ricin, etc.

Pour éviter les fraudes, on doit les acheter sous forme de plaques minces ; on les sème à la volée, après les avoir réduits en poudre.

Les cendres de bois constituent des engrais appréciés, à cause de leur richesse en potasse et en phosphate de chaux ; elles sont de décomposition assez variable. Les cendres lavées, lessivées ont perdu une bonne partie de leur valeur.

La suie est un excellent engrais que l'on peut mélanger avec le fumier ou employer en nature sur les prairies naturelles.

3° Engrais d'origine mixte. — *Fumier de ferme.* — Le fumier de ferme est l'engrais le plus usité. La richesse d'une exploitation dépend, dans une large mesure, de la quantité et de la qualité des fumiers qu'elle produit. Il est formé par le mélange d'abord et la combinaison ensuite des déjections solides et liquides des animaux avec les litières. La richesse de ces déjections en éléments fertilisants varie avec les espèces animales entretenues dans la ferme ; elle dépend également de la quantité et de la nature des aliments distribués.

Les déjections solides ou excréments sont surtout riches en phosphates, et la valeur des urines provient principalement de l'azote et de la potasse qu'elles renferment.

Le fumier de cheval est un engrais chaud, actif ; pour ce motif, employé isolément, il convient aux cultures maraîchères et aux terres froides.

Le fumier de mouton, comme le précédent, est rangé dans la catégorie des engrais chauds. Il peut être employé seul. Le fumier de mouton est très énergique et la durée de son action est plus longue que celle du fumier de cheval. Sa richesse est aussi plus grande. Ce fumier, dont on fait aujourd'hui un fréquent usage pour la fumure des vignes, est environ deux fois plus riche que le fumier de ferme ordinaire.

Dans certains pays, notamment dans les pays de montagne, le crottin de mouton est employé directement sur la terre au moyen du parcage. Cette pratique consiste à faire séjourner les moutons dans une partie du champ, pendant 12 heures environ ; les animaux sont enfermés dans une enceinte de claies mobiles que l'on déplace successivement.

Les excréments de bêtes à cornes sont plus aqueux et moins actifs que les engrais précédents ; ils composent les fumiers froids. En raison de leur aquosité, ils exigent plus de litière, d'où il résulte une plus grande production de fumier.

Les excréments de porcs sont encore plus humides que ceux des bêtes bovines et ils ont, comme ces derniers, une action lente, mais durable. Ils conviennent plus spécialement aux sols légers.

Les litières ne jouent dans les fumiers qu'un rôle passif ; elles ont pour but d'absorber la partie liquide des déjections des animaux et de donner de la consistance au fumier. Ce sont généralement les pailles de céréales qui constituent les litières ; mais, le cas échéant, les pailles peuvent être remplacées par de la terre sèche, des plantes de garrigues et de marais, des débris divers de végétaux, etc.

Composition du fumier. — On comprend, d'après ce qui précède, combien la composition élémentaire du fumier de ferme doit être influencée par la nature du bétail prédominant dans l'exploitation.

D'une manière générale, on peut admettre que la composition chimique du fumier est la suivante :

Eau . . . . 75 à 80 o/o
Azote . . . . 0,4 à 0,6 —
Acide phosphorique . . . . 0,2 à 0,3 —
Potasse . . . . 0.2 à 0,4 —

Le fumier n'est donc pas une matière fertilisante très riche. Ce n'est pas non plus un engrais complet dans toute l'acception du mot. Il est complexe, il renferme toutes les substances réclamées par les cultures, mais non dans des proportions convenables. Néanmoins, le fumier de ferme constitue une excellente matière fertilisante ; son rôle est, en effet, multiple : il engraisse le sol, divise la terre par son volume, conserve la fraîcheur au terrain et facilite l'assimilation des aliments nutritifs en produisant, par sa décomposition, un dégagement constant d'acide carbonique qui réagit sur les matières minérales du sol.

Séjour du fumier sous les animaux. — On devrait sortir de l'écurie, tous les jours, le fumier des chevaux et des porcs ; celui des bêtes à cornes peut n'être évacué que deux fois par semaine, pendant l'été, et une fois pendant l'hiver. Celui des moutons peut rester sans inconvénient de un à deux mois dans les bergeries.

Dans certaines fermes on ne nettoie parfois les écuries que toutes les semaines. Le fumier s'amoncelle alors et fermente en dégageant des gaz nuisibles aux animaux. Il faudrait que le nettoyage des écuries fût fait au moins deux fois par semaine.

Conservation du fumier. — Le fumier est sorti des étables à l'aide de brouettes ou de civières. Il est conduit sur un emplacement spécial qui doit satisfaire à un certain nombre de conditions.

Il faut : 1° Que cet emplacement soit imperméable ;

2° Que les eaux du tas de fumier ne puissent s'écouler au dehors, et qu'elles soient recueillies par une rigole aboutissant à une fosse;

3° Que les eaux courantes n'aient aucun accès sur le tas de fumier;

4° Que la surface du tas soit assez grande pour ne pas exiger l'accumulation du fumier sur une hauteur de plus de 2 mètres;

5° Que les charrettes puissent circuler facilement autour du tas.

On réalise ces conditions soit à l'aide des *fosses à fumier*, soit à l'aide des *plates-formes*.

La fosse à fumier est creusée dans la terre ; elle a la

forme d'un chemin creux incliné ; sa hauteur ne doit pas dépasser 2 à 3 mètres et sa largeur doit être égale à deux fois celle d'une charrette.

La *plate-forme* se compose d'une surface de niveau avec le sol environnant. Elle doit être légèrement inclinée dans un sens, pour permettre l'écoulement du purin dans la citerne placée dans la partie la plus basse. Le sol de la plate-forme, comme celui de la fosse, doit être imperméable.

Fosse à purin. — Quand on a établi un emplacement pour le fumier, il faut y joindre une fosse à purin. On donne à cette fosse une forme rectangulaire ou circulaire et on lui fait occuper une bonne partie du dessous de la plate-forme. Les urines peuvent être répandues sur le fumier au moyen d'une pompe, ou bien mises dans des tonneaux et répandues immédiatement sur le champ après avoir été préalablement étendues d'eau.

La fosse à purin n'est pas indispensable lorsque dans la ferme ne se trouvent que des chevaux ou des mulets qui rendent relativement peu d'urine. Avec des bœufs ou des vaches, le creux à purin a son utilité.

Soins à donner au tas de fumier.— La partie supérieure du fumier doit être recouverte d'une couche de terre, bien tassée, de 15 centimètres d'épaisseur. Cette couverture maintient le tas dans un état d'humidité convenable, empêche l'accès de l'air et retient les vapeurs d'ammoniaque qui peuvent s'échapper.

Il n'est pas absolument nécessaire de placer le tas de fumier sous un hangar, l'expérience démontrant que le fumier exposé à l'air et traité comme nous venons de le dire ne fait pas de pertes sensibles en éléments fertilisants.

Quand le besoin d'arrosage se fait sentir, on doit arroser le tas soit avec du purin, soit avec de l'eau.

Poids du fumier. — On admet que du fumier à demi décomposé, tassé et bien arrosé, pèse environ 800 kilog. par mètre cube.

Emploi du fumier. — Le fumier est transporté dans les champs à toutes les époques de l'année, suivant les besoins des différentes cultures. On ne doit l'employer, dans tous les cas, que quand il est bien décomposé, à moins qu'on ne veuille l'utiliser dans les terrains argileux comme élément diviseur.

Le chargement de fumier dans les charrettes ou dans les tombereaux se fait à la fourche ou à la bêche. Il est nécessaire de l'enlever *par couches en tranches verticales*, de façon à assurer le mélange parfait de toutes les parties du tas.

Un homme met, en moyenne, 35 à 45 minutes pour charger un mètre cube de fumier. Le fumier est déchargé aux champs en petits tas espacés de 7 mètres les uns des autres, dans tous les sens.

L'épandage doit suivre immédiatement le transport. Pour que la fumure soit régulière, uniforme, le fumier sera émietté, puis éparpillé avec soin sur toute la surface du sol. Enfin, le fumier répandu sur le sol doit y être incorporé le plus tôt possible par un labour.

Les fumures en couvertures ne sont pratiquées que sous les climats humides. Dans les pays chauds, le fumier ainsi répandu se dessèche et produit peu d'effet, excepté sur les prairies. Pour les plantes à racines pivotantes, profondes, l'enfouissement doit être profond ; au contraire, il doit être superficiel pour les plantes à racines traçantes, superficielles.

Dans les terres légères, qui consomment beaucoup d'engrais, on doit renouveler fréquemment les fumiers et n'appliquer, par suite, que des doses modérées. Les doses à appliquer varient aussi avec les exigences de chaque culture. Les fumures fortes atteignent 60,000 kilog. à l'hectare ; les fumures moyennes 30,000 kilog. et les fumures faibles 20,000 kilog. Le plus souvent, le fumier est employé par le producteur. Le prix auquel il se vend varie entre 8 et 12 fr. les 1000 kilog., suivant les localités et suivant les circonstances.

Fumier des villes. — Balayures. — Composts. — Ce fumier est formé de débris végétaux et animaux de toute sorte, additionnés d'un peu de terre; généralement, leur richesse est faible. On peut mélanger avec avantage les balayures au fumier de ferme.

Quand on se trouve dans le voisinage d'une ville, on doit en user, car cet engrais s'y vend à bas prix.

Dans l'intérieur de la ferme, on devra réunir toutes les balayures, tous les débris organiques en un même tas que l'on arrosera de temps en temps. On obtiendra de cette façon des composts qui formeront un terreau d'une très grande utilité.

4° Engrais d'origine minérale. — Le règne minéral fournit à l'agriculture des engrais spéciaux appelés *engrais minéraux.* Ces engrais concourent directement à l'alimentation du végétal en lui apportant les matières azotées, phosphatées, potassiques et calcaires qui lui sont nécessaires.

Parmi les engrais minéraux, on distingue ceux que l'on trouve en gisements dans le sein de la terre et ceux que l'on prépare par des opérations industrielles.

Les engrais minéraux peuvent être divisés en trois groupes principaux :

1° Engrais azotés.
2° Engrais phosphatés.
3° Engrais potassiques.

Les engrais minéraux azotés se distinguent par leur richesse en azote ; ils poussent au développement des parties herbacées.

Les engrais azotés les plus répandus sont le nitrate de soude et le sulfate d'ammoniaque.

Le nitrate de soude est un sel cristallisé, très soluble, qui renferme 14 à 16 p. 100 d'azote. Il est importé du Pérou et du Chili, où on le trouve en masses considérables.

Le sulfate d'ammoniaque est aussi un sel employé comme engrais pour donner de l'azote aux plantes.

Il renferme de 20 à 21 p. 100 d'azote. On le prépare en distillant les eaux vannes des vidanges et les eaux ammoniacales provenant des usines à gaz, que l'on traite ensuite par l'acide sulfurique.

Les engrais minéraux phosphatés proviennent de gisements de phosphate de chaux naturel, que l'on rencontre dans un grand nombre de pays. On le trouve à l'état de gisements compacts, amorphes, sous forme de cailloux arrondis ou *nodules*, ou sous forme de pierres cristallines appelées *apatites*.

Le phosphate de chaux naturel est mélangé avec de la terre, dont on le sépare par des lavages ; puis, avant de l'employer comme engrais, on le pulvérise et on le tamise.

On trouve des gisements de phosphate importants à Tavel et à Saint-Maximin dans le département du Gard.

Le phosphate naturel est insoluble dans l'eau; mais incorporé dans le sol, il subit des transformations qui facilitent son assimilation. Pour augmenter sa solubilité, on le traite par l'acide sulfurique et on le transforme ainsi en *superphosphate*. Traité par l'acide chlorhydrique, il donne le *phosphate précipité*.

La richesse du phosphate de chaux naturel varie de 30 à 80 p. 100 de phosphate de chaux ; celle du superphosphate est de 10 à 15 p. 100 d'acide phosphorique ; enfin celle du phosphate précipité atteint jusqu'à 40 p. 100 d'acide phosphorique.

Les principaux engrais minéraux potassiques sont le nitrate de potasse, le chlorure de potassium et le sulfate de potasse.

Le nitrate de potasse ou salpêtre est à la fois un engrais azoté et un engrais potassique ; il renferme, en effet, 13 p. 100 d'azote et 44 p. 100 de potasse. C'est un produit fabriqué.

Le chlorure de potassium et le *sulfate de potasse* se tirent de gisements importants situés aux environs de Stassfurth (Allemagne), ou bien sont obtenus par le traitement des eaux-mères des marais salants. Ils renferment de 45 à 50 p. 100 de potasse.

Emploi agricole des engrais minéraux. — Les engrais sont répandus sur le sol isolément ou en mélange. L'épandage se fait généralement au printemps, à la volée ; il doit être très uniforme. Les engrais sont enfouis ensuite par un labour.

5° Engrais chimiques. — Le fumier de ferme est loin de rendre au sol tout ce que les récoltes ont enlevé. En effet, une partie des produits est vendue ; une autre partie est transformée en viande ou en lait par le bétail et vendue aussi.

La restitution à la terre, par le fumier, étant incomplète, la nécessité de l'emploi d'autres engrais que le fumier de ferme se trouve justifiée et indiquée.

Cette restitution se fait à l'aide *d'engrais complémentaires* ou *chimiques* qui, comme leur nom l'indique, complètent le fumier, et par suite enrichissent le sol. Ces engrais peuvent même remplacer complètement le fumier de ferme. La composition des engrais chimiques est ce que l'on veut qu'elle soit ; on peut la faire varier à l'infini. Cette composition doit être en rapport : 1° avec la nature du sol et sa richesse en éléments fertilisants ; 2° avec la composition, les besoins des plantes.

Tous les engrais n'auront donc pas la même richesse ; par conséquent, leur valeur ne sera pas la même. Cette valeur dépendra de leur teneur en azote, en acide phosphorique, en potasse, et du degré de solution, d'assimilabilité de ces éléments.

Actuellement, les prix des principaux engrais peuvent être indiqués comme il suit :

Azote nitrique (nitrates).	1 fr. 70 le kil	ou degré d'azote
Azote ammoniacal (sulfate d'ammoniaque)	1 fr. 60	—
Azote organique (azote du fumier de ferme).	1 fr. 30 à 1 fr. 40	—
Azote organique (chiffons, cornes, cuirs)	0 fr. 80 à 1 fr 20	—

Acide phosphorique assimilable (superphosphate, phosphate précipité) . . . . 0 fr. 60 le kil ou degré d'acide phosphorique.
Acide phosphorique insoluble (phosphates). . . . . . 0 fr. 25 le kil.
Potasse soluble (chlorure de potassium, sulfate de
potasse) . . . . 0 fr. 40 à 0 fr. 50 le kil. de potasse.

L'achat des engrais chimiques est une opération délicate ; leur prix varie avec leur richesse en principes fertilisants. Mais, en consultant le tableau qui précède, il
sera toujours facile de déterminer la valeur d'un engrais
chimique quelconque.

Les engrais commerciaux ne doivent être achetés que
sur garantie d'analyse, de dosage. Et, avant de prendre
livraison de la marchandise, il faut s'assurer qu'elle dose
bien le titre garanti. A cet effet, on doit en prélever un
échantillon en présence de témoins et l'adresser, pour
être analysé, à un laboratoire agricole. Si on est membre
d'un Syndicat agricole, on n'a plus ces sortes d'ennui. C'est
alors le bureau du Syndicat qui se livre à ce travail de
contrôle.

Une excellente méthode à suivre, quand on fait usage
d'engrais commerciaux, c'est d'acheter séparément les
matières premières qui entrent dans la composition d'un
engrais complet. On fait ensuite, s'il y a lieu, le mélange
de ces matières à la ferme et dans les proportions que
nous indiquerons en parlant des fumures applicables à
chaque culture.

CHAPITRE III. — Irrigations

L'irrigation est une opération qui consiste à faire arriver l'eau à la surface du sol et à la retirer ensuite quand
elle a produit l'effet désiré.

L'eau fournit aux plantes l'humidité qui leur est nécessaire ; elle met, en outre, à leur disposition, les matières
fertilisantes qu'elle contient en suspension ou en dissolution. Dans le Midi, l'irrigation permet d'obtenir des

récoltes rémunératrices dans les milieux exposés à la sécheresse. Elle est surtout utile pour les plantes fourragères, les prairies, les légumes, les pépinières et pour certaines cultures arbustives.

Suivant l'époque de l'année dans laquelle on la pratique, on distingue les irrigations d'hiver et les irrigations d'été. Nous ne nous occuperons pas des premières, pratiquées dans le Nord, et qui ont pour but principal d'enrichir le terrain par les principes fertilisants renfermés dans les eaux.

Les irrigations d'été, données d'avril à septembre, sont spécialement destinées à fournir aux végétaux l'eau nécessaire à leur bonne végétation. Cette eau dissout les éléments fertilisants du sol pour les mettre à la disposition des racines. Mais en facilitant l'absorption de ces éléments, les irrigations d'été appauvrissent la terre. Au contraire, les irrigations d'hiver l'enrichissent en déposant, après un séjour assez long, les matières qu'elles charrient.

Les arrosages d'été doivent toujours être accompagnés d'une fumure d'autant plus intense que la production aura été plus abondante. Une irrigation se compose généralement de plusieurs arrosages, pendant lesquels on fait couler l'eau sur le sol un temps plus ou moins long.

Toutes les terres ne se prêtent pas également bien aux irrigations ; lorsque le sous-sol est trop perméable, les eaux filtrent à travers la terre et ne produisent pas l'effet utile qu'on en attend.

Pour irriguer avec avantage un terrain, il faut connaître :

1° La qualité des eaux ;

2° La quantité d'eau à employer ;

3° Le moyen par lequel on amènera l'eau à la surface de la terre ;

4° Le système par lequel on la répandra uniformément.

QUALITÉ DES EAUX. — Les eaux de source, de rivière, de puits sont généralement bonnes ; elles renferment rarement en excès les principes nuisibles à la végétation, tels que le sulfate de chaux, le chlorure de sodium, des acides, etc.

Dans certains cas, on peut utiliser avec avantage les eaux des usines, les eaux d'égout.

Quantité. — Dans le Midi, la quantité totale d'eau employée atteint le chiffre de 10 000 à 15 000 mètres cubes par hectare. Le nombre d'arrosages donnés depuis le printemps jusqu'à la fin de l'été varie de 10 à 15, ce qui correspond à une dépense de 1 000 mètres cubes pour chaque opération. La durée de chaque arrosage varie avec le débit de la source. Elle ne doit pas être inférieure à six heures.

D'une façon générale, on pratiquera les arrosages quand la sécheresse de la terre se fera sentir, en donnant chaque fois une hauteur d'eau de 0,08 à 0,10 centimètres.

Moyen de faire arriver l'eau a la surface du terrain. — *Les eaux de source* sont recueillies dans des *réservoirs*, d'où on les dirige, par des rigoles, sur les points que l'on veut irriguer.

Les eaux de puits artésiens sont utilisées au moyen de machines élévatoires. Parmi ces machines, les plus ordinairement employées sont les pompes, les norias, les roues à auget, les rouets hydrauliques, les pompes centrifuges. A l'aide d'une noria, un cheval peut élever en 8 heures, 670 mètres cubes. Une pompe centrifuge élève, à 1 mètre, de 180 à 1800 mètres cubes par heure, suivant que la force est de un ou de dix chevaux.

Les eaux de rivière sont amenées au moyen de canaux de dérivation. On pratique une coupure dans la berge de la rivière, de manière à diriger les eaux par une pente douce à la partie supérieure des terres à irriguer. La construction et l'entretien de ces canaux d'irrigation sont généralement effectués par l'État ou par des associations de propriétaires dénommées Syndicats.

Systèmes d'irrigations. — Les systèmes d'irrigation sont nombreux. Quel que soit celui que l'on adopte, on doit toujours faire sur le sol des travaux préparatoires importants, destinés à faciliter la circulation de l'eau.

On commence d'abord par niveler le plus possible le terrain; on procède ensuite à l'établissement des *rigoles*. On creuse : 1° *les rigoles principales* qui amènent l'eau à la partie la plus élevée de la surface à arroser; 2° *les rigoles secondaires ou alimentaires* destinées à distribuer l'eau sur tous les points ; 3° *les rigoles de colature ou d'écoulement* aménagées pour l'évacuation de l'eau en excès; elles sont situées dans la partie basse du terrain.

Ces rigoles sont établies à la bêche ou à la charrue ; elles doivent être entretenues, nettoyées avec soin pendant l'hiver pour que l'eau puisse y circuler librement.

Toutes les méthodes d'irrigation peuvent être ramenées à trois types principaux :

1° Irrigation par submersion (fig. 1) ;

2° Irrigation par déversement (fig. 2) ;

3° Irrigation par infiltration (fig. 3).

L'IRRIGATION PAR SUBMERSION consiste à diviser le terrain en compartiments rectangulaires séparés par des di-

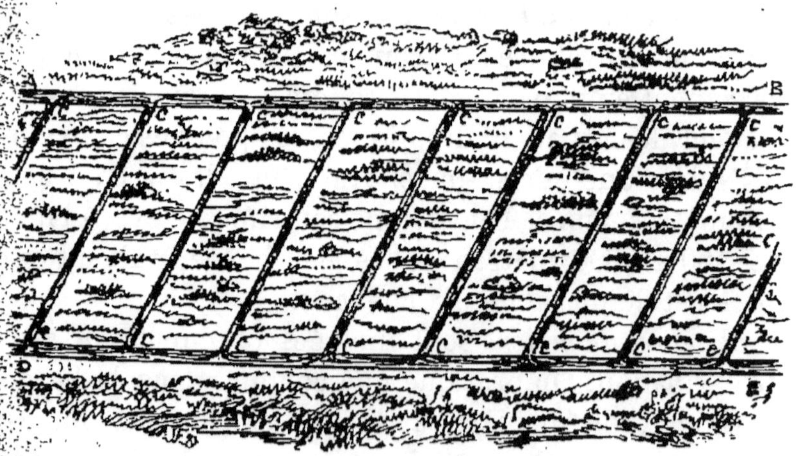

Fig. 1. — Irrigation par submersion.

guettes. Chaque compartiment est formé par deux plans inclinés allant se réunir vers le milieu où se trouve creusée une rigole qui sert à l'amenée et à l'écoulement de l'eau.

La longueur des compartiments varie avec la pente du terrain ; la largeur est de 50 mètres, ce qui correspond à 25 mètres pour chaque planche. Les compartiments sont alors horizontaux dans le sens de la longueur ; la pente, dans le sens de la largeur, est de 5 millim. par mètre. C'est la méthode qui exige le moins d'eau, elle convient aux terrains presque plats.

IRRIGATION PAR DÉVERSEMENT. — On distingue plusieurs sortes d'irrigations par déversement :

1° *L'irrigation par rigoles* de niveau qui s'exécute en traçant des rigoles de niveau à des distances plus ou moins grandes, suivant la pente du sol. Ces rigoles contournent le terrain en suivant les points situés à la même hauteur. L'eau est amenée directement dans la rigole la plus élevée. Une fois que cette rigole est remplie, l'eau se déverse en nappe mince par son bord inférieur et coule sur la pente du terrain en l'imbibant, jusqu'à ce que l'excès d'eau soit recueilli par la rigole immédiatement

Fig. 2. — Irrigation par ados

inférieure. La troisième rigole, la quatrième et celles qui suivent sont remplies de la même manière.

2° *Irrigation par ados.* — Cette méthode se rattache encore à l'irrigation par déversement. On dispose la surface du sol en planches bombées, horizontales dans le sens de la longueur et adossées dans le sens de la largeur (fig. 2).

Sur la crête des planches, on creuse des rigoles, de telle sorte que l'eau qui les remplit coule uniformément des deux côtés de la planche.

L'IRRIGATION PAR INFILTRATION OU IMBIBITION est employée dans les terrains de montagne, à forte pente. Les rigoles secondaires ou d'alimentation qui partent des rigoles principales sont très rapprochées, et l'eau qui n'est pas déversée s'infiltre dans le sol et le mouille plus ou moins profondément (fig. 3).

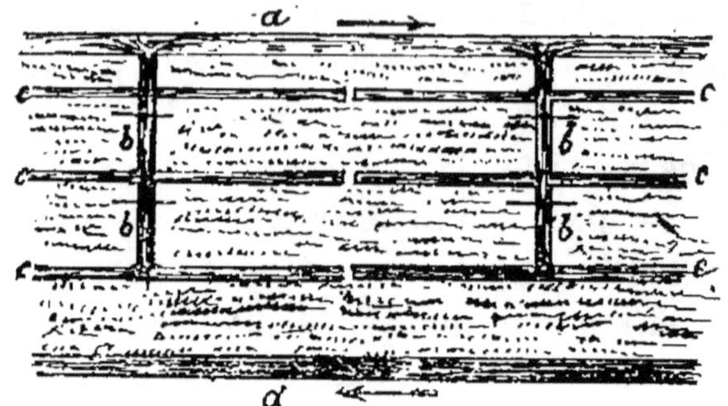

Fig. 3. — Irrigation par infiltration.

L'irrigation ne produit de bons effets qu'à la condition d'être pratiquée rationnellement. Il importe que la distribution de l'eau soit faite régulièrement et que l'eau ne séjourne pas sur le terrain lorsqu'elle a produit l'effet attendu, car autant l'eau est utile quand elle est donnée aux plantes en quantité convenable, autant elle devient nuisible quand elle se trouve en excès. Généralement, l'irrigation est mal pratiquée dans les campagnes, où l'on ne suit pas assez les règles que nous venons de poser. On n'est pas non plus assez convaincu des bons résultats que permet d'obtenir une irrigation bien comprise.

Avec de l'eau, des engrais et du soleil, on peut obtenir, avec n'importe quelle culture, de grosses récoltes.

Chapitre IV. — Drainage

Le drainage est une opération qui a pour but d'enlever aux terres leur excès d'humidité naturelle. L'eau contenue dans le sol ne doit pas dépasser 10 à 20 p. 100 du poids de la terre arable ; au-dessous de 10 p. 100, le terrain est sec; au-dessus de 20 p. 100, l'eau devient préjudiciable à la végétation. En effet, l'excès d'humidité est une source de gros inconvénients. Il tend à faire disparaître les bonnes plantes, qui sont alors remplacées par des plantes impropres à la nourriture des animaux. Il intercepte l'accès de l'air, de l'oxygène surtout, qui est indispensable au développement des végétaux. Les travaux de labour et autres y sont difficiles. L'eau en s'évaporant emprunte de la chaleur à la terre et la refroidit. Enfin, les eaux stagnantes sont un danger pour la santé publique, à cause de la production des miasmes qu'elles favorisent. Les pays marécageux sont ordinairement exposés aux maladies épidémiques.

La pluie et l'imperméabilité du sous-sol sont les principales causes de l'humidité des terres; dans certains cas, les sources et les rivières peuvent produire le même résultat.

L'excès d'eau dans le sol est accusé par les signes extérieurs suivants: après la pluie, le terrain reste couvert de flaques d'eau plus ou moins grandes qui ne disparaissent que lentement; si l'on pratique un trou, on voit de l'eau apparaître contre ses parois. Enfin, la présence des plantes aquatiques, telles que les joncs et le carex, et la formation de larges crevasses dans ces sols pendant l'été, sont encore autant d'indices que le terrain a besoin d'être drainé.

Depuis des siècles, on se préoccupe de dessécher les terres. Dans le principe, on se contentait de creuser des fossés à *ciel ouvert* pour favoriser l'écoulement de l'eau. Plus tard, on jugea utile de remplir ces fossés de pierres, de broussailles, etc.

Mais tous ces systèmes ne produisaient qu'un effet passager, temporaire; on les a remplacés avec avantage, depuis quelques années, par des canaux souterrains, formés à l'aide de pierres plates ou, le plus souvent, par des tuyaux en terre cuite, placés bout à bout (fig. 5 et 6).

Les tuyaux employés aujourd'hui sont de forme cylindrique ; ils ont l'avantage d'être solides, peu lourds et d'un faible prix de revient. On distingue les tuyaux de *desséchement* et les tuyaux *collecteurs* qui reçoivent les eaux des premiers. La longueur des tuyaux de desséchement est de 0,33 centimètres, et leur diamètre intérieur de 0,03 à 0,05 centimètres ; les tuyaux collecteurs sont un peu plus gros (0,10 c.).

Exécution du drainage.— On pratique d'abord des sondages pour connaître la nature du sol et du sous-sol ; on exécute ensuite le plan de nivellement du terrain, afin d'avoir une idée exacte du relief du sol ; puis on détermine la direction, la profondeur et le nombre de canaux souterrains. Le tracé de ces canaux est indiqué sur le sol à l'aide de piquets. Les fossés de drainage sont tracés suivant la pente du terrain ; ils viennent aboutir à un fossé collecteur situé à la partie basse de la terre, et dans lequel toutes les eaux s'écoulent.

Ces tranchées sont faites avec des bêches spéciales qui remuent le moins de terre possible (fig. 4).

Dans le fond, on dépose bout à bout les tuyaux ou *drains* que l'on unit quelquefois par un manchon. A l'intersection des canaux souterrains, on établit de temps en temps des regards, c'est-à-dire de petits joints verticaux, fermés par une pierre, et dans lesquels on peut surveiller l'écoulement des eaux. On remplit ensuite les tranchées avec la terre qu'on a enlevée.

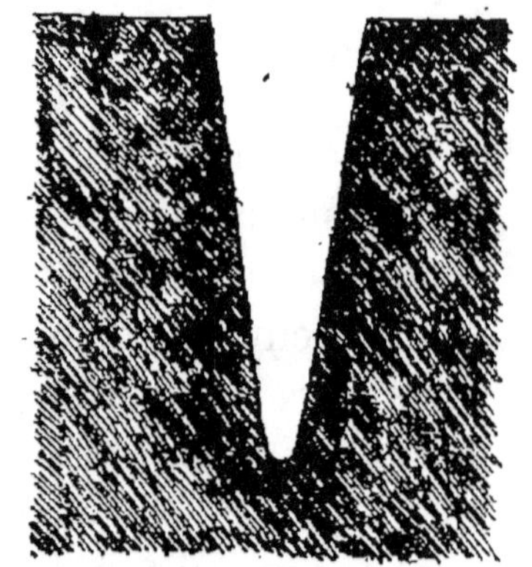

Fig. 4.— Tranchée de drainage.

La profondeur moyenne des fossés doit être de $1^m,10$, leur largeur à la partie supérieure 0,30 à 0,50, et de 0,06 à 0,14 dans le fond. La pente à donner sera de 0,003 $^m/_m$ par mètre. Enfin la longueur totale des drains ne doit pas dépasser 300 mètres ; dans ce cas , l'espacement des lignes des drains doit atteindre 10 mètres environ.

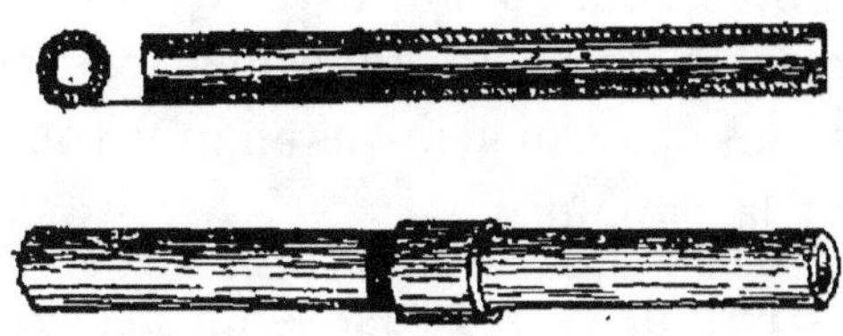

Fig. 5. — Tuyaux de drainage.

L'eau entre dans les drains par l'espace vide qui existe entre les tuyaux, espace d'environ 5 $^{m}/_{m}$ et qui se répète tous les 33 centimètres. Cette eau est entraînée dans les tuyaux collecteurs qui la déversent au dehors du champ.

Les bons effets du drainage peuvent se résumer ainsi : aération, réchauffement, ameublissement, plus-value du sol, assainissement de la contrée. Le drainage n'est jamais nuisible et les deux tiers des terres soumises à la culture se trouveraient bien de cette opération, si négligée dans le Midi et dont l'utilité est si grande.

Chapitre V. — Des labours

Les labours sont les opérations de culture les plus importantes. Ils consistent à découper successivement la terre à travailler en prismes qui sont retournés de manière à exposer la partie inférieure de la couche arable aux influences atmosphériques.

Ils permettent de réaliser les avantages suivants : 1° l'ameublissement, l'émiettement du terrain ; 2° l'aération des différentes couches de terre dans lesquelles les racines peuvent s'étendre ; 3° le mélange des différentes parties du sol et quelquefois du sous-sol ; 4° la destruction des mauvaises herbes ; 5° l'enfouissement des engrais, des amendements et des semences ; 6° une répartition convenable de l'humidité dans la masse de terre remuée.

De la bonne exécution des labours dépend souvent la réussite des cultures,

Les labours peuvent être donnés soit avec des instruments à bras, tels que les bêches, les fourches, les houes et les pioches, soit avec les charrues, mises en mouvement par des animaux ou par la vapeur.

Labour avec les instruments à bras. — La *bêche* est l'instrument par excellence du labour ; elle ramène parfaitement les couches inférieures à la surface, elle brise bien les mottes et ameublit le sol d'une façon complète. Malheureusement, les cultures données à la bêche ont l'inconvénient d'être beaucoup trop lentes et trop coûteuses, ce qui les fait repousser par la moyenne et la grande culture.

La *fourche* et la *pioche* remplacent avantageusement la bêche dans les sols pierreux et durs. La *houe* sert aux binages des plantes ; elle est employée également dans les vignes où la culture se fait à la main.

Labours à la charrue. — Avant de parler des diverses sortes de labours et de leurs avantages, nous dirons quelques mots des instruments qui permettent de les effectuer.

Description générale de la charrue. — La charrue simple peut être décomposée en :

1° *Pièces travaillantes*, qui comprennent le soc (B), le versoir (D) et le coutre (GH) (fig. 6, B, C, H).

2° *Pièces de direction*, savoir : le régulateur (JK), l'age (E), les mancherons (F) et le sep (A) (fig. 6, R, E, F, A).

3° *Pièces de rassemblement ou de liaison*, qui sont les étançons (C) et les entretoises.

Le soc est un couteau très large, en forme de coin, qui coupe la tranche de terre horizontalement ; c'est l'organe essentiel de la charrue. Il doit être fixé solidement au corps de l'instrument.

Le versoir est destiné à soulever et à retourner la bande de terre détachée par le soc. La forme est hélicoïdale.

Le coutre coupe verticalement la bande de terre. Il

affecte la forme d'un couteau. Généralement il est fixé à l'age par un étrier appelé coutrière. La pointe du coutre est située à 6 ou 7 centimètres en avant et au-dessus du soc.

Le régulateur, placé à l'extrémité de l'age, sert à régler la profondeur et la largeur du labour. Il se compose ordi-

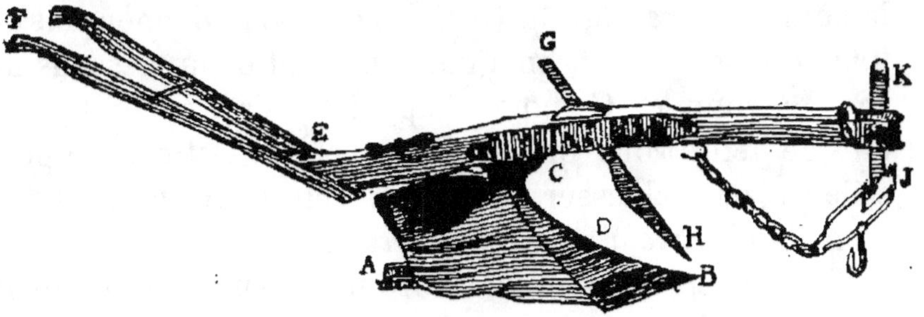

Fig. 6. — Charrue araire.

nairement d'une tige verticale portant une crémaillère. Lorsqu'on veut augmenter la profondeur du labour, on élève le régulateur et, pour augmenter la largeur, on porte plus à droite sur la crémaillère la chaîne de tirage.

L'age est la charpente de la charrue. Il est constitué par une pièce à peu près horizontale, en bois ou en fer, sur laquelle sont fixées la plupart des autres pièces de l'instrument. Sa longueur augmente la stabilité de l'outil.

Les mancherons ou bras servent à guider la charrue. En appuyant sur les mancherons, on diminue l'entrure de la charrue, c'est-à-dire la profondeur. En appuyant de gauche à droite, on tend à réduire la largeur du labour.

Plus les mancherons sont longs et plus le laboureur exerce facilement son action.

Le sep est une pièce fixée horizontalement derrière le soc et qui glisse au fond du sillon. C'est la semelle en quelque sorte sur laquelle porte l'instrument. En vue de réduire la surface de frottement sur le sol, il doit être un peu concave latéralement et inférieurement.

Les étançons servent à assurer la solidité de la charrue; ce sont deux pièces verticales qui relient l'age au sep.

Les entretoises sont des tiges qui réunissent également entre elles certaines pièces de la charrue : les mancherons, par exemple, le versoir aux étançons, etc.

Toutes ces pièces sont en fer forgé ou en acier, à l'exception de l'age et des mancherons qui peuvent être en bois.

Différentes sortes de charrues. — Quand la charrue ne se compose que des pièces précitées, on la désigne sous le nom *d'araire* (fig. 6). Quelquefois, pour donner plus de fixité à l'instrument, on ajoute en avant et au-dessous de l'age un support. Ce point d'appui consiste généralement en une petite roue qui roule sur le sol. Cette roue peut s'élever ou s'abaisser à volonté. L'instrument prend le nom de *charrue à roulette ou à support*.

Si l'age repose et pivote sur un essieu porté par deux roues, on a la *charrue à avant-train* (fig. 7).

Les roues de l'avant-train sont d'inégale hauteur ; la plus grande roule dans le fond du sillon, tandis que l'autre suit la surface du sol non labouré (fig. 7).

Fig. 7. — Charrue à avant-train.

La charrue à avant-train exige un tirage plus considérable que l'araire, mais elle a l'avantage d'être très stable. Elle fournit, par conséquent, un travail relativement régulier avec un laboureur inexpérimenté.

La charrue simple ou araire exige un tirage moindre, mais elle doit être conduite par un laboureur habile et vigoureux. Les charrues simples peuvent n'ouvrir qu'une seule raie avec un seul versoir.

Il existe aussi des *charrues doubles*, exemple la charrue Brabant double (fig. 8); elle est composée de deux corps complets de charrue superposés et placés symétriquement par rapport à l'age commun.

Avec cette charrue, l'homme n'intervient qu'aux tour-

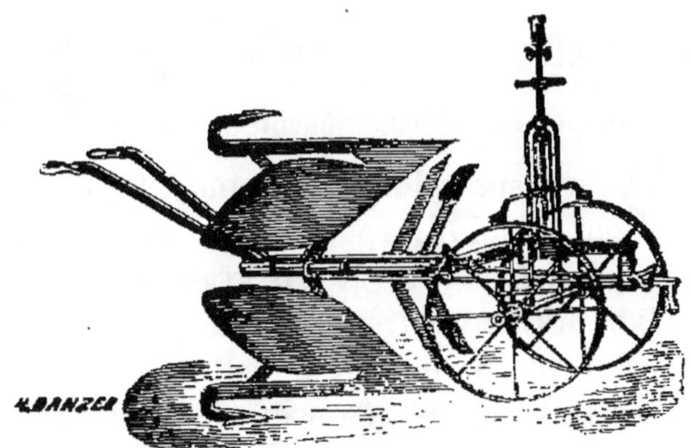

Fig. 8.— Charrue Brabant double.

nées pour faire basculer l'instrument, ce qui se fait sur place très rapidement. Il n'y a, à proprement parler, qu'un conducteur d'attelage au lieu d'un laboureur.

Les *charrues multiples* appelées bisocs, trisocs et polysocs, ont plusieurs versoirs dans le plan horizontal et ouvrent un nombre correspondant de raies.

Enfin, il existe des charrues spéciales dites *défonceuses*, *fouilleuses*, qui servent pour les défoncements.

Avec les défonceuses, le labour profond se fait en une seule fois. L'opération peut se faire en deux fois ; dans ce cas, une charrue ordinaire ouvre une raie de $0^m,18$ à $0^m,20$ de profondeur ; une seconde charrue, à versoir spécial, passe ensuite dans la même raie et enlève une nouvelle quantité de terre, qui est ramenée sur celle qui a été retournée par la charrue ordinaire.

Les charrues fouilleuses ou sous-soleuses, munies de deux ou trois dents en fer, servent encore à compléter le labour ; elles creusent à une certaine profondeur le sillon déjà ouvert par la charrue et ne ramènent pas la terre à la surface.

Conditions générales d'un bon labour à la charrue.

— Nous allons examiner successivement les conditions que doit remplir un bon labour.

1° *Profondeur.* Au point de vue de la profondeur, on peut diviser les labours de la façon suivante :

Labours superficiels, qui atteignent de $0^m,08$ à $0^m,10$ de profondeur.
    — ordinaires   — $0^m,15$ à $0^m,25$ —
    — profonds ou de défoncement, $0^m,30$ à $0^m,50$ —

Les labours superficiels ne remuent que la surface du sol ; ils sont employés pour le déchaumage, pour l'enfouissement des engrais et des graines.

Les labours ordinaires sont utilisés pour mélanger la couche arable, pour enfouir le fumier, etc.

Enfin, les labours de défoncement permettent de mettre à la disposition des racines un plus grand cube de terre et conservent la fraîcheur dans les couches profondes du sol.

2° *Largeur de la bande de terre.* — La largeur à donner aux bandes du labour est aussi variable que la profondeur.

Pratiquement, la largeur d'un labour ordinaire doit être égale à la profondeur multipliée par 1,40.

3° *Inclinaison des bandes.* — Il est démontré que le labourage produit le plus grand effet possible quand la surface exposée à l'air est la plus grande possible. On obtient ce résultat lorsque les bandes retournées sont inclinées de manière à former avec la surface du sol un angle de 45°.

4° *Direction des raies.* — Généralement, la direction des raies a lieu dans le sens de la pente du terrain, afin de faciliter l'écoulement des eaux.

Toutefois, quand on n'a pas à redouter l'accumulation de l'eau, on dirige les raies suivant l'horizontale, c'est-à-dire perpendiculairement à la pente.

Forme du labour. — *Relief du sol.* — Suivant les circonstances ou les habitudes locales, on laboure en *billons*, en *planches* ou à *plat*.

Le labour en billons est très usité dans les pays à sol humide et peu profond. Les billons sont des surfaces étroites, bombées, formées par quatre ou cinq raies de charrues et limitées de chaque côté par un sillon profond

Fig. 9.— Labour en billons.

ou *dérayure* (fig. 9). Des rigoles sont ainsi formées entre chaque billon pour faciliter l'écoulement des eaux; on augmente ainsi artificiellement l'épaisseur de la couche arable sur certains points ; par contre, les bas côtés sont exposés à l'humidité. Les billons entraînent une inégalité de rendement par suite de l'accumulation de la bonne terre sur les parties les plus bombées. Enfin, ils sont un obstacle pour les façons de culture à donner dans la suite.

Dans le labour en planches, la surface est divisée en compartiments limités de chaque côté par une *dérayure*. C'est le labour le plus usité en France. La largeur des planches ne doit pas dépasser 20 mètres ; généralement, elle n'atteint pas ce chiffre. Les tournées sont ainsi plus faciles et elles ne font pas perdre trop de temps aux attelages (fig. 10). Les petites planches de 5 à 10 mètres convien-

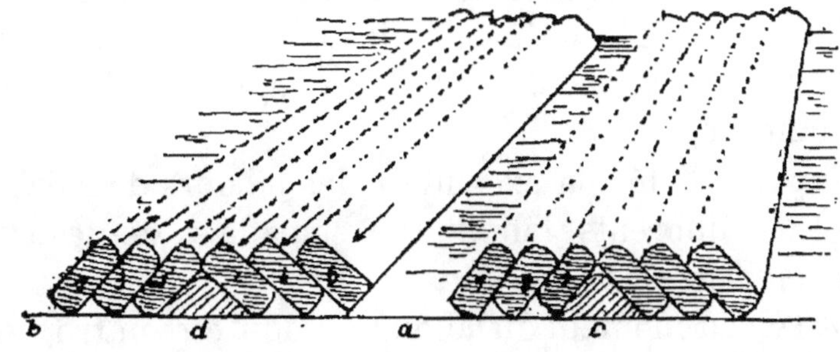

Fig. 10. — Labour en planches.

nent aux terrains humides, tandis que les planches de 20 mètres sont appropriées aux terres perméables ; elles ont l'avantage de ne pas multiplier les dérayures.

Le labour à plat exige des charrues spéciales, charrues Brabant et tourne-oreilles, pouvant verser la terre alternativement à droite et à gauche. Ce mode de labour convient particulièrement aux terrains en pente. Une terre ainsi labourée ne présente donc sur toute sa surface aucune dérayure ; elle offre une série de bandes parallèles et toutes inclinées du même côté (fig. 11).

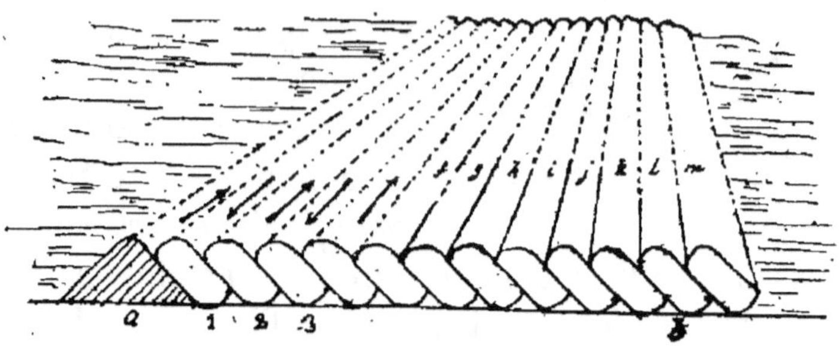

Fig. 11. — Labour à plat.

Le sol ainsi préparé permet facilement l'emploi d'instruments perfectionnés, tels que semoirs en lignes, faucheuses, moissonneuses, etc.

6° *Nombre et époque des labours.* — Le nombre des labours varie avec la nature du sol, avec les exigences des cultures, avec le climat.

D'une manière générale, on peut dire qu'il faut multiplier les labours dans les terres compactes et les restreindre dans les terres légères. Les labours profonds seront exécutés de préférence en automne ou au commencement de l'hiver ; la désagrégation des terres est ainsi facilitée par les alternatives de gel et de dégel, de sécheresse et d'humidité.

Pendant l'été, on exécutera des labours d'ameublissement et différents labours de semailles, de destruction des mauvaises herbes, etc.

Le sol, au moment du labour, ne doit être ni trop sec, ni trop humide. Pour être plus précis, nous dirons qu'un sol sablonneux, léger, labouré pendant la sécheresse, est gâté parce qu'on augmente ainsi sa légèreté et sa porosité ; inversement, une terre argileuse, labourée alors qu'elle est humide, est rendue plus compacte, plus imperméable et est gâtée aussi.

Défoncement. — Le défoncement a pour but d'ameublir,

de diviser la terre jusqu'à 0ᵐ,40, 0ᵐ,50 ou 0ᵐ.60 de profondeur. Cette opération permet aux racines de pénétrer dans les couches profondes pour y puiser la fraîcheur qui est nécessaire aux plantes. Dans les sols forts, compacts et imperméables, le défoncement assure l'égouttement des eaux. On est allé jusqu'à dire qu'un labour profond peut remplacer le drainage.

Enfin, quand on a intérêt à mélanger le sous-sol avec le sol, afin de modifier la composition de ce dernier, on a recours encore au défoncement.

On défonce un terrain quand on doit y créer un vignoble, ou y cultiver des plantes à racines pivotantes, comme la luzerne, ou y établir une pépinière, un jardin, etc.

Comme nous l'avons dit à propos des labours, les défoncements se font à bras ou à la charrue.

Les défoncements à bras sont très coûteux, mais ils sont plus parfaits que ceux pratiqués avec des charrues. Pour les exécuter, on ouvre d'abord une jauge de 0ᵐ,60 à 0ᵐ,70 de largeur et dont la profondeur est égale à celle du défoncement ; on attaque ensuite le terrain par tranchées successives de 0ᵐ,50 de largeur.

Les couches superposées, c'est-à-dire le sol et le sous-sol, peuvent être mélangées, ou bien remises en leurs places respectives.

Les défoncements avec les charrues sont plus expéditifs et moins coûteux ; mais, en revanche, ils sont toujours moins parfaits que les défoncements exécutés à l'aide de bêches, de houes fourchues ou de pioches.

Pour les effectuer, on se sert de fortes charrues qui exécutent le travail en une seule fois, ou bien on complète le labour avec des charrues fouilleuses. Dans certaines parties du Languedoc, les charrues sont quelquefois suivies par des ouvriers qui ameublissent ou divisent le fond de la raie. Cette opération est désignée sous le nom de *pelleversage*.

Défrichement. — On désigne sous le nom de défrichement la mise en culture d'un terrain inculte, d'un bois ou d'une prairie.

Il y a, en France, environ 15,000,000 d'hectares de terres incultes. Le défrichement peut être plus ou moins avantageux.

Lorsque la terre sera meuble, profonde et recouverte d'herbes, il y aura avantage à défricher.

Quant aux modes de défrichement, ils varient avec l'état des terrains. Dans les terres de bonne nature, le défrichement se fait à la charrue, à une profondeur plus ou moins grande suivant l'épaisseur de la terre végétale.

Lorsque le sol que l'on veut défricher est recouvert d'une abondante végétation, on brûle d'abord les plantes, et les cendres qu'elles produisent servent d'engrais.

Lorsque le sol est caillouteux, le travail est impossible à la charrue ; on emploie alors la main de l'homme.

Si on est en présence de terrains marécageux, il faut s'assurer au préalable s'ils peuvent être assainis facilement, car le défrichement n'est avantageux qu'à cette condition. On rencontre ces sortes de terrains en Camargue (Bouches-du-Rhône).

Le défrichement des bois présente de grandes difficultés; il faut d'abord se débarrasser, d'une manière économique, des arbres qui occupent le terrain, afin de couvrir par les produits ainsi obtenus une partie des frais du défrichement. Quand on arrache un arbre, il faut enlever minutieusement toutes ses racines.

Le défrichement des *landes* a pour but de transformer en terres labourables les terrains sur lesquels croissent la bruyère, l'ajonc marin et la fougère. Pour mener à bonne fin cette opération difficile, on brûle ou on extirpe d'abord les plantes ; on donne ensuite, pendant l'hiver et le printemps, plusieurs labours profonds. Le plus souvent on demande à la lande nouvellement défrichée deux récoltes consécutives de céréales.

Après ces cultures, on fume et on amende la terre arable.

Le défrichement des prairies naturelles ou artificielles s'exécute en donnant un profond labour à l'automne. Après l'hiver, on herse le terrain et on l'ensemence.

On a exécuté, dans ces derniers temps, de grands travaux de défrichement sur les bords de la Méditerranée et de l'Océan, en vue de la plantation de la vigne française. Des terrains de sable, recouverts d'une végétation parfois luxuriante et parsemés de dunes, ont été défrichés et nivelés. Aujourd'hui, il existe là de superbes vignobles. Le vignoble de la région d'Aiguesmortes en est un bel exemple.

CHAPITRE VI. — **Ameublissement de la couche arable.**

Hersage. — Après le labour vient le hersage. Cette opération a pour objet : 1° d'égaliser et de pulvériser la surface du sol ; 2° d'enterrer les semences ; 3° de détruire les mauvaises herbes faiblement enracinées.

Les herses, qui sont les instruments employés pour cette opération, sont formées d'un certain nombre de dents fixées à un bâti auquel on attache les traits de l'attelage.

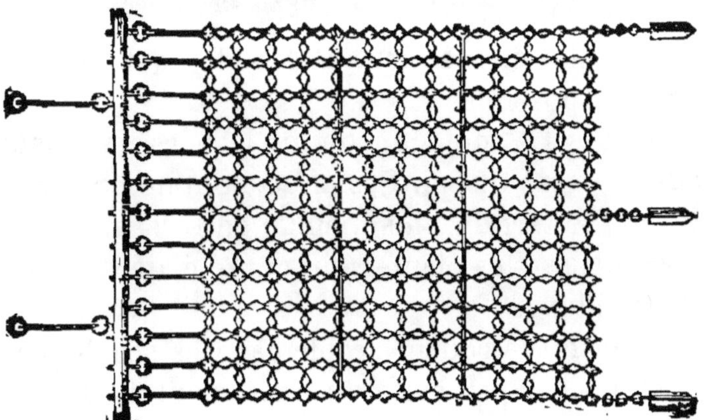

Fig. 12. — Herse à chaînons.

Les dents de la herse sont droites ou recourbées et disposées sur le bâti de manière à tracer des raies parallèles et distinctes. Elles sont construites en bois ou en fer.

Comme type de la herse en bois, nous citerons la herse Valcourt. Il existe plusieurs sortes de herses à bâti en fer : herses parallélogrammiques, herses à chaînons (fig. 12), herses rotatives, herses en zigzags, etc. (fig. 13).

Le poids de la herse doit être le plus grand possible

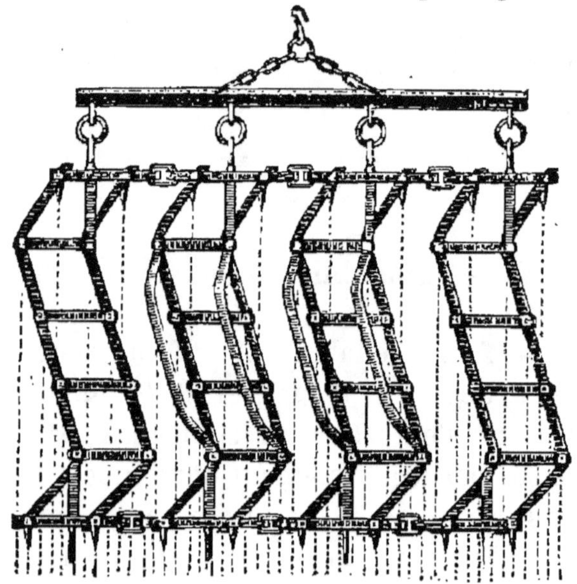

Fig. 13. — Herse en zigzags articulée.

pour augmenter son action, et les dents doivent être le plus courtes possible.

Roulage. — Le roulage, comme le hersage, concourt à l'ameublissement du sol. Ses effets sont nombreux :

1° Il rend le terrain plus meuble en brisant les mottes ;

2° Il rechausse les plantes qui ont été déchaussées par la gelée de l'hiver ;

3° Il raffermit la couche arable dans les sols légers ;

4° Il empêche, par suite du tassement de la terre, la prompte évaporation du sol après les semailles ;

5° En resserrant les grains contre la terre, il en rend la germination plus uniforme ;

6° Enfin, il aplanit et égalise la surface des terres dans

les prairies, ce qui permet l'emploi plus fréquent d'instruments attelés pour les opérations ultérieures.

Suivant le genre de travail à effectuer, le rouleau doit avoir des poids, des diamètres et des formes différents.

Les rouleaux sont des cylindres unis ou garnis d'aspérités. Ceux qui servent au tassage, au plombage de la terre, sont formés de disques en bois ou en pierre (fig. 14).

Fig. 14. — Rouleau plombeur.

Les rouleaux brise-mottes, communément appelés Croskill, se composent d'une série de disques dont le pourtour est garni de dents (fig. 15).

Fig. 15. — Rouleau Croskill.

Le diamètre des rouleaux varie de 0^m,75 à 1^m,20, suivant les substances qui les constituent; plus le diamètre est petit, plus le tirage est grand. Leur longueur ne doit pas dépasser 1ᵐ,50. Leur poids varie entre 600 et 1000 kilogrammes, suivant la force de résistance des terres.

Scarificateur. — *Extirpateur.* — *Cultivateur.* — Ces instruments sont destinés à compléter également le travail de la charrue.

Le *scarificateur* est destiné à fendre la terre perpendiculairement à sa surface. Cet instrument est composé d'énormes dents qui s'assemblent sur un bâti porté sur trois roues.

L'*extirpateur* est employé pour couper les racines; il est garni de socs plats, larges et tranchants sur les bords, qui ont pour objet de remuer et de couper le sol horizontalement, mais à une faible profondeur.

Le *cultivateur*, au contraire, est armé de socs moins

Fig. 16. — Cultivateur.

larges et plus bombés; il est surtout employé pour remuer le sol. Dans quelques cas, il peut même remplacer la charrue, en effectuant un labour superficiel (fig. 16).

CONSIDÉRATIONS RELATIVES AUX OPÉRATIONS CULTURALES

Toutes les opérations de culture ont pour but de mettre la terre dans de bonnes conditions pour recevoir la plante utile, en favoriser le développement et se débarrasser des plantes parasites ou inutiles. Ces conditions sont : aération, fraîcheur, ameublissement.

Les opérations qui concourent à ce résultat sont toutes très importantes ; elles doivent être exécutées avec des instruments bien construits et répondant exactement aux règles que nous avons posées. Alors, les travaux sont économiques et les rendements sont augmentés.

DEUXIÈME PARTIE

CULTURES SPÉCIALES

Considérations générales sur la vie des plantes

Nous venons de fixer les idées sur la formation, la nature et les moyens d'amélioration du sol. Il nous reste maintenant à traiter des principales cultures qui pourront y être faites.

Le sol est utilisé par les plantes, que l'on doit considérer comme l'outil au moyen duquel l'agriculteur fabrique les récoltes. Les plantes n'ont recours, pour leur développement, qu'à deux sortes d'éléments qui sont contenus les uns dans l'atmosphère, les autres dans le sol. Mais, pour produire leur maximum de rendement, elles demandent à être cultivées avec méthode.

Composition des végétaux. — Tous les végétaux sont composés de deux sortes de principes: de *principes organiques* provenant de l'atmosphère et de *principes minéraux* puisés dans le sol.

Les principes organiques sont constitués essentiellement de *carbone*, d'*hydrogène*, d'*oxygène* et d'*azote*. Ce sont ces corps qui, groupés dans telle ou telle proportion, forment le bois, la fécule, le sucre, les acides, etc., que l'on trouve dans toutes les plantes.

Le carbone est emprunté à l'acide carbonique de l'air. Ce gaz est décomposé par la chlorophylle, grâce à la lumière, en carbone qui sert à la formation des tissus, et en oxygène qui est rejeté ou retenu en partie suivant les besoins de la plante. L'hydrogène est pris à l'eau contenue dans l'atmosphère.

La matière azotée est fournie par les principes azotés (nitrates, sels ammoniacaux) contenus dans le sol; les feuilles absorbent également, sous forme d'ammoniaque, dans l'air atmosphérique, une certaine quantité d'azote.

Les matières minérales que l'on trouve dans les plantes proviennent du sol et sont puisées par les racines à l'état de solution très étendue, au 1/10,000ᵉ par exemple. Parmi ces matières, nous citerons les phosphates, les sels de potasse, les nitrates, la chaux, la magnésie, le fer.

Voilà quelle est la composition du végétal et l'origine de ses principes constitutifs; il nous reste à voir comment il naît et se développe.

Germination. — La plante naît de la germination d'une graine. La germination est favorisée par l'humidité, l'aération et la chaleur. La graine, en germant, donne naissance à une petite tige ou *tigelle* et à de petites racines ou *radicelles.*

La jeune plante, ainsi constituée, vient puiser dans l'air et dans le sol les matériaux nécessaires à son existence. C'est par ce merveilleux travail que les tissus des plantes se développent; la tige émet des feuilles, des rameaux, des fleurs, des fruits.

Pour que la plante puisse atteindre un grand développement, il faut que le sol renferme des matières fertilisantes en assez grande quantité et que la chaleur, la lumière et l'humidité soient convenables.

Par conséquent, la *latitude* et l'*altitude*, qui font varier les climats, l'intensité de la chaleur et de la lumière, exercent une influence notable sur la croissance des végétaux.

Sous le rapport du climat, la France est divisée en plusieurs régions, caractérisées chacune par une plante qui y donne son maximum de rendement. Ces régions sont, en allant du Midi au Nord: la région de l'olivier et de la vigne, la région des herbages et des céréales.

Le cultivateur ne doit admettre, dans ses cultures, que les végétaux capables de rendre le plus de produits possible, eu égard à la nature du sol et au climat.

Principes qui doivent présider au choix et à l'amélioration des plantes. — Une situation étant donnée, il faut l'utiliser avec la plante qui s'en accommodera le mieux. Et même, l'espèce étant choisie, on devra chercher les meilleures variétés de cette espèce. Dans une variété, on recherchera ou le rendement total, ou la qualité du produit, ou la précocité, ou la rusticité.

L'espèce végétale peut être améliorée par la culture. Ainsi, par des soins multiples, on obligera, par exemple, la plante à produire beaucoup ; puis, sur l'ensemble des plantes, on remarquera les plus productives, celles qui répondent le mieux au but qu'on se propose, et les graines de ces plantes serviront à perpétuer la variété l'année suivante.

Lorsqu'on est décidé à cultiver telle ou telle plante, le blé, par exemple, il faut s'occuper avec un soin scrupuleux du choix de la semence. En choisissant des graines bien conformées, bien mûres, exemptes de graines avariées, on obtiendra un bon produit et une grosse récolte.

VÉGÉTAUX CULTIVÉS DANS LE MIDI

Nous sommes initié à la vie intime du végétal ; nous connaissons aussi les influences diverses auxquelles il est soumis. Nous allons étudier sommairement sa culture. Nous commencerons cette étude par celle des céréales.

CHAPITRE I. — **CÉRÉALES.**

Sous le nom de céréales, on désigne les plantes dont les graines servent à l'alimentation de l'homme ou du bétail. Les céréales cultivées en France sont le blé, le seigle, l'orge, l'avoine, le maïs, le riz, le millet, le sorgho, le sarrasin.

1° Blé (*Triticum*)

Historique. — Le blé ou *froment* est la principale plante alimentaire de l'Europe. Sa culture, aussi ancienne que le monde, a fait partout des progrès considérables. En France, le froment s'est étendu peu à peu; dans beaucoup de régions, il a pris la place du seigle et de l'orge.

Espèces et variétés.—Le genre Triticum ou blé comprend plusieurs espèces, et chaque espèce plusieurs variétés. La classification généralement adoptée aujourd'hui est celle de M. Vilmorin; elle comprend sept espèces :

1° Blé ordinaire ou blé tendre à paille creuse,
2° Blé Poulard à grain renflé, à paile pleine, } grains nus.
3° Blé dur à grain glacé (pays chauds),
4° Blé de Pologne,

5° L'épeautre,
6° L'amidonnier, } grains vêtus.
7° L'engrain.

Les deux premières espèces seulement nous intéressent; elles nous fournissent les blés cultivés en France, savoir :

BLÉS TENDRES
- Variétés de printemps.
- — d'automne.
- — sans barbes (touzelle blanche, richelle de Naples, froment rouge ordinaire (fig. 17).
- — barbus (blé de Toscane, blé du Cap, blé Hérisson, froment barbu d'hiver).

BLÉS DURS
- Blé Poulard du Nord (fig. 18).
- Pétanielle blanche de Montpellier.
- — — de Nice.
- Blé à barbe noire.
- Poulard d'Egypte.
- Blé Miracle.

Caractères botaniques. — La *racine* du blé est fibreuse et composée de filaments nombreux qui s'étendent dans le sol, horizontalement ou obliquement, à une distance assez grande. La *tige* du blé, désignée sous le nom de *chaume*, est habituellement creuse, quelquefois pleine ; sa hauteur moyenne est de 1^m,50. Lorsque la plante produit un grand nombre de tiges, on dit qu'elle *talle* bien. La tige du blé constitue la paille qui est plus ou moins rigide suivant les variétés. Cette tige est lisse, de couleur verte au moment de la végétation et jaune à la maturité; elle porte des nœuds de distance en distance.

Sur la tige, au niveau des nœuds, naissent des *feuilles* qui, comme celles de toutes les graminées, comprennent deux parties : la *gaine* qui entoure la tige sur une certaine longueur, et le *limbe* ou feuille proprement dite. Ces feuilles sont plus longues et plus larges à mesure qu'elles s'élèvent. L'*épi*, placé au sommet de la tige, se compose d'un axe et des *épillets*. L'épi est cylindrique, carré, pyramidal, barbu ou non barbu, lâche, compact, etc. Chaque épi contient de 10 à 16 épillets disposés alternativement à droite et à gauche de l'axe. Les épillets contiennent de 1 à 5 fleurs.

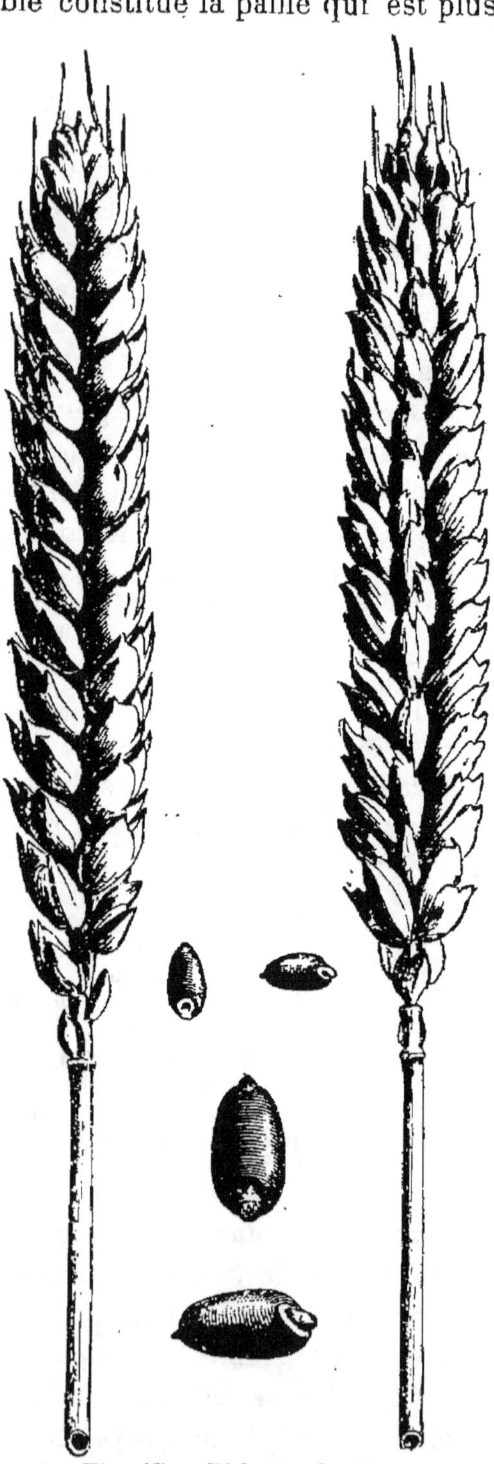

Fig. 17.— Blé sans barbes.

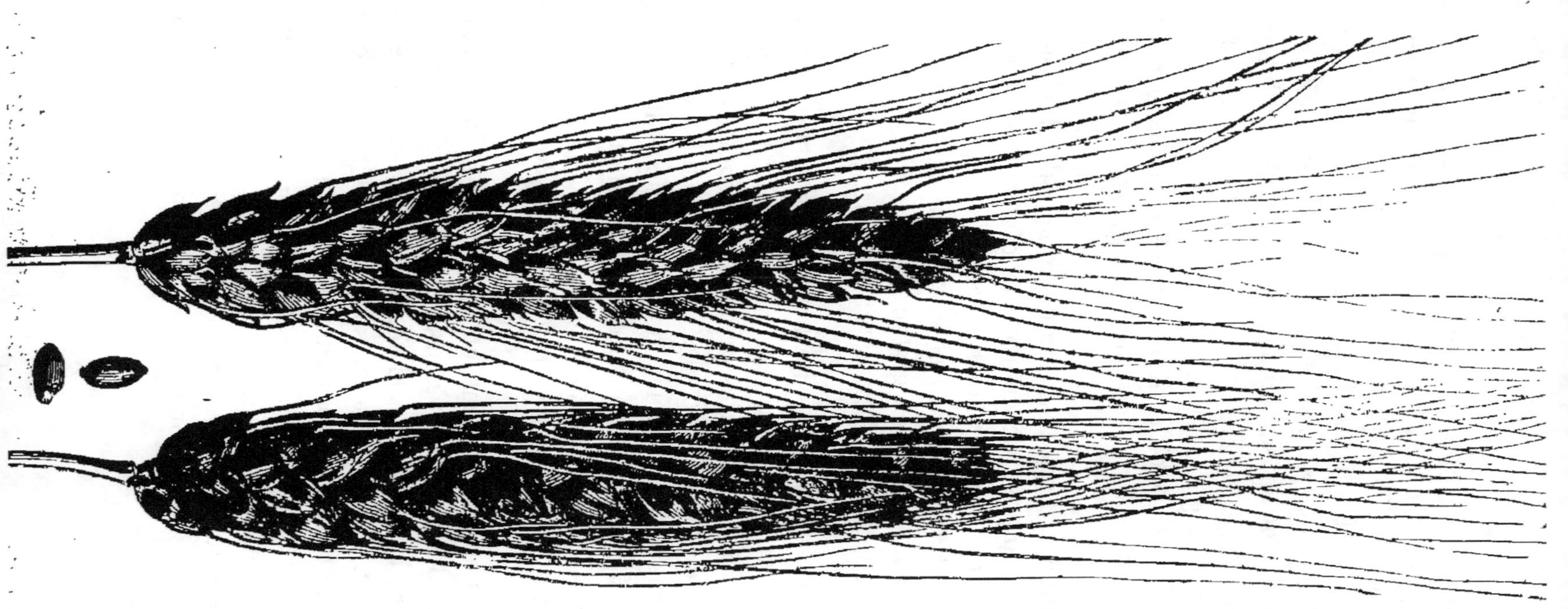

Fig. 18. — Blé barbu (Poulard).

Les fleurs, composées chacune de trois étamines et d'un organe femelle, sont enfermées dans deux écailles appelées *glumelles*. La première, qui sert d'enveloppe à la seconde, porte quelquefois à son sommet une dent ou barbe. Les *glumes* sont les deux enveloppes extérieures qui embrassent l'ensemble des fleurs. La fécondation, qui dure deux ou trois jours, s'opère après le contact du pollen avec l'organe femelle.

Le *grain* est ovoïde; il est divisé en deux parties par un sillon sur une de ses faces; sa grosseur est variable, sa coloration est blanche, jaune ou rouge; son extrémité est surmontée d'une petite houppe de poils. Le centre du grain est composé de cellules de *gluten* dans lesquelles sont enfermés des granules d'amidon.

Les blés tendres sont riches en amidon, tandis que les blés durs sont riches en gluten.

L'enveloppe extérieure du grain constitue le son.

Culture. — *Climat.* — Le blé est très rustique, il vient bien dans toutes les contrées où la température moyenne est de 15 à 18 degrés, où les printemps ne sont ni trop froids, ni trop humides, ni trop secs, ni trop chauds. Il est aussi cultivé dans les montagnes dont l'altitude ne dépasse pas 800 mètres. La neige constitue pour le blé une excellente couverture qui le protège contre les froids rigoureux. Le blé résiste aux grands froids lorsque le sol n'est pas humide.

Les pluies, en excitant et en exagérant la végétation herbacée, déterminent la verse des tiges; elles nuisent en outre à la floraison et à la fécondation. Les sécheresses prolongées, les vents secs, sont aussi défavorables à la bonne végétation et à la maturité du grain.

La lumière et la chaleur sont nécessaires au froment, comme à toutes les plantes.

Les blés du Midi sont plus précoces que les blés du Nord, à cause de la douceur de l'hiver et de la chaleur du printemps.

Végétation. — Le blé, semé en automne, germe au bout
de 12 à 15 jours. Après le repos de l'hiver, en mars, il
pousse, dans le Midi, rapidement. En avril, l'épiaison a
lieu ; la floraison s'effectue en mai et la maturité du grain
dans la deuxième quinzaine de juin. Il s'écoule environ
180 jours du semis à la floraison et de 40 à 50 jours entre
la floraison et la maturité, soit au total 220 à 230 jours.

Terrain. — Le blé veut une terre de consistance
moyenne, c'est-à-dire une terre argilo-calcaire ou argilo-
siliceuse ; les terres d'alluvions lui conviennent très bien.
Il végète mal dans les terres légères, sablonneuses ou
calcaires. Il ne redoute pas, dans le Midi surtout, les terres fortes et compactes.

Dans la rotation des cultures, on fera succéder le froment au sainfoin, au trèfle, à la luzerne, aux vesces, à la
pomme de terre, etc.

La préparation du terrain varie avec la nature de la
culture qui précède. En principe, il faut une terre bien
ameublie. On exécute un premier labour de préparation
à 20 ou 25 centim., à la suite duquel on donne un hersage. On pratique ensuite un second labour pour compléter l'ameublissement du sol, puis, enfin, le labour de
semailles destiné à recouvrir les graines.

Engrais. — Le froment est une plante exigeante, ne
produisant de bonnes récoltes que lorsque les terres sont
bien fumées. On peut employer comme engrais le fumier
de ferme à la dose de 20,000 kilogr. par hectare ; on
pourra également employer avec avantage les engrais
chimiques. La formule d'engrais qui donnerait les meilleurs résultats serait la suivante, par hectare :

300 k. de superphosphate de chaux	répandus au moment des
50 k. de sulfate de potasse	semailles.

200 k. de nitrate de soude répandus en février.

Cet engrais complet reviendrait à 92 fr. par hectare
environ.

Si le terrain était dans d'assez bonnes conditions de
fertilité, on pourrait se contenter de répandre sur les blés,

au printemps, de 100 à 200 kilogr. de nitrate de soude par hectare.

Semailles. — Dans la région méridionale, les semailles du blé d'hiver se font ordinairement en octobre ou novembre, souvent même on les exécute au commencement de décembre. Les semailles précoces sont préférables. La quantité de semence employée est en moyenne de 1 hect. 5 à 2 hectolitres par hectare. Pour que la germination puisse se faire dans de bonnes conditions, les graines devront être placées à une profondeur de 3 à 8 centim., suivant le climat et le sol ; plus profondément dans les terrains légers et les climats chauds que dans les sols forts et les climats humides. L'ensemencement se fait à la volée ou en lignes. Dans les deux cas, il importe que la semence soit régulièrement distribuée et enfouie. Pour semer à la volée, il faut un ouvrier habile.

Les semailles en lignes se font à l'aide de semoirs. Elles ne peuvent être exécutées que lorsque le terrain a été bien préparé. Elles ont sur les précédentes de nombreux avantages, savoir :

1° Économie d'un quart de semence au moins ;

2° Elles permettent d'enterrer les grains à une profondeur régulière, en laissant entre les lignes un intervalle de 20 à 22 centim., qui facilite les sarclages et même les binages ;

3° Enfin, les semailles en lignes produisent des récoltes plus abondantes et donnent aux tiges une rigidité qui les fait résister à la verse.

Le choix et la préparation des semences jouent un rôle très important.

On ne devra semer que des blés de la récolte précédente, parmi lesquels on ne choisira que des graines propres, parfaitement mûres, bien conformées, non ridées.

La préparation des semences comprend deux opérations : le *criblage* et le *chaulage*.

Le criblage se fait au moyen de tarares ou trieurs qui

permettent d'obtenir des grains de même volume, exempts de pierres et de mauvaises graines.

Le chaulage des grains a pour but de détruire les germes de maladies cryptogamiques, telles que le charbon, la carie, l'ergot, etc. On distingue : 1° le chaulage par immersion qui consiste à plonger un panier en osier rempli de graines dans un cuvier contenant un lait de chaux ; 2° le chaulage à sec qui se pratique en répandant, sur les grains étalés sur un plancher, de la chaux vive en poudre.

Le sulfatage des grains remplace avantageusement le chaulage. Il consiste à arroser les semences avec une solution composée de 100 litres d'eau dans laquelle on fait dissoudre 4 à 5 kilogr. de sulfate de cuivre.

Travaux d'entretien. — Le blé, pendant la végétation, réclame des soins nombreux qui ont une grande influence sur la récolte. Au printemps, on commence les façons de culture par un léger hersage destiné à ameublir la couche arable et à détruire les mauvaises herbes. On doit aussi donner un roulage dans le but de favoriser le tallage de la plante et de tasser le sol soulevé par les gelées.

En avril, on détruit les mauvaises herbes par des sarclages et des binages. Le sarclage se fait à la main dans les blés semés à la volée ; le binage des blés en lignes s'exécute avec des houes à cheval.

Le sarclage doit toujours être fait avant l'épiaison. Le froment est, en effet, une plante salissante parce qu'il favorise, à cause de son peu de vigueur, la multiplication des plantes qui croissent d'habitude sur le terrain qu'il occupe. Parmi ces plantes, nous citerons les chardons, la folle avoine, la moutarde sauvage, l'ivraie, le coquelicot, la nielle, etc.

Rendement. — Pour obtenir un bénéfice par la culture du blé, il faut arriver aux rendements de 20 à 25 hectolitres par hectare. A 260 kilogr. de paille correspondent généralement 100 kilogr. de grains. Le poids de l'hectolitre de grains varie entre 75 et 82 kilogr.. L'hectolitre de blé vaut en moyenne, actuellement, de 18 à 23 francs. La farine de blé sert à la fabrication du pain, des pâtes alimentaires, des biscuits, etc.

2° Seigle

Le seigle est, après le blé, la céréale qui joue le rôle le plus important dans l'alimentation de l'homme. Dans certaines régions cependant, il est cultivé surtout pour sa paille qui sert à fabriquer des chaises, des liens, des colliers et des paillassons.

Le seigle est une plante précieuse pour les montagnes; il supporte bien les froids de l'hiver et exige moins de chaleur que le blé. C'est une plante précoce, qui mûrit quelques jours avant le blé. Sa tige est lisse, mais mince et grêle; ses feuilles sont rudes sur les deux faces; ses épis sont longs; ses grains sont oblongs, convexes d'un côté et sillonnés de l'autre.

On ne connaît qu'une seule espèce de seigle (seigle cultivé) qui a donné naissance au seigle d'hiver, au seigle de Mars et au seigle de Russie. Le seigle est une plante rustique, vigoureuse, résistant bien à l'envahissement des mauvaises herbes à cause de son grand développement. Il aime les terres légères, siliceuses. Il vient bien au pied des châtaigniers; c'est la céréale par excellence des terrains granitiques. Dans les bons terrains, on doit le remplacer par le blé qui donne des produits plus rémunérateurs. Il occupe la même place que le froment dans les assolements.

La préparation du terrain est facile; le seigle vient souvent dans une terre n'ayant reçu qu'un seul labour.

Quant aux semailles, on choisit des graines de la récolte précédente. On les répand à la volée, au mois d'octobre, à la dose de 2 hectolitres par hectare. Les soins d'entretien consistent en roulages et sarclages que l'on donne au printemps.

Le rendement moyen atteint 20 à 25 hectolitres par

hectare. Un hectolitre de grains pèse 70 à 72 kilogr. ; ce poids correspond à 180 kilogr. de paille. Quand le blé vaut 20 fr. l'hectolitre, le seigle vaut 15 à 16 fr. seulement. Avec la farine de seigle on fait un pain assez estimé.

3° Méteil

Dans certains pays, on cultive un mélange de blé et de seigle qu'on appelle méteil. Lorsqu'une terre à seigle commence à s'améliorer, on mélange le blé au seigle dans des proportions en rapport avec la fertilité du terrain. Il faut, dans ce cas, employer des blés hâtifs mûrissant sensiblement à la même époque que le seigle.

4° Orge

L'orge n'a pas, en Europe, l'importance du blé et du seigle. Les grains sont employés, dans le Nord, pour la fabrication de la bière; dans le Midi et en Afrique, ils remplacent l'avoine pour la nourriture des chevaux. La farine peut servir à faire un pain qui est lourd. C'est la céréale qui s'avance le plus dans le Midi à cause de la rapidité de sa végétation. Elle germe aussi vite que le seigle, ses épis apparaissent en avril et mûrissent vers la fin de mai.

Ses feuilles sont d'un vert plus clair et plus larges que celles du froment; de plus, elles sont plus ligulées. Elle s'égrène facilement; aussi doit-on la moissonner un peu en vert.

On distingue plusieurs espèces d'orge. Les deux espèces qui ont le plus d'importance sont : 1° l'orge commune ou à 6 rangs ; 2° l'orge à 2 rangs ou paumelle du Midi.

L'orge s'accommode des terrains les plus variés, à la condition qu'ils ne soient pas humides. Les semailles se font en septembre ou octobre, après un labour de préparation. On emploie à la volée de 2 à 3 hectolitres de semence par hectare. Lorsque les semailles d'hiver ne réussissent pas, on peut, sans autre inconvénient qu'un surcroît de dépense, les recommencer au printemps.

L'orge est une plante assez épuisante, qui ne produit de gros rendements que dans des terrains bien fumés ; son rendement moyen atteint 25 hectolitres à l'hectare. Actuellement, son prix de vente est de 18 fr. les 100 kilogrammes. Un hectolitre de grains pèse 56 à 64 kilogr., et 100 kilogr. de grains correspondent à 200 kilogr. de paille.

L'orge constitue, dans le Midi, une culture secondaire permettant d'utiliser les terrains pauvres. On peut encore la semer comme fourrage ; dans ce cas, elle doit être coupée en vert.

5° Avoine

C'est une céréale cultivée principalement pour la nourriture des bêtes de trait. Elle redoute la chaleur et la sécheresse du printemps. On sème l'avoine en automne, c'est-à-dire d'octobre à décembre. On a avantage à semer de bonne heure ; l'épiaison a lieu en avril, et la récolte vers le 15 juin. Les principales espèces d'avoine que l'on cultive sont : 1° l'avoine commune ou avoine du pays ; 2° l'avoine dite d'Italie.

La première espèce est moins productive que la seconde, mais son grain est plus dense et plus nutritif.

L'avoine s'accommode de tous les terrains et peut succéder, sans inconvénient, à toutes les récoltes. Elle n'exige pas une préparation très complète du sol. Le rendement de l'avoine est toujours influencé par les fumures. Dans le Midi, on sèmera les variétés d'hiver ; très rarement, et tout à fait exceptionnellement, les variétés de printemps. Les semailles se font à la dose de 2 hectolitres par hectare environ.

Les principaux soins d'entretien que réclame cette céréale consistent en un roulage au commencement du printemps et des sarclages.

L'avoine redoute le froid de l'hiver, bien plus que le blé; ainsi, l'hiver de 1891, qui a été rigoureux, a gelé la plupart des emblavures d'avoine, même dans le Midi.

Le rendement moyen de l'avoine oscille entre 20 et 30 hectolitres par hectare dans le Midi; dans le Nord, les rendements atteignent jusqu'à 50 hectolitres. Un hectolitre de grains représente 70 kilogr. de paille. Le poids d'un hectolitre de bonne avoine est de 50 kilogr. Son prix varie entre 17 et 20 fr. les 100 kilogr.

6° **Sarrasin**

Le sarrasin ou blé noir sert à la nourriture de l'homme et des animaux. Cette plante est surtout cultivée dans le Nord où elle utilise les sols pauvres. Dans le Midi, on la trouve dans les parties montagneuses où le climat est humide et le sol granitique. Le sarrasin est semé en mai ou en juin à raison de 50 à 100 litres par hectare.

Pendant sa végétation, on doit donner de nombreux sarclages pour détruire les mauvaises plantes. Sa récolte a lieu en septembre ou en octobre, quand le grain est noir et que sa cassure est farineuse.

Son rendement moyen ne dépasse pas 10 hectolitres par hectare. Dans la région méditerranéenne, cette plante a peu d'importance.

7° **Maïs**

C'est une céréale importante qui a pris beaucoup d'extension, depuis plusieurs années, dans le Midi et dans le centre de la France. Son grain est utilisé pour l'alimentation des animaux et la fabrication de l'alcool. Ses feuilles et ses tiges, à l'état vert, constituent une bonne nourriture pour le bétail de la ferme. Le maïs vient dans les climats assez chauds et humides. Les terrains de toute nature et plus spécialement les sols argileux lui conviennent. Cette plante est très exigeante sous le rapport de l'engrais.

il faut, par suite, fumer copieusement les terrains qui doivent la recevoir.

L'espèce la plus cultivée est le maïs commun, appelé communément gros blé dans certaines localites ; il com-

Fig. 19. — Maïs dent de cheval.

prend plusieurs variétés. C'est une plante à racines fibreuses, traçantes, à tige simple, cylindrique, portant des fleurs mâles et des fleurs femelles séparées sur le même pied. C'est pourquoi le maïs est une plante appelée monoïque. (fig. 19.)

Les terres à maïs doivent être ameublies par plusieurs

labours. Les semailles se font en avril, à la volée ou en lignes, à la dose de 60 à 70 litres par hectare.

Lorsque la plante présente sa troisième ou quatrième feuille, on ameublit la surface du sol et on détruit les mauvaises herbes en donnant un premier binage. Quand le maïs atteint $0^m,40$ de hauteur, on donne un second binage avec la houe à cheval, si c'est possible. Il faut également avoir soin d'enlever les tiges secondaires qui nuisent au développement de la tige principale. Dans la culture en lignes, les plants doivent être espacés sur les lignes de $0^m,33$. On obtient ce résultat par l'opération de l'*éclaircissage*.

Pour consolider les plantes, leur donner plus de fraîcheur et favoriser le développement de leurs racines, on les butte dès que les fleurs mâles apparaissent.

Quand les grains sont bien formés, on coupe l'extrémité de la tige, *on écime*, on supprime les fleurs mâles et on obtient ainsi des grains plus volumineux.

Enfin, on pratique l'effeuillage 15 ou 20 jours avant la récolte, pour que la chaleur agisse plus directement sur l'épi et active sa maturité. La récolte se fait en juillet ; on cueille à la main les épis, que l'on fait sécher avant de procéder à leur égrenage. Le rendement du maïs peut aller jusqu'à 25 et 30 hectolitres à l'hectare. Le poids de l'hectolitre est de 70 kilogr. Pour 40 kilogr. de grains, on a 4,000 kilogr. de tiges ; 100 kilogr. de grains valent de 15 à 16 fr.

Maïs fourrage. — Nous indiquerons dans le chapitre des cultures fourragères l'importance du maïs comme fourrage.

8° Riz

Parmi les plantes cultivées pour ainsi dire dans l'eau et que l'agriculture emploie, le riz est la seule que nous ayons à citer. Elle est cultivée en Camargue dans le double but de dessaler les marécages et d'obtenir une récolte

Mais en Asie, en Afrique, en Amérique et dans le midi de l'Europe, son importance est égale à celle du froment. Son grain est consommé directement par l'homme.

9° Maladies des céréales

Nous diviserons comme il suit les principales maladies des céréales :

1° *Maladies accidentelles :* Echaudage, coulure, chlorose ;

2° *Cryptogamiques :* Rouille, charbon, carie, ergot, mélanose, verdet.

3° *Maladies produites par les insectes :* Taupin, cécidomie, nielle, anguillules, sauterelles, oiseaux, corbeaux, rats.

MALADIES ACCIDENTELLES. — *Blés échaudés ou échaudage.* — On désigne sous le nom de blés échaudés ceux qui ont subi des coups de soleil ; ils sont mûrs plus tôt que les autres. Leurs grains sont ridés et de mauvaise qualité.

Quand une variété est sujette à l'échaudage, on doit la remplacer par une autre plus rustique. Généralement, les variétés de blé à grand rendement du Nord possèdent ce défaut dans le Midi.

La *coulure* est produite par des pluies abondantes survenant au moment de la floraison ; alors, les fleurs disparaissent avant la fécondation. Il n'y a aucun remède contre la coulure.

Les *blés chlorosés* sont jaunes, chétifs ; ils tallent mal et l'épiaison est laborieuse. Cet accident étant dû généralement à l'excès d'humidité, il conviendra de drainer les terres trop humides destinées à être ensemencées en céréales. On applique avec succès des fumures complémentaires (nitrate de soude).

Les MALADIES CRYPTOGAMIQUES sont dues à la présence de certains champignons microscopiques.

La *rouille* se manifeste sur les feuilles en produisant des taches ovales couleur de rouille. Les organes atteints se fanent. La rouille se développe au printemps, quand les plantes subissent des variations brusques de température et d'humidité. On distingue également la rouille noire qui diffère des précédentes par sa couleur. Les céréales les plus sujettes à cette maladie sont le blé, l'orge et l'avoine.

Le *charbon* se développe pendant la germination de la graine ; il pénètre dans l'intérieur des organes, puis il s'épanouit en recouvrant les fleurs d'une poussière noire formée par les germes du champignon, cause du mal. Il n'existe contre le charbon qu'un seul remède préventif: le chaulage et le sulfatage des grains. L'avoine est la céréale la plus ordinairement attaquée; puis viennent le blé, l'orge et le maïs.

La *carie* est produite par un champignon qui germe à l'intérieur du grain ; celui-ci est alors rempli d'une matière noirâtre, onctueuse, d'une odeur fétide. Cette maladie se manifeste par un temps trop sec ou trop humide. Elle attaque surtout le blé. Pour s'en préserver, il faut chauler énergiquement les semences.

L'*ergot* se développe dans le grain qui prend alors la forme d'un ergot de coq. Les grains ergotés doivent être soigneusement rejetés, car leur consommation déterminerait des accidents graves. Le seigle et le blé sont surtout exposés à cette maladie. Le meilleur remède consiste en une bonne préparation de la semence.

La *mélanose* envahit l'épi en soudant toutes les parties les unes aux autres. Cette maladie, étudiée pour la première fois en 1882 par M. Prillieux, n'a fait jusqu'à ce jour aucun dégât important. Pour l'éviter, on conseille encore le chaulage et le sulfatage des semences.

Le *verdet* est un champignon verdâtre qui se montre sur les grains de maïs. Cette maladie fait naître la *pellagre* ou maladie de la peau chez les personnes qui consomment les grains de maïs envahis par ce champignon.

PARASITES ANIMAUX. — *Insectes*. — Le *taupin* est un

petit insecte brun, très nuisible parce qu'il coupe les racines des céréales.

La *cécidomie* est une mouche jaune citron qui dépose ses œufs sur les épis de blé au moment de la floraison. Les larves vivent dans le grain, puis tombent à terre où elles passent l'été et l'automne, en attendant leur transformation en insecte parfait, qui a lieu en hiver. Pour détruire ces mouches, on allume des feux où elles viennent se brûler.

La *saperde grêle* est un insecte redoutable; sa larve se nomme ver des blés. Ce coléoptère, qui est de couleur gris cendré, apparaît en juin, au moment de la floraison. Les blés atteints sont appelés aiguillonnés. On doit arracher et brûler, après les moissons, les chaumes atteints.

La *nielle* est un ver allongé qui vit sur les jeunes plantes, dans les épis principalement. Un grain niellé périt en terre.

Les *sauterelles* dévastent complètement les céréales, lorsqu'elles les envahissent. En 1613, 1713 et 1823, la Provence et le Languedoc ont été sérieusement éprouvés par des invasions de sauterelles. Ces fléaux sont surtout fréquents en Afrique.

Les *corbeaux* et d'autres oiseaux se répandent quelquefois par bandes au milieu des champs de céréales pour chasser les insectes; mais ils dévorent eux-mêmes quelques épis. On les écarte à l'aide d'épouvantails.

Les *rats*, les campagnols, par exemple, coupent aussi les épis, mangent les grains. On doit les empoisonner en plaçant dans l'intérieur d'un tuyau de drainage une pâte renfermant de l'acide arsénieux. Les rats seuls sont ainsi détruits.

10° Moisson

La *moisson* est une opération par laquelle on débarrasse les champs de céréales des récoltes qu'ils portent.

L'époque de la moisson varie avec la céréale cultivée, la nature du terrain et le climat. La récolte du blé se fait généralement vers la fin juin, celle de l'avoine vers le 15 ou le 20 du même mois, et celle de l'orge ou du seigle dans les premiers jours de juin. On reconnaît que les céréales sont prêtes à couper quand l'ongle s'imprime facilement dansle grain sans le pénétrer et que la paille prend une couleur jaune.

Les instruments employés pour la moisson sont : la faucille, la faux et la moissonneuse.

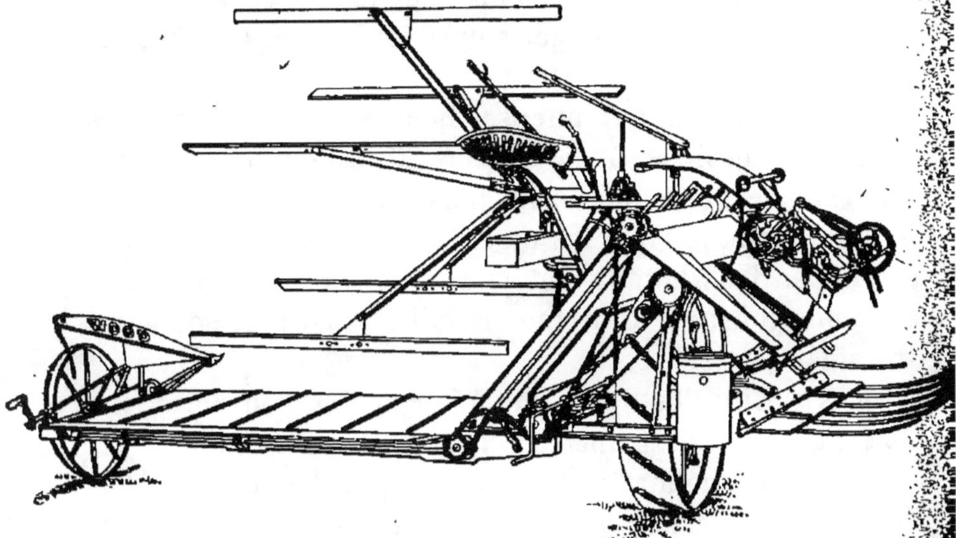

Fig. 20. — Moissonneuse-lieuse.

La *faucille* est une lame unie ou dentée, de forme courbe, munie d'un petit manche. Avec cet instrument, la récolte est bien ramassée, le blé est coupé ras ; malheureusement le travail est long, puisqu'un homme ne coupe par jour, avec la faucille, que 15 à 20 ares de céréales.

La *faux* est composée d'une lame légèrement recourbée, rattachée à angle droit à un long manche en bois. Le manche est armé d'un râteau destiné à retenir les tiges coupées et à les déposer sur le sol en andains, c'est-à-dire en rangées parallèles.

Avec la faux, on rase le sol et l'on obtient plus de paille ; le travail se fait en outre plus rapidement et plus économiquement qu'avec la faucille ; un homme moissonne ainsi 60 ares de surface.

Les machines qui servent à faire les moissons sont appelées *moissonneuses*. Elles sont constituées essentielle ment par des bâtis montés sur deux roues motrices qui font mouvoir, à l'aide d'engrenages : 1° une scie douée d'un mouvement latéral de va-et-vient et qui coupe les tiges à mesure que l'instrument avance ; 2° de deux paires de râteaux, dits rabatteurs et javeleurs ; les premiers servent à rabattre les épis sur le tablier de la machine ; les seconds à ranger sur le sol, en tas ou javelles, les épis déjà détachés.

Il existe des moissonneuses-lieuses qui déposent les gerbes toutes liées sur le sol (fig. 20). Les moissons pratiquées mécaniquement sont plus expéditives et surtout plus économiques que les moissons à bras. Une machine, servie par deux hommes et deux attelages, exécute pendant une journée le même travail que 20 moissonneurs travaillant activement.

Dans le Midi, les tiges, une fois coupées, sont liées tout de suite pour éviter une trop grande dessiccation.

Le liage est généralement exécuté par des femmes. On rassemble un certain nombre de tiges que l'on réunit en gerbes avec du chaume, des liens de paille, de la ficelle ou du fil de fer. Il existe des instruments spéciaux appelés *lieuses* qui permettent de faire le travail mécaniquement, d'une façon simple et économique.

Une fois la récolte coupée et liée, il faut réunir les gerbes, en faire des tas. Ces opérations, dans la région méditerranéenne, ont peu d'importance, parce qu'à cette époque de l'année les pluies sont peu à redouter.

Pour le blé, on étend d'abord les gerbes sur le sol et on les place à la suite les unes des autres, en couvrant les épis pour éviter la rosée. Trois ou quatre jours après, on met les gerbes en tas. Ce tas est fait de façon que tous les épis soient dans l'intérieur. Pour l'orge et l'avoine, on prend moins de précautions. Pour l'avoine, dont le grain n'est pas détérioré par la rosée, on réunit les gerbes par petits tas circulaires, en plaçant les pieds sur le sol et les épis ou panicules en l'air ; c'est une moyette simple.

En attendant le battage, les gerbes des céréales sont formées en gerbiers ou meules sur le champ ou dans la cour de la ferme. On peut aussi les abriter dans des granges ou hangars couverts. Quand les meules ne sont que temporaires, c'est-à-dire lorsque le battage s'effectue en été, on se contente de superposer les gerbes, en plaçant les épis en dedans. On donne aux meules une forme conique.

La récolte est transportée du champ à la ferme à l'aide de charrettes ou de chariots.

11° Battage des céréales

Le battage a pour objet de séparer les graines des tiges qui les portent et des enveloppes qui les entourent. Cette opération se fait en plein air ou dans les granges. Le battage s'exécute au moyen du fléau, des pieds des chevaux, des rouleaux ou des machines à battre.

Le battage au fléau consiste à battre les gerbes, étendues sur le sol, avec un morceau de bois attaché par une corde à l'extrémité d'un manche. Ce procédé est long et coûteux ; il est surtout usité dans les petites exploitations des pays pauvres.

Le battage à l'aide des pieds des animaux constitue le *dépiquage*. On étend les gerbes sur un sol battu, comprimé, qu'on appelle *aire*, pour les faire fouler par les pieds des chevaux. Cette opération a l'inconvénient ou l'avantage de briser la paille ; elle est surtout pratiquée dans la Camargue par des *manades* de chevaux.

Dans le *battage au rouleau*, le cheval traîne un rouleau en pierre ou en bois que l'on fait passer sur les céréales étalées en cercle sur la surface durcie de l'aire.

Les machines à battre ou batteuses sont des instruments perfectionnés dans lesquels on introduit les gerbes déliées pour séparer le grain d'avec la paille. La récolte passe entre un tambour animé d'une grande vitesse appelé *batteur*. Ce dernier porte à sa surface des barres de fer destinées à frapper les épis pour en faire sortir le grain. Concentriquement au batteur se trouve le *contre-batteur*. Serrés entre ces deux parties, les épis s'égrènent et le grain tombe dans un ou plusieurs tarares où il est nettoyé. Les pailles sont entraînées d'un autre côté et rejetées au dehors de la machine. Suivant les dimensions, les batteuses sont mues à bras d'hommes, par des moteurs animés, agissant sur un manège, ou par la vapeur. Ces dernières machines sont surtout employées dans la grande culture. Depuis quelques années, on peut, dans des campagnes, faire battre les céréales à l'entreprise. Les batteuses à vapeur produisent un travail considérable, elles peuvent battre et nettoyer jusqu'à 120 hectolitres par jour.

12° **Nettoyage du grain**

Le grain, séparé de la paille, a besoin d'être nettoyé, débarrassé des graines et des matières étrangères qu'il renferme et qui diminuent sa valeur marchande. Si pour battre les céréales on s'est servi du fléau, du rouleau, de machines sans ventilateur, il faudra vanner les grains, c'est-à-dire les débarrasser des balles. Le système le plus primitif pour nettoyer les grains consiste à remuer, à secouer les grains en les exposant au vent. Ce travail se fait mieux et plus économiquement avec des tarares. Ces appareils se composent d'une caisse dans laquelle se trouve un ventilateur. Les grains sont versés par une ouverture ou trémie sur une grille inclinée et soumis à un courant d'air énergique qui entraîne les balles et les poussières. Les grains cassés et les petits grains passent à travers le grillage, tandis que le bon grain tombe dans une caisse où il est recueilli (fig. 21).

Le grain passé au tarare renferme encore de la terre, des pierres, des mauvaises graines. Avant de le livrer au

commerce ou de le conserver pour semence, on lui fait
subir l'opération du *criblage*. On se sert de cribles-trieurs

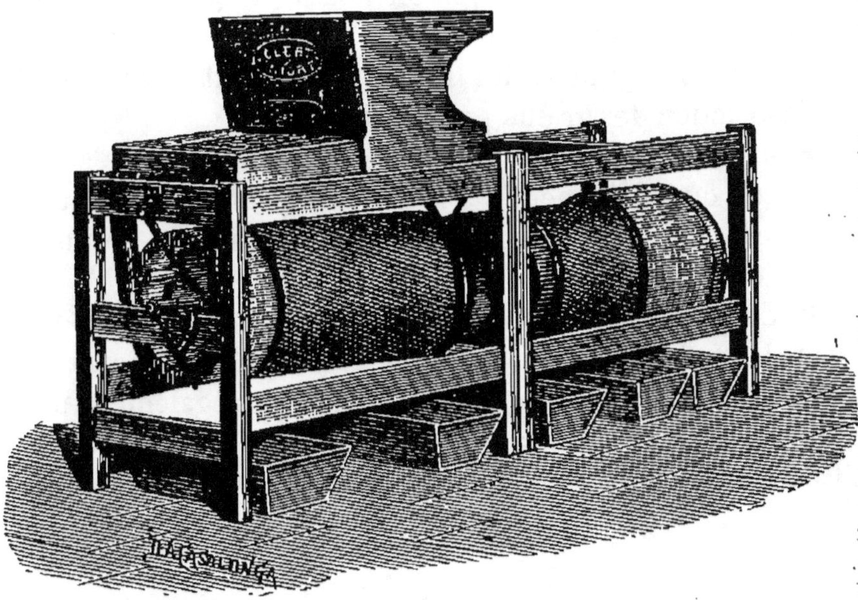

Fig, 21. — Tarare.

qui consistent en un cylindre partagé en quatre compar-

Fig. 22. — Trieur.

timents et formé de toiles métalliques munies d'alvéoles ou trous de différentes grandeurs (fig. 22). On sépare ainsi les graines étrangères de diamètre différent, et le blé sort de l'instrument très propre.

13° **Conservation des produits du battage**

Jusqu'au moment de son emploi, la paille est conservée dans les granges ou en plein air. Dans ce dernier cas, la paille est amassée en meules de grandeur et de forme différentes. Le grain une fois nettoyé, on le conserve jusqu'au jour de la vente dans des appartements appelés greniers. On peut encore l'emmagasiner dans des silos construits en maçonnerie.

Les greniers sont souvent habités par de nombreux insectes qui causent parfois de sérieux dégâts. Parmi ces insectes, nous citerons :

1° *Le charançon* ou petit insecte brun qui se réfugie, en hiver, dans les murs ou dans le plancher. Vers la fin avril, la femelle dépose ses œufs dans le sillon du grain et la larve vit aux dépens de ce dernier. Pour préserver les grains de ces insectes, on doit les soumettre à de nombreux *pelletages*.

2° *L'alucite* est un papillon nocturne gris argenté, de 6 à 9 millimètres de longueur. La femelle pond dans l'intérieur des grains ; les larves y éclosent et achèvent la destruction des grains pour se nourrir.

Pour se débarrasser de ces papillons, on fait, le soir, des feux où ils viennent s'y brûler ; et pour arrêter leurs ravages, dans les greniers, on remue souvent les grains à la pelle. Les grains alucités sont percés.

3° *La teigne* est un papillon qui file une coque soyeuse dans laquelle il emprisonne les grains qui serviront de nourriture à ses larves. On peut la détruire également par des pelletages ; lorsque les papillons sont reposés contre les murs, on doit les écraser avec des balais.

Chapitre II. — **PLANTES LÉGUMINEUSES**.

La plupart des plantes potagères cultivées pour leurs graines appartiennent à la famille des légumineuses. Parmi les principales, on peut citer : le *haricot*, la *fève*, la *lentille*, les *pois*, etc.

Fig. 23.— Haricot blanc géant.

1° Haricot

Le haricot (fig. 23) est une plante cultivée pour ses grains secs ou pour ses cosses vertes. C'est une plante délicate qui redoute les froids tardifs de mai. Parmi les variétés les plus cultivées, nous citerons les haricots flageolets et les haricots de Soissons.

Le haricot demande un terrain riche, frais, ayant subi une bonne préparation.

On le sème en avril, en lignes. Les soins d'entretien consistent en binages, arrosages et pose de tuteurs pour les variétés ramées, c'est-à-dire celles dont les tiges trop hautes ne se soutiennent pas seules. Les variétés naines, au contraire, ont des tiges qui se soutiennent d'elles-mêmes.

Les haricots verts se récoltent quand les gousses sont formées ; les haricots secs se cueillent quand la cosse est jaunâtre, en août ou septembre.

2° **Fève**

La fève (fig. 24) est cultivée pour ses graines que l'on mange soit vertes, soit en farine. Les principales variétés sont la fève à graines jaunâtres et celle à graines rougeâtres.

C'est une plante robuste qui peut être cultivée partout où le blé mûrit. Elle vient bien dans les terrains argileux ou argilo-calcaires.

On la sème en

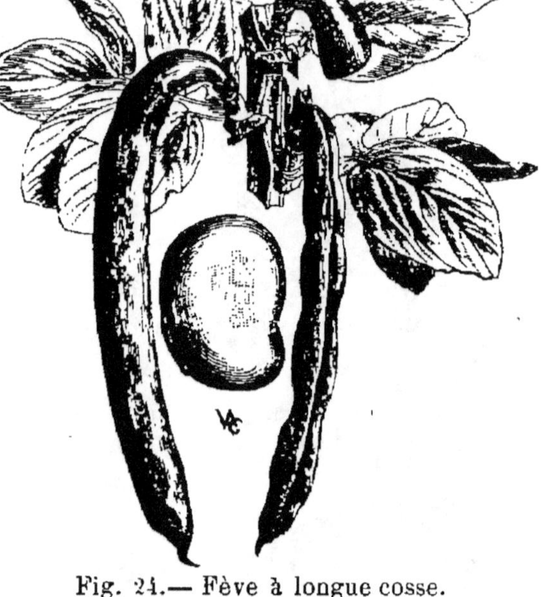

Fig. 24.— Fève à longue cosse.

février, en lignes. Il importe de lui donner deux binages et un écimage ou pincement. Ce dernier travail a pour but d'arrêter la croissance herbacée et de favoriser le développement des gousses.

La fève est très sujette à l'envahissement des mauvaises herbes ; elle redoute également les attaques de certains insectes, de la *bruche* en particulier, dont la larve se nourrit de la substance farineuse des graines. Les pucerons lui font aussi du mal.

La récolte des fèves a lieu lorsque la plus grande partie des gousses est devenue noire. On les récolte à la manière des haricots, en les arrachant à la main. Quelquefois on les coupe à la faux.

Cette culture donne un rendement de 25 hectolitres à l'hectare et un poids de fanes à peu près égal à celui du grain.

3° **Lentille**

La lentille (fig. 25) produit une graine qui est consommée par l'homme. On la cultive surtout dans les terres légères et de la même façon que le haricot. Elle a l'inconvénient de redouter l'humidité et la chaleur.

Fig. 25.— Lentille large blonde.

4° **Pois**

Les pois (fig. 26) donnent de bons produits dans la région méridionale ; ils sont cultivés pour leurs graines vertes qu'on cueille avant leur maturité.

Les nombreuses variétés de pois se distinguent par la forme et la grosseur du grain ; parmi les plus célèbres, il faut citer le pois de Clamart, le pois Michaux, le pois Prince Albert, et le pois vert à purée.

On les sème en novembre ou au commencement de février, dans un sol bien préparé. Les soins qu'ils exigent comprennent un binage, un écimage et un buttage. On rame quelquefois certaines variétés.

Le pois chiche fournit une graine utilisée pour l'alimentation de l'homme et aussi pour la fabrication d'un café spécial. Il vient de préférence dans les terrains secs, graveleux, mais fertiles. On le sème en février ou en mars.

Les tiges sèches des légumineuses, appelées *fanes*, peuvent servir à la nourriture des animaux ; elles peuvent

Fig. 26.— Pois Prince Albert.

être également employées comme litières. Leur production moyenne atteint 2,000 à 2,500 kilogr.

CHAPITRE III. — **PLANTES FOURRAGÈRES**

Les plantes fourragères sont celles qui fournissent les matières végétales nécessaires à l'alimentation des animaux.

Nous les diviserons en trois groupes :

1° Plantes à racines alimentaires ;

2° Prairies artificielles ;

3° Prairies naturelles.

A. — PLANTES A RACINES ALIMENTAIRES

1° Pomme de terre

Cette plante, originaire de l'Amérique du Sud, a été importée en France au XVIme siècle. Sa culture prit une grande importance en 1793, grâce à l'initiative de Parmentier, et depuis cette époque elle n'a cessé de s'étendre.

La pomme de terre rend de grands services comme plante alimentaire et comme plante industrielle.

C'est une plante herbacée dont les tiges souterraines se gonflent et forment ce qu'on appelle des *tubercules* que l'on utilise pour la nourriture de l'homme et des animaux (fig. 27).

Par la culture, on a obtenu un grand nombre de variétés

Fig. 27. — Pied de pomme de terre.

de pommes de terre que l'on peut diviser en plusieurs classes :

1° Les *patraques*, de forme ronde, aux yeux apparents ;

2° Les *parmentières*, de forme allongée, aplatie et dont les yeux sont peu apparents ;

3° Les *vitelotes*, qui présentent des tubercules cylindriques, dans lesquels les yeux sont très nombreux, très apparents et enchâssés profondément.

Chacune de ces classes comprend un grand nombre de variétés, se distinguant entre elles par leur grosseur, leur couleur, leur rendement, etc. On peut cultiver la pomme de terre à peu près dans tous les sols ; cependant, d'une manière générale, elle préfère les sols légers et frais.

La pomme de terre exige un terrain profondément ameubli et fortement fumé soit à l'aide de fumier de ferme (30 ou 40,000 kilogr.), soit avec des engrais chimiques (100 kilogr. de sulfate de potasse, 300 kilogr. de superphosphate, 500 kilogr. de tourteau par hectare).

C'est par la plantation des tubercules ou de fragments de tubercule qu'on reproduit la pomme de terre.

On plante les tubercules à la main ou à la charrue. — La plantation se fait au mois de mars, en lignes parallèles, distantes de $0^m,40$ à $0^m,60$; les tubercules sont enfouis dans le sol à une profondeur moyenne de $0^m,10$ centimètres.

Les soins de culture consistent en un ou plusieurs binages, pour détruire les mauvaises herbes, et en un buttage qui a pour effet de concentrer l'humidité. On provoque ainsi la formation de nombreux tubercules. Le buttage se pratique à bras, avec la houe ou à l'aide d'un appareil spécial appelé *buttoir*.

La récolte a lieu vers la fin de l'été, lorsque les tiges se fanent, se dessèchent ; certaines variétés ne mûrissent qu'en automne.

L'arrachage des tubercules se fait à bras, avec la pioche ou la houe à deux dents. Dans la grande culture, elle se fait avec une charrue munie d'un versoir à claire-voie qui pénètre dans la terre et amène les tubercules à la surface du sol (fig. 28).

Le rendement moyen varie entre 80 et 100 hectolitres par hectare.

Les pommes de terre sont souvent envahies par un champignon (*Peronospora infestans*) dont le développement constitue la maladie de la pomme de terre.

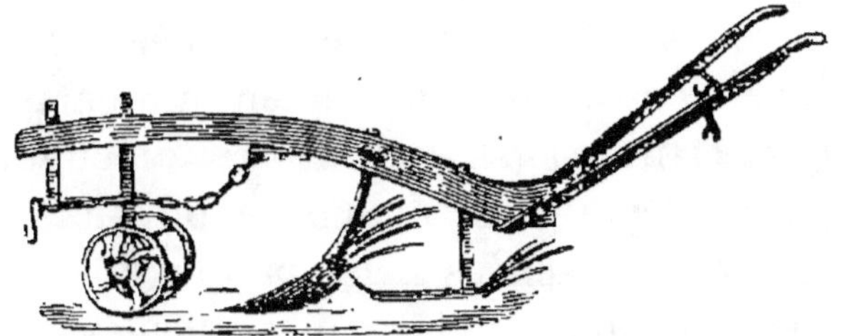

Fig. 28.— Arracheur de pommes de terre.

Ce parasite forme sur les feuilles des taches d'un brun violet, entourées d'une ligne blanchâtre ; il pénètre ensuite dans le sol et attaque les tubercules dans lesquels il germe.

Le remède le plus efficace consiste dans l'aspersion des plantes de pommes de terre, au début du mal, avec une bouillie obtenue en mélangeant à 100 litres d'eau 3 kilogr. de sulfate de cuivre et 3 kilogr. de chaux (bouillie bordelaise).

En Amérique, un insecte, le doryphora, commet des ravages considérables en rongeant les feuilles. C'est le phylloxera de la pomme de terre.

2° **Betterave**

La culture de la betterave (fig. 29) en plein champ ne date, en France, que du commencement du siècle actuel. Cette plante vient de préférence dans les climats chauds et humides.

Parmi les principales variétés cultivées, nous citerons :
1° La betterave champêtre ou disette ;
2° — globe rouge ;
3° — jaune ;
4° — rouge sang.

Presque tous les sols peuvent porter la betterave ; cependant les sols légers et profonds sont plus favorables au développement de la racine que les terrains compacts. On doit préparer le terrain par des labours profonds et on doit fumer abondamment.

Les semailles se font en lignes espacées de 0ᵐ,60.

Les soins d'entretien comprennent un binage, des sarclages, des éclaircissages, un buttage, un effeuillage, etc.

La récolte s'opère en septembre ou en octobre. Les betteraves sont arrachées à la main ou à la charrue. On coupe ensuite le collet de la racine, on enlève la terre qui les recouvre et on les conserve en magasin ou en silo, jusqu'au moment de leur consommation par les animaux de la ferme.

Le rendement de la betterave peut atteindre jusqu'à 40,000 kilogr. par hectare.

La betterave est une plante bisannuelle, qui ne donne par conséquent des fleurs et des fruits qu'à la deuxième année. Pour obtenir des graines, on choisit, parmi les betteraves de la récolte, celles qui n'ont subi aucune altération par l'arrachage, les plus régulières comme forme et les plus développées.

Fig. 29.— Betterave globe rouge.

— On laisse les pétioles des feuilles sur une longueur de 2 ou 3 centim. et on enferme les racines dans des caves, dans des silos, de façon à les abriter parfaitement des gelées. Au mois d'avril suivant, on plante ces racines dans une terre bien ameublie. On les enfonce dans le sol de manière que le collet soit légèrement recouvert.

Les graines sont généralement mûres vers la fin de l'été ; la maturité est indiquée par la couleur brune que prennent les extrémités des rameaux. A ce moment, on coupe les tiges, on les lie en gerbe et on les conserve dans un endroit sec pour les faire sécher.

Le procédé le plus simple pour séparer les graines d'avec les tiges consiste à secouer les tiges au-dessus d'une toile étendue par terre Les graines sont ensuite nettoyées.

Un hectare de betteraves porte-graines peut donner 2,000 ou 3,000 kilogr. de semences. Celles-ci conserveront leur faculté germinative pendant 5 ou 6 ans.

La culture des plantes pour graines est assez répandue dans le Midi, notamment dans les départements du Gard et de Vaucluse ; elle remonte à 1850, et c'est M. Vilmorin Louis qui en a été le promoteur.

3° Carotte

Il y a à peine un siècle que la carotte (fig. 30 et 31) est entrée dans le domaine de la grande culture. Elle cons-

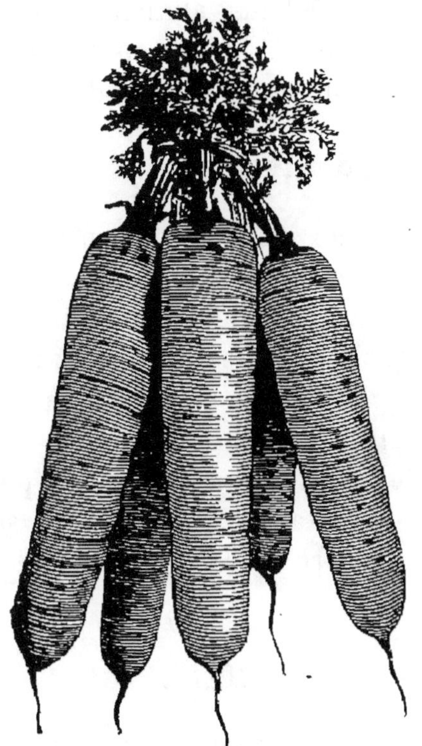

Fig. 30.— Carotte rouge longue de Meaux.

Fig. 31.— Carotte rouge demi-longue.

titue pour les animaux un aliment très recherché et très nourrissant.

La culture de la carotte ne diffère pas sensiblement de celle de la betterave. Quand on veut obtenir des graines de carotte, on choisit, au moment de la récolte, les racines correspondant le mieux au type de la variété à reproduire. On les conserve en cave après avoir eu soin d'enlever les feuilles à la main.

En février ou en mars, on les plante dans une terre bien défoncée et bien fumée. Les soins d'entretien consistent en des binages répétés. On ne récolte les ombelles qui portent les graines qu'au fur et à mesure que ces dernières mûrissent. On les conserve en grenier jusqu'au moment de la vente ou de leur emploi.

Un hectare produit environ 700 à 1,000 kilogr. de graines.

Les *raves*, les *choux-navets*, les *panais*, les *topinambours* et les *patates* constituent d'excellents aliments pour le bétail. Leur culture s'effectue de la même manière que celle des plantes fourragères que nous venons d'étudier.

Conservation des racines

La grande quantité d'eau que les racines renferment (75 à 90 p. 100) rend leur conservation difficile.

Pour les empêcher de pourrir et de germer, il faut : 1° ne conserver que des racines saines, entières; 2° les mettre à l'abri de la gelée; 3° les garantir de la chaleur et de l'humidité et éviter la lumière.

On réalise ces conditions en conservant les racines, pendant l'hiver, soit dans des silos établis hors de terre, soit dans des celliers où la température ne varie pas, soit dans du sable légèrement humide.

B. — PRAIRIES ARTIFICIELLES

Les prairies artificielles se composent de plantes fourragères cultivées isolément pendant un espace de temps limité ; leurs tiges et leurs feuilles servent à la nourriture du bétail.

Ces plantes n'épuisent pas le sol parce qu'elles empruntent une partie des éléments de leur nutrition à l'atmosphère, et que leurs racines vont chercher les aliments dans les couches profondes du terrain. Elles présentent, en outre, l'avantage de laisser, lors du défrichement, une somme importante d'engrais sous forme de racines.

Les plantes qui composent les prairies artificielles peuvent être divisées en deux classes :

1° Plantes légumineuses ;

2° Plantes non légumineuses.

Dans la catégorie des plantes légumineuses fourragères, on place la luzerne, le sainfoin, le trèfle, la vesce, la gesse, le lupin, etc.

1° Luzerne

La luzerne est la plante fourragère par excellence du Midi. Elle fournit, en effet, un fourrage abondant et de bonne qualité. C'est une plante vivace, à racines pivotantes, à tiges de longueur variable portant des feuilles divisées en trois folioles allongés et des fleurs violettes (fig. 32).

La luzerne prospère très bien sous les climats chauds ; elle aime la fraîcheur. Elle exige des terrains profonds, de consistance moyenne. Sa durée est d'autant plus longue que le sous-sol est plus fertile.

Les terres qui lui conviennent le mieux sont les terres d'alluvion.

Pour créer une luzernière, il faut défoncer d'abord le sol profondément et le fumer ensuite avec des fumiers à décomposition lente.

Les semailles se font généralement en février. On doit semer de bonnes graines que l'on reconnaît à

Fig. 32.— Luzerne de Provence.

leur couleur luisante et jaune. Les graines sont répandues à la volée, à la dose de 20 kilog. par hectare. Les soins réclamés sont peu coûteux; quelquefois, la première année. on donne un sarclage. Dans la suite, on donnera tous les ans, au printemps, un hersage énergique pour détruire les mauvaises herbes et un léger labour pour ameublir la terre. Il sera avantageux aussi de fumer fréquemment les luzernes avec du fumier répandu en couverture ou tout simplement avec du superphosphate de chaux employé à la dose de 500 kilog. à l'hectare et additionné de 50 kil. de sulfate de potasse.

Toutes les fois que l'on aura de l'eau à sa disposition, on devra donner un ou plusieurs arrosages. Avec l'irrigation d'été, on double le rendement, on régularise la production, on arrive enfin à obtenir six coupes dans la même année, au lieu de trois.

La luzerne est envahie quelquefois par la *cuscute*, parasite à tiges très minces, mais très nombreuses qui la font périr rapidement. On se débarrasse de cet ennemi en défonçant et brûlant la terre des parties atteintes, ou en arrosant les points d'attaque avec une solution de sulfate de fer. On l'évite en employant des semences exemptes de graines de cuscute.

Dans certains milieux humides, les racines de la luzerne sont envahies par un champignon connu sous le nom de *rhizoctone*. On arrête le mal en creusant des tranchées, et on le combat en arrosant le sol avec une solution de sulfate de fer.

Parmi les insectes les plus nuisibles à la luzerne, nous citerons : l'*eumolpe obscur* ou *négril*, *babotte*. Sa larve, de couleur noire, mange les tiges et les feuilles. On conseille de faucher prématurément les champs atteints. Aucune poudre, jusqu'à ce jour, n'a donné de bons résultats contre cet ennemi.

- La luzerne doit être fauchée lorsqu'elle est en pleine fleur et aussi quand la végétation d'en haut s'arrête et qu'il y a reprise en bas, Le rendement varie avec l'âge de la plante, la fertilité du terrain et le climat. On obtient de 5,000 à 15,000 kilog. de foin sec.

On ne doit défricher une luzerne que quand elle présente des éclaircies, et que les mauvaises plantes et notamment le chiendent l'envahissent.

Pour la récolte des semences, on laisse grainer la dernière coupe. Dans certains pays, la production des graines est un revenu important.

On devra attendre, pour la récolte des graines, que les gousses soient complètement formées. A ce moment, on coupe à la faux, on laisse sécher les plantes et on les rentre à la ferme où on les conserve à l'abri.

On sépare les graines des gousses par le battage. Cette opération se fait au fléau ou à l'aide de grandes batteuses spéciales. On passe en dernier lieu les graines au tarare pour les nettoyer.

Dans la Provence et le Languedoc, on obtient jusqu'à 700 et même 900 kilog. de graines nettoyées par hectare.

2° Sainfoin

Le sainfoin ou *esparcette* croît spontanément dans le Midi. C'est une plante à racines pivotantes; sa tige est garnie de feuilles divisées en folioles; ses fleurs sont roses (fig 33).

Le sainfoin prospère bien dans les terrains secs et calcaires; il redoute les sols humides. On peut l'ensemencer en automne, dans une céréale, ou seul au printemps. Pour faciliter l'enfouissement de ses graines, qui sont très légères, on les praline dans de la terre après les avoir fait tremper dans l'eau. On les enfouit ensuite par un hersage. On doit semer dru, en employant 4 hectolitres de graines par hectare.

Les soins d'entretien se réduisent à un hersage au printemps On n'obtient une récolte importante qu'à la deuxième année; le rendement varie de 4,000 à 5,000 kil. par hectare.

La durée du sainfoin est généralement de deux ans. C'est la deuxième année qu'il produit sa meilleure récolte.

Fig. 33.— Sainfoin.

Le sainfoin améliore le sol ; sur un défrichement de sainfoin, on peut obtenir une belle céréale.

3° **Trèfle**

Le trèfle est la principale culture fourragère artificielle du Nord. Il ne réussit bien dans le Midi qu'à la condition d'être arrosé. Il aime les sols argileux, argilo-calcaires, profonds et bien préparés (fig. 34).

On cultive deux espèces de trèfle : le trèfle violet ou rouge qui est vivace, et le trèfle incarnat qui est annuel.

Le trèfle blanc ou trèfle rampant est employé comme gazon pour garnir les talus.

On sème, le plus souvent, le trèfle ordinaire dans une autre culture, au printemps. On emploie 12 à 15 kilog. de graines par hectare. Les bonnes graines sont jaunes, d'un aspect luisant et clair.

Les soins d'entretien sont à peu près nuls lorsque les semailles ont réussi ; le plâtrage produit de très bons effets sur le trèfle.

Fig. 34. — Trèfle rouge.

Fig. 35. — Trèfle incarnat.

Le trèfle fournit un excellent fourrage qui peut être consommé à l'état vert ou sec. Dans le premier cas, on le fait pâturer sur place par les animaux. Comme fourrage sec, on le récolte au moment de la floraison.

Généralement, la première année, on ne pratique

qu'une seule coupe : les années suivantes, on peut obtenir jusqu'à trois coupes, en juin, en août et octobre.

Le rendement du trèfle varie suivant les milieux, entre 4,000 et 10,000 kilog. par hectare. A la deuxième année, il donne son maximum, puis il décline.

Dans certaines localités, on cultive quelquefois le trèfle pour graine ; on peut obtenir environ 350 kilogr. de graines par hectare.

4° Trèfle incarnat

Dans le Midi, on cultive beaucoup comme fourrage annuel, cette variété de trèfle qui se distingue des autres par ses fleurs rouges disposées en épis et par ses feuilles velues (fig. 35).

Le trèfle incarnat fournit un excellent fourrage vert, qui a l'avantage d'être très précoce. Cette plante est, en outre, peu difficile sous le rapport du sol ; elle s'accommode parfaitement de tous les terrains légers ; elle ne redoute pas la sécheresse. On la sème à la volée, à la dose de 18 à 20 kil. par hectare. Son rendement atteint jusqu'à 5,000 kilogr. de foin sec.

5° Vesce

La vesce (fig. 36) est cultivée, dans le Midi, sur une grande échelle ; elle y constitue une des principales cultures fourragères. Associée à l'avoine, on l'appelle fourrage blanc, *barjelade*. La vesce est peu exigeante, elle utilise les terrains argileux, mal préparés et appauvris par les cultures précédentes. Elle améliore le sol plutôt qu'elle ne l'épuise, en laissant dans la terre une quantité importante de racines et prenant à l'atmosphère, comme la luzerne, une partie de ses éléments nutritifs.

La vesce est semée en octobre ou novembre dans les pays relativement chauds, et en février dans les régions plus froides ; on prépare le sol par un simple labour. On sème un mélange de graines de vesces et d'avoine : 3 de vesces pour 1 d'avoine. La tige de l'avoine doit servir de tuteur à la vesce qui, ainsi, se développe mieux et se fauche plus facilement.

Fig. 36. — Vesce.

La vesce est coupée lorsque ses fruits commencent à être formés, mais avant leur complète maturité. La quantité de fourrage obtenue est parfois considérable, elle peut atteindre facilement de 5,000 à 6,000 kilogr. par hectare. Les animaux de la ferme en sont friands. Malheureusement, le fourrage de vesces s'altère vite dans les greniers ; les rats, en effet, ne tardent pas à l'envahir et à la rendre, au bout de 4 ou 5 mois, impropre à la nourriture des animaux.

La *gesse* est surtout cultivée dans le Midi et dans les régions montagneuses. Elle fournit une graine précieuse pour la nourriture des moutons. Cette plante est peu exigeante ; elle utilise les mauvaises terres. La culture est simple.

C. — PLANTES FOURRAGÈRES NON LÉGUMINEUSES

Cette catégorie comprend le maïs, le seigle, l'orge, l'avoine, le sorgho.

Maïs

Le maïs donne un excellent fourrage, très abondant. On choisit les variétés dont les feuilles atteignent de grandes dimensions, telles que le maïs géant, le maïs caragua ou dent de cheval.

Le maïs exige un sol bien préparé dans lequel on sème

à la volée ou en ligne. On peut obtenir un rendement moyen de 50,000 kilogr. de fourrage vert par hectare.

Certaines céréales, telles que le *seigle*, l'*orge* et l'*avoine*, peuvent être également cultivées comme plantes fourragères.

La coupe s'exécute au printemps, lorsque l'épi apparaît.

D.— PRAIRIES NATURELLES

On appelle prairie une surface gazonnée naturellement ou artificiellement, composée d'un grand nombre d'espèces de plantes, de valeur différente et susceptibles d'une longue durée.

D'une manière générale, la prairie ou pré donne un produit assuré avec un capital d'exploitation très réduit. Dans le Midi, à moins d'être placé dans des conditions exceptionnelles de fraîcheur, il faut arroser les prairies naturelles pour obtenir une récolte avantageuse.

Les prairies doivent être installées de préférence : 1° sur les terres en pente où les labours sont difficiles ; 2° sur les terrains exposés aux inondations ; 3° sur les sols humides et bas ; 4° sur les terres faciles à arroser.

Suivant que la prairie sera établie sur tel ou tel terrain, on aura une prairie sèche ou haute, fraîche ou moyenne, humide ou basse. Dans ces différents cas, la qualité et la quantité des produits seront variables.

Comme les prairies sont composées d'un grand nombre de plantes, on en trouvera toujours qui s'accommoderont mieux les unes que les autres de tel climat ou de tel sol.

En principe, on peut dire cependant que les prairies aiment les climats humides et que les sols siliceux ou sablonneux produisent un fourrage excellent, tandis que les sols argileux ne donnent qu'un fourrage de qualité ordinaire.

Le procédé le plus employé et le plus rationnel pour créer une prairie naturelle est celui qui consiste à semer les graines des plantes appropriées à la nature du terrain dont on dispose. Ces semences, toutes prêtes, se trouvent dans le commerce. Mais il est préférable d'acheter les graines isolément, et de les mélanger ensuite soi-même dans les proportions indiquées par le genre de prairie que l'on désire former.

Il est mauvais de semer, comme on le fait souvent, des fonds de greniers qui ne renferment que des graines plus ou moins impures de plantes précoces.

Les mélanges propres aux prairies se composent principalement de graminées, auxquelles on peut ajouter, suivant les cas, un certain nombre de plantes légumineuses : 1/4 ou 1/3 de légumineuses pour 3/4 ou 2/3 de graminées.

Il faut éviter de semer les plantes inutiles et parfois nuisibles, telles que les joncs, les renoncules, la ciguë, les prêles, etc.

Voici trois formules de mélanges correspondant à trois terrains différents :

Terrain argileux : ivraie, dactyle (fig. 37), pâturin, fétuque, gesse, vesce.

Fig. 37. — Dactyle.

Fig. 38. — Vulpin des prés.

Terrain arrosé : vulpin (fig. 38), fétuque, pâturin, fléole (fig. 39), ivraie, trèfle blanc, vesce.

Terrain léger, *sec :* ivraie, brome, dactyle, trèfle blanc. On doit toujours choisir des plantes produisant du bon foin et se développant les unes en hauteur, les autres en surface, afin que tout le sol soit parfaitement garni et utilisé.

Les semailles ont lieu en automne ou au printemps. On commence par semer les grosses graines, puis on termine par les petites; 30 à 40 kilogr. du mélange suffisent ordinairement.

On sème à la volée sur un sol bien ameubli et nivelé.

Les soins d'entretien comprennent: 1° l'établissement et le curage des rigoles pour l'ir-

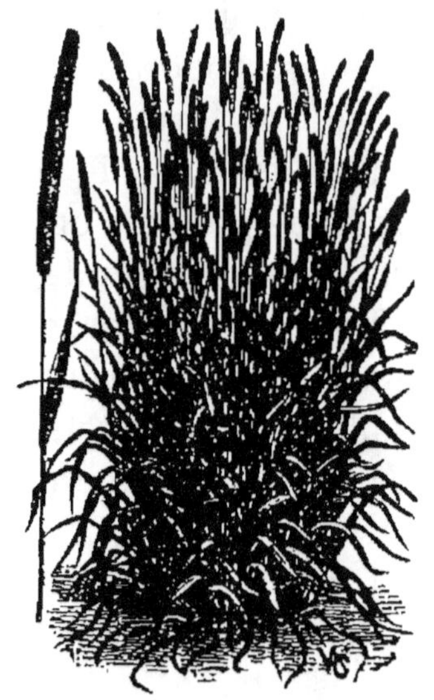

Fig. 39.— Fléole des prés.

rigation ; 2° l'arrachage des plantes nuisibles ou inutiles; 3° l'application d'engrais solides ou liquides.

Comme engrais solides, il convient de citer le tourteau en poudre et le fumier non pailleux. L'engrais chimique le mieux approprié serait le suivant, par hectare : 200 kilogr. nitrate de soude, 400 kilogr. superphosphate de chaux, 100 kilogr. sulfate de potasse; enfin, le purin additionné d'eau, les eaux riches en matières fertilisantes, conviennent bien à ce genre de culture. On donnera, comme façons culturales, un ou plusieurs roulages pour raffermir le terrain soulevé pendant l'hiver et faciliter le tallage des plantes.

Les prairies destinées à être consommées sur place, c'est-à-dire les pâturages, ne comportent pas de fumures spéciales ; elles sont considérées comme suffisamment fumées avec les déjections des animaux qui les pâturent.

Les rendements médiocres ne dépassent pas 2,500 kil. de foin sec par hectare. Quand on peut irriguer, on obtient jusqu'à 10,000 kilogr. Dans ce dernier cas, on pratique trois ou quatre coupes dans l'année.

CHAUZIT ET CHAPELLE.   4

Lorsqu'on entretient une prairie avec soin, c'est-à-dire quand on arrache avec précaution toutes les mauvaises plantes qui y poussent et que l'on fume copieusement le terrain, sa durée peut être illimitée.

E.— RÉCOLTE DES FOURRAGES

Fauchaison

La fauchaison est une opération par laquelle on coupe les fourrages. On l'effectue lorsque les plantes atteignent une hauteur convenable et qu'elles sont en fleurs, ce qui a lieu généralement en mai ou en juin. La récolte des fourrages se fait à la faux ou à la faucheuse. Avec la faux, un ouvrier coupe 40 ares environ par jour, tandis qu'avec la faucheuse (fig. 40), qui est un instrument analogue à la

Fig. 40.— Faucheuse Vood.

moissonneuse, on coupe 3 à 4 hectares pendant le même temps. Ce dernier procédé est donc plus économique. L'herbe coupée est déposée en lignes parallèles appelées *andains*.

Fanage

Le foin coupé est abandonné sur le sol ; là, il se dessèche. On active la dessiccation en le retournant plusieurs fois. Ce travail, qu'on appelle fanage, s'exécute avec des fourches, des râteaux ou des faneuses mécaniques. Le foin perd alors 75 p. 100 de son poids.

Une fois sec, le foin se ramasse en petits tas à l'aide de râteaux ordinaires ou de râteaux à cheval, puis il est chargé sur des charrettes qui le transportent à la ferme. On le conserve alors en magasin ou en grange ou bien en meules. Ce dernier système évite des frais de construction ; les meules, établies dans les cours, sont abritées contre les pluies par un toit de chaume.

On peut conserver les fourrages verts en les mettant en silos, comme cela se pratique couramment pour le maïs. Le fourrage, qui est fortement tassé, fermente alors lentement et constitue une excellente nourriture pour les animaux pendant l'hiver. On évite ainsi le fanage.

Les foins mal préparés, moisis, un peu humides, peuvent être utilisés s'ils sont un peu salés avant leur distribution.

Le foin, avant d'être donné aux animaux, est souvent *bottelé*. Le bottelage consiste à réunir le foin en petites bottes de 5 à 10 kilogr., suivant les usages locaux. On réalise ainsi une économie importante, en évitant le gaspillage qui se produit invariablement dans la consommation du foin à discrétion.

Lorsque le foin est destiné à la vente, on le comprime ordinairement, pour faciliter son transport, en balles de 100 kilogr., à l'aide de presses à fourrages spéciales. Le foin ainsi traité se conserve longtemps, ne perd aucune de ses qualités et n'est pas mouillé intérieurement par les pluies.

CHAPITRE IV. — **PLANTES INDUSTRIELLES**

Comme leur nom l'indique, les plantes industrielles produisent les matières premières que les industries mettent en œuvre.

La culture de ces plantes est épuisante. En effet, tout est exporté, aucune matière alimentaire ne reste dans la ferme. Il faut disposer de beaucoup d'engrais et par suite de beaucoup de capitaux pour pouvoir se livrer à ces sortes de cultures.

Les plantes industrielles exigent, en outre, des terres de bonne qualité et beaucoup de main-d'œuvre ; mais intelligemment cultivées, elles donnent généralement de gros bénéfices.

Les plantes industrielles peuvent être divisées en plusieurs catégories importantes :

A. Plantes industrielles proprement dites..............
- Betterave à sucre
- Cardère à foulon
- Sorgho à balai
- Sorgho sucré
- Immortelle
- Houblon
- Chicorée à café.

B. Plantes médicinales........
- Tabac
- Rhubarbe
- Iris de Florence
- Absinthe
- Camomille
- Mélisse.

C. Plantes oléagineuses, cultivées pour l'huile que l'on extrait de leurs fruits ou de leurs graines.
- Colza
- Pavot
- Navette
- Madia
- Moutarde
- Arachide
- Sésame
- Ricin.

D. Plantes textiles · · · · · · ·
- Chanvre
- Lin
- Cotonnier
- Ramie.

E. Plantes tinctoriales.	}	Garance — Gaude — Carthame — Pastel — Safran — Persicaire — Tournesol — Indigotier.
F. Plantes à parfum.	}	Angélique — Fenouil — Anis — Rosier — Jasmin — Géranium — Menthe — Violette, etc.

Nous allons donner seulement quelques renseignements culturaux sur les plantes industrielles qui intéressent la région.

A. — PLANTES INDUSTRIELLES

1° **Betterave à sucre**

La culture de la betterave à sucre (fig. 41), très en faveur dans le nord de la France, s'est implantée, depuis quelques années seulement, dans les départements de Vaucluse et du Gard. Grâce aux débouchés qu'offrent deux sucreries très importantes : celle de Beauport (Vaucluse) et celle de L'Ardoise (Gard), cette culture offre, à tous les points de vue, des avantages incontestables.

CHOIX DE LA GRAINE. — Généralement, à cause des soins multiples réclamés par le choix des graines, le cultivateur se procure la semence, toute sélectionnée, par l'intermédiaire de l'industriel.

Cette graine devra provenir de betteraves cultivées dans un sol profondément ameubli, richement fumé. Les porte-graines, de forme conique, non fourchus, ne devront pas dépasser le poids de 500 grammes à 600 grammes.

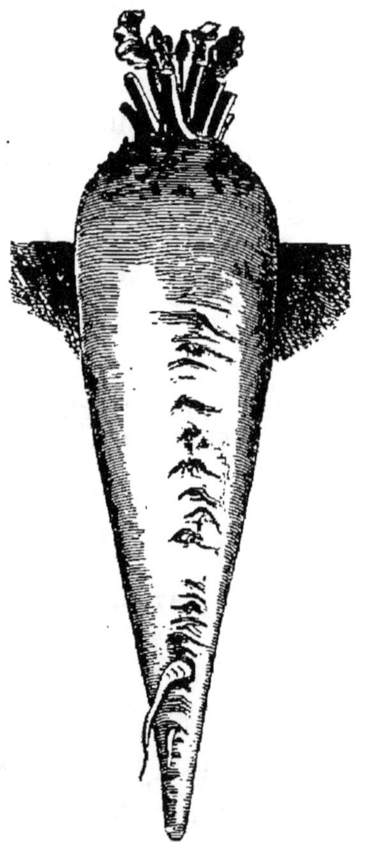

Fig. 41. — Betterave à sucre.

NATURE ET SOINS A DONNER AU SOL. — Les terrains préférés par cette culture sont ceux de consistance moyenne, profonds, non pierreux et à sous-sol perméable. Les bonnes terres à blé sont celles qui conviennent le mieux.

La première façon à donner au sol consiste en un labour de défoncement exécuté, en automne, à 0ᵐ,40 centim. de profondeur au moins. Le sol, une fois défoncé, passera ainsi l'hiver sans hersage afin qu'il puisse subir l'action désagrégeante du gel et du dégel.

ENGRAIS.— La culture de la betterave à sucre peut être faite au fumier de ferme ou bien aux engrais chimiques.

Le fumier de ferme devra être incorporé au sol en automne, par le labour de défoncement. Les engrais chimiques seront répandus quelques jours avant le semis et mélangés intimément au sol par un labour.

Voici les formules qui conviennent spécialement :

1° *Fumure aux engrais chimiques*

Nitrate de soude	350	kil. par hectare
Chlorure de potassium	250	—
Superphosphate de chaux.	500	—

2° *Fumure aux engrais chimiques et au fumier de ferme*

Demi-fumure au fumier de ferme.	20,000	kil. par hectare
Nitrate de soude	150	—
Chlorure de potassium	100	—
Superphosphate de chaux	300	—

Chaque agriculteur pourra facilement préparer lui-même ces formules.

SEMIS. — Les semis de la betterave à sucre doivent être faits, dans le Midi, vers le commencement du mois de mars, de manière à permettre à la plante de prendre un certain développement avant la période où la sécheresse est à redouter.

On donnera un espacement de 0ᵐ,45 c. entre les lignes et de 0ᵐ,22 entre les plantes, ce qui donne une dizaine de betteraves au mètre carré et 100,000 à l'hectare. Le poids moyen de la betterave étant de 500 ou 600 grammes, on pourra obtenir facilement environ 40,000 kilog. à l'hectare. Les graines sont semées au semoir et enterrées à une profondeur variant de 3 à 4 centimètres.

La quantité de semence à employer est ordinairement de 20 à 25 kilogr. par hectare.

Soins d'entretien. — Les soins d'entretien consistent en de nombreux binages donnés avec la houe à cheval, dans le but de maintenir le sol frais et de le débarrasser des mauvaises plantes. Le premier binage est pratiqué aussitôt après la levée des graines ; les autres sont exécutés pendant la végétation, toujours par un temps sec.

Dans l'intervalle des premiers binages, on doit pratiquer le *démariage*, c'est-à-dire le triage des plants.

Cette opération se pratique d'abord en donnant un sarclage entre les lignes, ce qui permet de laisser les plantes en touffes à la distance de $0^m,22$. Puis, au bout de quelques jours, on pratique le démariage proprement dit, en ne laissant à chaque touffe qu'un seul plant, le plus vigoureux.

Arrachage et décolletage, — La betterave ne doit être arrachée que lorsqu'elle est complètement mûre, quand ses feuilles commencent à se tacher de rouge et deviennent jaunâtres. L'arrachage a généralement lieu en septembre. Les plantes sont retirées du sol à la main ou à l'aide d'arracheurs mécaniques.

Les betteraves arrachées, on procède, sur le terrain, au *décolletage*, autrement dit à l'*extraction* du collet de la racine au moyen de la bêche ou d'un outil tranchant quelconque. Les feuilles peuvent être consommées sur place ou bien enfouies par un labour.

Mode de vente. — Il y a peu de temps, l'industriel achetait la betterave à sucre au poids. Dans ce cas, le cultivateur n'avait qu'à obtenir de gros rendements sans s'occuper des façons de culture exigées pour avoir le maximum de sucre. De là de nombreux inconvénients pour les sucreries.

Aujourd'hui, le seul procédé de vente admis dans l'in-

térêt du cultivateur et du fabricant de sucre est basé sur
la richesse de la betterave en matière sucrée.

Ce procédé d'estimation est très vite exécuté à l'usine,
à l'aide d'un instrument appelé densimètre, en présence
du cultivateur, qui peut contrôler lui-même la prise
d'échantillon des betteraves et l'estimation de leur valeur
au point de vue de la richesse saccharine.

2° **Cardère à foulon**

La cardère ou *chardon à foulon* (fig. 42) est cultivée
dans certains départements méridionaux, notamment

dans les Bouches-
du-Rhône, le Vau-
cluse, l'Aude et le
Gard. Les têtes, dé-
signées sous le nom
de brosses, peignes
ou pommes de car-
dères, servent au
cardage des étoffes
de laine.

La cardère deman-
de une terre légère
ou de consistance
moyenne, d'une bon-
ne fertilité. Elle oc-
cupe le sol pendant
2 ans Les semis, en
pépinière, se font en
lignes ou à la volée,
en mai ou en juin.
Les plants qui pro-

Fig. 42. — Cardère.

viennent de ces semis sont mis en place en septembre ou
octobre, en les espaçant de 0^m,35 à 0^m,50 les uns des
autres; les lignes sont distantes de 0^m,65 à 0^m,75. Le
repiquage se fait à l'aide du plantoir. Les semis en place

sont exécutés en lignes, en mars ou avril, sur un terrain nu, bien ameubli, ou sur un terrain occupé par une céréale. On sème à la dose de 10 litres par hectare.

Un hectare de pépinière fournit les plants nécessaires pour la plantation de 8 ou 10 hectares. Les cardères semées au printemps sont binées quelques semaines après la levée des graines. On éclaircit les plants de manière qu'ils soient espacés de $0^m,35$ à $0^m,50$.

En juin ou en juillet, on peut donner un second binage. Dans le Midi, on arrose quelquefois cette plante. Au commencement de l'automne, on butte toutes les plantes afin de les préserver du froid de l'hiver.

L'année suivante, en mars ou avril, on exécute un nouveau binage. Lorsque la cardère est favorisée par un temps chaud et humide, elle se développe rapidement. On pince les tiges principales pour faire développer des tiges secondaires et avoir un plus grand nombre de têtes. Cette opération, qu'on appelle étêtage ou écimage, se pratique en mai ou juin. A la même époque, on enlève les drageons qui apparaissent à la base des pieds.

On récolte les têtes quand elles ont pris une teinte blanchâtre, lorsque les fleurs sont toutes tombées et que les graines sont presque mûres. On coupe les têtes avec une serpette de façon à ce qu'elles soient munies d'une queue de $0^m,15$ à $0^m,25$ de longueur. Après la récolte, on les fait sécher sous un hangar. Une fois sèches, elles sont mises en paquets, puis triées et vendues.

Chaque pied produit environ 8 à 10 têtes, ce qui représente 300,000 à 400,000 têtes par hectare. Ces têtes sont classées et vendues d'après leur longueur.

Les graines de la cardère servent à la nourriture des oiseaux de basse-cour. Les tiges servent pour le chauffage des fours.

3° Sorgho à balai.

Le sorgho ou millet à balai est une plante essentiellement méridionale.

En France, la culture du sorgho à balai est presque exclusivement localisée dans la région du Sud-Est. Elle commence à Bourg-Saint-Andéol (Ardèche) et descend jusqu'à Aramon (Gard).

Dans certaines localités des départements de Vaucluse et des Bouches-du-Rhône, elle donne lieu également à des rendements très rémunérateurs. Mais c'est dans l'arrondissement d'Uzès que le millet à balai est cultivé sur la plus grande échelle et donne les produits les plus abondants. Enfin, on cultive encore cette plante en Italie et en Turquie.

Sol. — Le sorgho à balai prospère presque dans tous les terrains, surtout dans les bonnes terres à blé.

Il a une préférence marquée pour les terres plutôt légères que fortes, pour les terrains d'alluvions.

Engrais. — M. L. Leclerc du Sablon, de Bagnols, qui a décrit la culture du sorgho, a indiqué pour cette plante les fumures suivantes :

Dans les terrains riches en potasse : demi-fumure au fumier de ferme et 300 kilogr. de superphosphate à l'hectare ; ou 300 kilogr. de tourteaux de sésame, de colza, de pavot et 300 kilogr. de superphosphate à l'hectare.

Dans les terrains pauvres en potasse, on pourra ajouter 100 kilogr. de chlorure de potassium.

Culture. — Le millet à balai, en sa qualité de plante sarclée, a sa place toute indiquée en tête de l'assolement.

Comme culture préparatoire, on se contentera d'un labour de $0^m,20$ ou $0^m,25$, excepté en automne, après le déchaussage. Un défoncement profond doit être considéré comme inutile.

Semailles. — On sème, en général, dans le courant

d'avril. La quantité de semence nécessaire pour un hectare ne dépasse jamais un décalitre.

Les graines sont répandues en lignes, à la main, tout le long d'un sillon tracé à l'araire.

La distance entre les sillons varie de 0^m,80 à 1 mètre.

Pour recouvrir la semence, on trace un second sillon à côté du premier.

Un hersage et un roulage favoriseront la levée de la graine.

VARIÉTÉS DE SORGHO A BALAI. — On distingue deux variétés principales de millet à balai : le rouge et le jaune. Elles diffèrent entre elles et par la couleur du grain et par celle de la paille. La graine rouge se vend 0 fr. 50 c. de plus les 100 kilogr.; mais, par contre, la paille jaune est plus appréciée par le commerce.

SOINS D'ENTRETIEN. — Dès que la plante sera sortie de terre, elle devra recevoir un binage à la main sur la ligne seulement. Dans le courant de mai, on donnera également une façon entre les lignes et en même temps l'ouvrier formera, avec la bêche, des touffes distantes de 0^m,20 ou 0^m,30 l'une de l'autre. Quelques jours après, on pratiquera le démariage proprement dit, en ne laissant que 2, 3 ou 4 plants par touffe.

Lorsque le sorgho a grandi, environ vers la fin juin ou le commencement de juillet, on doit le butter soit avec la bêche, soit avec l'araire ou la petite charrue. Enfin, plus tard, si les herbes sont drues, il est bon de donner un dernier binage entre les lignes et entre les plants.

MATURATION ET RÉCOLTE. — Le millet à balai est mûr en septembre et en octobre.

La récolte se fait lorsque la paille et le grain sont jaune doré ou rouge foncé, suivant la variété.

Les tiges sont coupées à 1^m,50 ou 1^m,80 du sol. Pour les faire sécher, on les réunit en paquets ¡de sept à huit que l'on place sur deux tiges adhérentes au sol et qui ont été préalablement entre-croisées de façon à servir de support.

Après quelques jours, on forme des fagots que l'on transporte dans la grange. Plus tard, on séparera le grain d'avec la paille.

Cette opération se décompose en deux parties; il faut d'abord enlever les feuilles adhérentes à la tige, ensuite séparer le grain. Le défeuillage se pratique à la main et l'enlèvement des graines s'exécute avec le peigne ou *séran* ou *mouchettes*.

Le panache, débarrassé de sa graine, est de nouveau mis en fagots qui, à leur tour, sont réunis en gerbes de 20 ou 25 kilos. Ces gerbes, livrables au commerce, ont la longueur de la paille ou panache, plus $0^m,50$ de tige.

La graine, une fois nettoyée, peut être vendue ou donnée au bétail. La volaille et les moutons en sont très friands.

Les pailles sont utilisées par le commerce pour la fabrication des balais, ce qui a valu à cette plante son nom spécial.

RENDEMENTS. — Dans la généralité des terrains, dans les bonnes terres à blé, on peut arriver aux rendements moyens suivants :

Grains : 20 à 25 hectol. à l'hectare.

Paille : de 800 à 1,300 kilos à l'hectare.

Le prix de la paille varie de 15 à 30 fr. les 100 kilos; la graine se vend ordinairement 4 fr. les 100 kilogr.

SYSTÈME CULTURAL DU MILLET A BALAI. — Les soins nombreux et exigeants que réclame cette plante pendant le printemps et l'été, au moment où les bras sont employés à d'autres cultures, ont poussé les propriétaires à s'associer avec les journaliers agricoles.

Le propriétaire fournit une terre labourée, prête à recevoir la semence, des hangars pour remiser les fagots et, le plus souvent, une bête pour exécuter les binages ou les charrois. De son côté, le journalier sème, bine, coupe, engrange, peigne, embotte le millet et en arrache les tiges.

Les produits, grains et pailles, sont partagés par égales

parts entre le propriétaire et le journalier. Cette association produit les meilleurs résultats.

La culture du sorgho à balai est très intéressante ; toute la famille du cultivateur y occupe ses loisirs l'hiver comme l'été. C'est vraiment une culture démocratique et qui laisse généralement de gros bénéfices.

B.— PLANTES MÉDICINALES

Tabac

Le tabac est cultivé en France sous la surveillance de l'administration des Contributions indirectes. C'est la régie, en effet, qui fournit la semence, qui fixe le nombre de feuilles par pied et l'époque de leur cueillette, qui achète les produits, etc.

La culture du tabac n'est autorisée que dans un nombre très limité de départements, 21 environ. Parmi ceux de la région du Midi, nous citerons : les Bouches-du-Rhône, les Alpes-Maritimes, le Var, le Lot. En Corse et en Algérie, la culture du tabac est libre.

Cette plante réclame un sol sablo-argileux ; dans les terres argileuses, le tabac acquiert une grande vigueur au détriment de sa qualité.

Le tabac aime les engrais à décomposition rapide.

On cultive principalement les trois variétés suivantes : tabac rustique à feuilles rondes, tabac à larges feuilles, tabac à feuilles étroites.

Le tabac peut être semé en pépinière ou directement en place.

On sème ou on repique dans un terrain parfaitement défoncé. En France, la régie n'autorise, dans le Midi, que 10,000 pieds à l'hectare.

Lorsque le tabac a 30 ou 40 centim. de hauteur, on le butte ; plus tard, lorsque les feuilles commencent à se développer, on écime. Dans notre région, le nombre des feuilles est fixé à 9 par pied, on supprime les autres par l'écimage en ne laissant que celles de la base.

Evidemment, les pieds destinés à fournir la semence ne seront pas écimés.

Parmi les principales maladies auxquelles cette plante est sujette, nous indiquerons la *rouille* qui amène promptement la flétrissure des feuilles, la *nielle* qui se traduit par une marbrure des feuilles, et enfin le *blanc* qui arrête le développement du tabac.

La récolte du tabac se fait vers la fin août, lorsque les feuilles répandent une odeur pénétrante et commencent à se rider et à abaisser leur pointe vers la terre.

Les feuilles de tabac sont mises à sécher sous des hangars ou dans des greniers. Lorsqu'elles sont jugées suffisamment sèches, on les met en paquet.

Dans le Midi, le tabac rend environ 600 kilogr. de tabac sec par hectare.

Le producteur vend son tabac à la régie qui le convertit ensuite en tabac à fumer, à priser, etc.

D. — PLANTES TEXTILES

Ramie

La ramie est une plante vivace cultivée pour ses tiges qui donnent une fibre d'une très grande finesse. Cette matière textile est meilleure que celle fournie par le chanvre et presque aussi souple que la soie.

On distingue la ramie verte et la ramie blanche, qui comprennent chacune plusieurs variétés.

La ramie est une plante originaire des pays chauds, dont la culture ne peut être tentée avec succès que dans l'extrême sud de la France, en Algérie et en Tunisie.

Elle exige des sols riches, meubles, perméables, frais. Elle craint la sécheresse, ce qui oblige à avoir recours à l'irrigation lorsque les pluies ne sont pas suffisantes.

La ramie peut se multiplier par semis. Cependant, dans la grande culture, on la reproduit par éclats de pieds.

La ramie devant occuper la terre pendant plusieurs années, il convient de défoncer profondément et de fumer copieusement le sol réservé à sa plantation.

Les éclats sont plantés à 35 ou 40 centimètres les uns des autres, sur des lignes espacées de 70 à 80 centimètres. On obtient ainsi 32,000 à 35,000 pieds à l'hectare.

Les soins d'entretien consistent en des binages destinés à ameublir la surface du sol et à détruire les mauvaises herbes.

Les tiges sont coupées à la serpe ou au coutelas lorsqu'elles sont mûres et que leur développement est complet. Les tiges, de hauteur variable ($1^m,50$ à 3^m), fournissent environ 1,000 à 1,500 kilogr. de lanières à l'hectare.

Ces lanières sont obtenues en décortiquant les tiges à l'aide de machines. Elles sont ensuite traitées par des procédés spéciaux de dégommage en vue d'avoir la fibre isolée, qui est blanc d'argent et d'aspect soyeux. C'est cette fibre qui est utilisée dans l'industrie pour la fabribrication d'étoffes spéciales.

E.— PLANTES TINCTORIALES

Garance

La garance est une plante que l'on cultivait sur une très grande échelle autrefois, en vue de l'obtention d'une matière colorante rouge, nommée *alizarine*, qu'on retire de ses racines et qui est employée dans la teinture.

La découverte de la préparation artificielle de cette matière colorante, en 1868, a porté un coup fatal à cette culture jadis si prospère, notamment dans le département de Vaucluse, dont elle fit, un moment, la richesse.

Actuellement, on n'emploie que tout à fait exceptionnellement, dans la teinture, la matière colorante de la garance. Aussi, la culture de cette plante se fait-elle, de nos jours, sur une très petite étendue.

F. — PLANTES A PARFUM

Les cultures florales jouent un rôle important dans l'agriculture du midi de la France, principalement dans le département des Alpes-Maritimes, en Algérie et en Tunisie.

La culture industrielle des plantes à parfum a généralement pour but de fournir les feuilles ou les fleurs destinées à la fabrication des essences.

Très souvent, les fleurs sont expédiées dans les grandes villes, surtout à Paris, où elles sont l'objet d'un commerce important.

Parmi les principales plantes cultivées soit pour la parfumerie, soit pour l'exportation directe, sous forme de bouquets ou autrement, nous citerons le *rosier*, le *jasmin*, la *cassie*, la *violette*, la *tubéreuse*, le *géranium*.

1° Rosier

Les espèces cultivées comme plantes à parfum sont, de préférence, les espèces buissonnantes, comme le rosier à cent feuilles ou rosier commun, le R. Damas, le R. muscat, le R. de Provins.

Les rosiers sont plantés en automne, en lignes distantes de 1 mètre, et les pieds sont espacés de 33 centimètres sur les lignes. On a ainsi 30,000 pieds à l'hectare. Ces plantations exigent des binages nombreux. Tous les ans, au mois de mars, on entrelace les pousses développées l'année précédente, dans le but de forcer les rosiers à produire plus de roses.

Chaque hiver, on enlève les rameaux qui ont porté des fleurs, les drageons et le bois mort.

Après la récolte des fleurs, à partir de la seconde année, on enfouit, par un bêchage énergique, 20,000 kilog. de fumier.

Dès la seconde année, la plantation est en plein rapport et peut donner 200 grammes de roses par pied, soit 6,000 kilog. par hectare.

La récolte se fait en mai, chaque matin, aussitôt après la disparition de la rosée. Elle dure trente jours environ. Une personne peut cueillir par jour 5 à 6 kilog. de roses. Les pétales des roses sont vendus de 0 fr. 50 à 2 fr. 50 le kilog., suivant les années.

Les grandes sécheresses nuisent beaucoup à la production des roses. Les pluies de février et de mars la rendent très abondante.

Une plantation peut durer 14 à 15 ans. En distillant les roses avec l'eau, on obtient l'eau de rose ; elles servent également à la préparation des pommades, de l'essence de rose et de la poudre de rose.

Le département des Alpes-Maritimes utilisait annuellement, en 1865, 500,000 kilog. de pétales de roses et produisait plus de 100,000 litres d'eau de rose.

2° Jasmin

Le jasmin est un arbuste buissonnant ou sarmenteux qui exige de bonnes terres bien exposées, bien fumées et arrosées pendant la belle saison.

Le *jasmin à grandes fleurs* ou *jasmin d'Espagne* est cultivé pour ses fleurs. Celles-ci sont blanches extérieurement, rosées intérieurement et très odorantes. Cette variété est greffée ordinairement sur des boutures enracinées de jasmin commun.

Les pousses annuelles sont soutenues par de petits échalas et des roseaux placés horizontalement à 0^m,20 ou 0^m,30 au-dessus du sol. En automne, on butte les pieds pour les préserver du froid et d'un excès d'humidité.

En février ou en mars, on met les pieds à nu et on rabat tous les jets sur deux yeux ; on fume le sol avec de la colombine ou du fumier décomposé ; on laboure à la bêche, en ménageant une rigole entre les lignes pour faciliter l'arrosage.

On compte environ 60,000 pieds par hectare plantés à 0^m,30 sur des lignes espacées entre elles de 0^m,80 à 1 mètre.

La récolte des fleurs n'est abondante qu'à partir de la quatrième année. La cueillette se fait chaque matin, après la rosée.

Un hectare peut produire en moyenne 3,000 kilog. de fleurs qui sont vendues 2 à 3 fr. le kilogramme.

On récolte chaque année 80,000 kilog. de fleurs dans les Alpes-Maritimes.

Ces fleurs servent à fabriquer l'huile essentielle de jasmin.

3° Cassie

La fleur appelée *cassie* est globuleuse, jaune doré, d'un arôme très agréable. Elle est produite par le *cassier* qui est un arbrisseau garni d'épines droites.

Cet arbuste, originaire de Saint-Domingue, demande des terrains légers, perméables et profonds, et se plante dans des trous espacés en tous sens de 2 à 3 mètres.

En automne, on butte les pieds pour les protéger contre le froid. Toutes les années, à la fin de l'hiver, on enlève les rameaux qui ont porté des fleurs l'année précédente, on supprime les bois morts, les gourmands ; on bêche et on fume le terrain.

La cueillette des fleurs se fait depuis le mois d'août jusqu'au mois d'octobre ; elle se paie à peu près comme celle des fleurs de jasmin, de 30 à 40 centimes par kilogr. Un hectare contenant 2,500 cassiers produit de 1,200 à 1,500 kilogr. de fleurs qui peuvent valoir jusqu'à 4 francs le kilog. On récolte annuellement dans les Alpes-Maritimes 40,000 kilogr. de cassie que l'on utilise spécialement pour la parfumerie.

4° Violette

La violette est cultivée en grand pour ses fleurs à odeur suave et douce. On cultive principalement la *violette double* et la *violette de Parme* à fleurs doubles et très odorantes.

Ces plantes sont mises en terre en mars ou en avril. On se sert de drageons enracinés qu'on plante sur des terres bien ameublies, soit en bordures, soit en lignes distantes les unes des autres de 0ᵐ, 50, soit en planches ayant 2 mètres de largeur. On les multiplie aussi par éclats de pieds. Comme façons culturales, on donne de fréquents binages et des arrosages pendant la végétation. Cette culture exige de bonnes fumures. Les plantations sont renouvelées tous les quatre ans.

La cueillette des fleurs se fait de février en avril; elle a lieu chaque matin, après la rosée. Une femme peut ramasser par jour 4 kilogr. de fleurs, qui sont vendues 3 francs en moyenne le kilogr. Ces fleurs sont employées en parfumerie ou servent à confectionner des bouquets.

Le département des Alpes-Maritimes récolte annuellement 100,000 kilogr. de fleurs de violette.

5° Tubéreuse

La tubéreuse est cultivée sur de grandes surfaces. On plante les bulbes ou oignons en avril, dans de bonnes terres, à 0ᵐ,16 de distance, sur des lignes séparées les unes des autres de 0ᵐ,30.

Pendant la végétation, on donne les binages et les arrosages nécessaires. Au mois de juin, on répand sur les planches du tourteau pulvérisé ou de la colombine. En juillet, les fleurs commencent à s'épanouir. Elles se récoltent en septembre, à mesure qu'elles s'ouvrent. Mille pieds donnent en moyenne 16 à 18 kilogr. de fleurs, ce qui correspond par hectare à 15,000 kilogr. environ. Le prix du kilo varie entre 2 et 4 fr.

6° Géranium rosat

Ce géranium se distingue des autres par le parfum, rappelant l'odeur de la rose, que contiennent ses feuilles. Cette plante herbacée exige des sols profonds, fertiles, frais ou arrosables.

Le géranium se multiplie à l'aide de boutures enracinées ou par la division des touffes. On les plante en automne ou au printemps, en les espaçant en tous sens de 0^m,40 à 0^m,50.

On les bine, on les arrose durant leur végétation. En août et en septembre, la récolte s'opère à la faux. Un hectare de géranium rosat peut produire jusqu'à 20,000 kil. de tiges et de feuilles, que l'on vend en moyenne 8 à 10 fr. les 100 kilos.

Cette plante, employée dans la parfumerie, fournit l'essence de géranium qui se vend jusqu'à 120 et 150 fr. le kilo, alors que celle de rose vaut 2,000 fr.

7° **Menthe**

La *menthe poivrée* est aussi très cultivée pour ses tiges et ses feuilles qui servent à la fabrication de l'essence de menthe.

C'est une plante vivace, d'une culture facile dans les terres profondes et fraîches. On la multiplie par éclats de pieds que l'on plante en automne ou en avril. Chaque planche comprend 6 rangées de plantes distantes de 0^m,35, les plants sont à 0^m,25 ou 0^m,30 sur les lignes. Il faut les biner et arroser le plus souvent possible pendant les fortes chaleurs.

En juillet et en août, quand les fleurs sont épanouies, on coupe les tiges. On peut ainsi obtenir 8,000 à 10,000 kilos de produits, vendus en moyenne 12 à 15 fr. les 100 kilogr. Quelquefois, on peut faucher une seconde pousse.

Mille kilos de feuilles vertes donnent, par la distillation, 2 kilogr. d'essence de menthe se vendant 130 à 140 fr. le kilo. Cette menthe sert à la préparation de l'alcool de menthe.

Parmi les autres plantes cultivées pour leurs fleurs odorantes, nous citerons la *jonquille*, la *mélisse*, le *réséda*, le *basilic*, la *marjolaine*, l'*hysope*.

Ces plantes sont cultivées dans des jardins ou en pleine terre. Leurs cultures exigent tous les soins que nous avons signalés pour les plantes précédentes. Leurs produits sont achetés à des prix très rémunérateurs par des parfumeurs qui les distillent ordinairement.

La *lavande*, le *romarin* et le *thym* ne sont pas cultivés, parce qu'on les trouve en grande quantité sur les collines et dans les terrains incultes appelés garrigues. Ces plantes sont aussi distillées pour la production d'essences du même nom qui se vendent de 5 à 10 fr. le kilogramme.

Nous parlerons de la fabrication des essences dans le chapitre spécial consacré aux industries agricoles.

8° **Fenouil**

Le *fenouil* est une plante herbacée, à racine pivotante et à tige fistuleuse. Ses feuilles sont alternes et très découpées. Ses fleurs, jaunes, sont disposées en ombelles. Son fruit, presque cylindrique, contient 2 graines qui sont utilisées dans l'industrie à cause de leur saveur très aromatique.

Toute la plante, soit verte, soit sèche, exhale une odeur très suave, surtout quand on touche ses tiges, ses feuilles et ses semences.

La culture du fenouil, depuis longtemps pratiquée en Italie, en Grèce, en Turquie, a été introduite en France il y a environ 60 ans. Elle s'est localisée dans la région méridionale, notamment dans l'arrondissement d'Uzès (vallées de la Cèze, de la Tave, du Gardon, etc.)

On cultive spécialement la variété dite *petit quaran-*

tain, dont les fleurs coulent rarement, et en même temps le *gros quarantain*. Ces deux variétés diffèrent quant à la hauteur des plantes et la grosseur des graines.

SOL. — Cette plante demande un sol léger, calcaire, silico-calcaire. On la cultive de préférence dans les terres riches à sous-sol frais, dans les plaines bien découvertes.

TRAVAUX PRÉPARATOIRES. — Comme pour les cultures de plantes sarclées, les terres destinées à porter du fenouil doivent être l'objet de travaux préparatoires sérieux et indispensables si l'on veut obtenir des rendements rémunérateurs.

Un premier labour profond sera appliqué à ces terres durant le courant de l'été. Un deuxième labour moyen sera donné vers la fin de l'hiver.

SEMAILLES. — Les semailles s'exécutent vers la fin de février ou le commencement de mars, selon la température de l'année.

Les graines sont semées en lignes dans des sillons tracés avec l'araire ou à l'aide d'un semoir spécial qui permet d'enfouir les graines à une faible profondeur. Les lignes sont orientées généralement du nord au midi et espacées de 0^m,75 à 1 mètre. La distance des plants sur les lignes varie entre 15 et 20 centimètres.

Cinq ou six kilogrames de graines suffisent pour l'ensemencement d'un hectare.

Un léger hersage complète l'ameublissement du sol et facilite la sortie des jeunes plants.

TRAVAUX D'ENTRETIEN. — Lorsque le temps n'a pas été trop froid, les plantes lèvent peu de temps après les semailles. Environ un mois après cette époque, on leur donne un premier binage à la main, accompagné d'un léger buttage.

Pendant le printemps, on pratique entre les lignes deux labours à quinze ou vingt jours d'intervalle. Ces labours sont, en outre, complétés par un fort buttage et par un sarclage, dont les effets se font sentir rapidement sur le développement des plantes.

Dans le courant de juin, on voit les ombelles apparaître, se développer; la floraison ne tarde pas à se produire. Si, à partir de ce moment, des pluies persistantes
ne surviennent point, la formation du fruit s'effectue en
peu de temps. Les pluies fréquentes occasionnent, en
effet, la coulure des fleurs et la récolte est compromise.
La maturité des fruits se poursuit en juillet et s'achève
au commencement d'août, époque à laquelle on pratique
la cueillette.

CUEILLETTE. — La cueillette commence dès que les graines prennent une teinte jaune clair caractéristique; elles
sont alors d'une certaine dureté et munies d'enveloppes à
nervures très saillantes.

Des femmes enlèvent, en parcourant les lignes, toutes
les ombelles mûres. Les champs de fenouil étant visités
deux ou trois fois par semaine, il faut environ un mois
pour effectuer toute la récolte.

Les ombelles récoltées sont desséchées sur des claies,
à l'ombre de préférence.

Le dépiquage se fait au fléau ou à l'aide de rouleaux
en bois assez légers; les graines se séparent facilement
des axes qui les supportent.

Un léger vannage complète la préparation des graines
propres à la vente.

RENDEMENT. — Le rendement moyen par hectare est
de 1.000 à 1.200 kilogr. de graines. Ce rendement pourrait être élevé par l'application d'une culture intensive
bien appropriée.

Le prix de vente ordinaire varie entre 50 et 60 fr. les
100 kilogr.

Après la cueillette des graines, les tiges aériennes sont
arrachées, et l'on a une terre très propice à la culture des
céréales.

Mais le fenouil étant une plante vivace, certains cultivateurs se contentent de couper les tiges au rez du sol,
afin d'obtenir une nouvelle plantation l'année suivante.
Ce système de culture n'est pas à recommander. En effet,

soit à cause des froids de l'hiver, soit à la suite des dégâts occasionnés par les rats, les mulots et d'autres animaux, les lignes sont alors incomplètes. Le semis est préférable.

UTILISATION. — Les graines contiennent une huile volatile jaune clair, d'une odeur pénétrante. Elles servent à préparer diverses liqueurs : l'absinthe, l'anisette de Strasbourg, etc. Elles remplacent quelquefois l'anis. En Angleterre, on les emploie pour parfumer les savons.

TROISIÈME PARTIE

VITICULTURE

De toutes les plantes cultivées, c'est incontestablement
la vigne qui donne les bénéfices les plus considérables,
qui constitue, pour le Midi surtout, la culture la plus
lucrative. Dans la région méditerranéenne, cette culture
est très importante ; sur bien des points elle est l'unique
ressource des agriculteurs.

On désigne sous le nom de *viticulture* l'étude complète
de la culture de la vigne.

Chapitre I. — HISTORIQUE

La culture de la vigne remonte à la plus haute anti-
quité ; son premier berceau semble avoir été l'Orient ;
de là, elle se répandit dans les diverses contrées qui bordent la Méditerranée.

En 1865, avant l'invasion du phylloxera, la vigne recou-
vrait en France une surface de 2,500,000 hectares. Cette
surface était sensiblement égale à la moitié de celle occupée par cette plante dans le monde entier.

En Europe, et particulièrement en Portugal, en Espagne,
en Italie, en Suisse, etc., la culture de la vigne est aussi
très importante.

En Asie, en Afrique, en Australie et en Amérique, on
trouve également des vignes cultivées, soit pour les raisins
de table, soit pour la production du vin.

Mais la culture de la vigne n'est bien assise qu'en Europe

et particulièrement en France, qui, tant par la quantité que par la qualité du vin produit, occupe le premier rang.

Dans ces derniers temps, un insecte, le phylloxera, a porté un coup terrible à la culture de la vigne.

DU PHYLLOXERA

Le phylloxera est un insecte hémiptère (1) que l'on trouve sur diverses espèces végétales. La variété qui vit sur la vigne a été dénommée, par M. Planchon, *phylloxera vastatrix*. C'est un insecte très petit, à peine visible à l'œil nu, porté sur 6 pattes, avec deux antennes à la partie antérieure de la tête ; sa bouche est munie d'un long suçoir.

Comme la plupart des insectes, le phylloxera subit des métamorphoses nombreuses. Ainsi, d'après M. Valéry Mayet, il revêt les quatre formes suivantes :

1° Forme gallicole ou multiplicatrice ;
2°   —   radicicole ou dévastatrice ;
3°   —   ailée ou colonisatrice ;
4°   —   sexuée ou régénératrice.

Le phylloxera sexué représente la forme la plus parfaite ; il donne naissance à l'œuf d'hiver qui est déposé sous les écorces du bois de deux ans. Cet œuf, de forme cylindrique et de couleur jaune citron au moment de la ponte, éclot au mois d'avril et donne naissance à un phylloxera gallicole ou radicicole. La première forme vit sur les feuilles de la vigne en produisant des galles ou petites boursouflures dans lesquelles l'insecte pond 500 ou 600 œufs. Cet état est aussi appelé *forme multiplicatrice*. Après la ponte, le phylloxera meurt, et les œufs éclosent. Pendant l'année, il y a plusieurs générations. A la dernière, vers la fin octobre, tous les insectes descendent sur les racines. La forme gallicole devient alors radicicole

---

(1) Hémiptère. — Genre d'insecte dont la bouche est un suçoir et dont les ailes sont recouvertes par des élytres.

et l'on a des *phylloxeras hibernants* qui se trouvent sur les écorces des racines de la vigne. Les phylloxeras radicicoles peuvent aussi provenir directement de l'œuf d'hiver.

Au mois d'avril, au moment du réveil de la végétation, les radicicoles attaquent le chevelu de la plante, c'est-à-dire les jeunes racines, en produisant, par leurs piqûres, des nodosités ou renflements caractéristiques (fig. 43).

Les petites racines disparaissent d'abord, puis vient le tour des grosses racines et la souche ne tarde pas à périr. Les phylloxeras radicicoles (fig. 44 et 45) se répandent d'un cep à l'autre à travers les terrains. Sous cette forme, appelée dévastatrice, l'insecte pond également quelques œufs, 20 ou 30 en moyenne par individu. Ces œufs ne tardent pas à éclore et à donner naissance à de nouveaux phylloxeras radicicoles ou aptères. La forme dévastatrice est donc aussi une forme multiplicatrice.

Vers le mois de mai, les phylloxeras radicicoles, qui ont fait le plus grand mal à la vigne, deviennent adultes, ils s'allongent et présentent sur les côtés du corps des moignons d'ailes ; vers la fin du mois de juin, on s'aperçoit qu'ils se sont transformés en *nymphes*.

Figr 43. — Renflements produits par la piqûre du phylloxera : *a.* renflements sur des racines jeunes et tendres ; *b.* renflements sur des racines plus âgées et plus dures (d'après M. Millardet).

De ces nymphes naissent, à la suite de métamor-phoses qui ne durent que huit jours, des phylloxeras

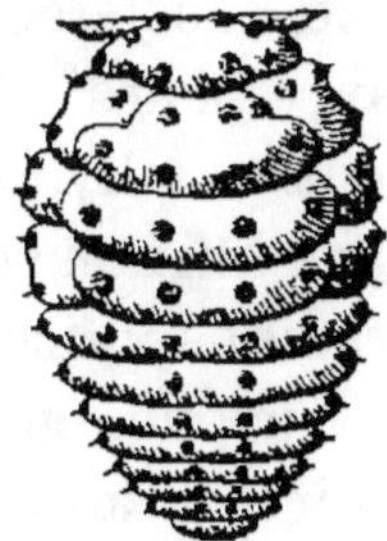

Fig. 44

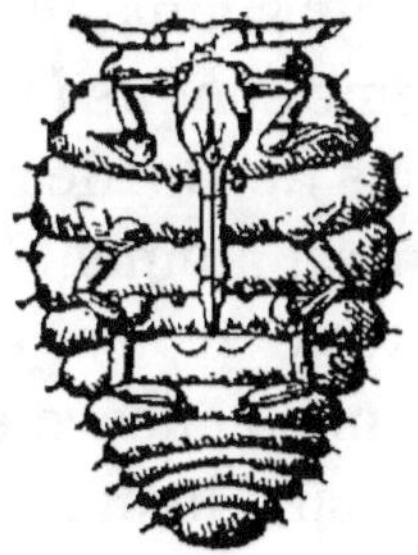

Fig. 45

Fig. 44.— Phylloxera aptère; mère pondeuse des racines, vue par la face dorsale. — Fig. 45.— Phylloxera aptère; mère pondeuse des racines, vue par la face ventrale.

ailés (fig. 46) que le vent emporte dans toutes les direc-tions ; c'est la forme *colonisatrice ;* c'est ainsi que le fléau se propage au loin. Les individus ailés pondent 4 ou 5 œufs sur les feuilles; les œufs de pe-tite dimension donnent naissance à des *phylloxeras sexués mâles,* les gros à des *phylloxeras sexués femelles.* Les sexués s'accouplent et la femelle pond ensuite un œuf relativement volumineux, l'œuf d'hiver. Cet œuf donne naissance à toutes les géné-rations ultérieures du phylloxera. Le cycle que nous venons de dé-crire commence avec lui.

Fig. 46.— Phylloxera ailé.

Le phylloxera, en se fixant sur les racines, attaque, pique avec son suçoir ou *rostre* les organes absorbants du végétal. A la suite de ces lésions, la souche souffre et finalement meurt; la maladie se manifeste d'abord en un point; de là elle s'étend en formant ce qu'on a appelé la *tache d'huile.* Dans un sol de richesse moyenne, la mort des vignes se fait attendre trois ans environ.

Le phylloxera est originaire des Etats-Unis d'Amérique,

d'où il a été importé en France par les plants américains introduits, au moment de la maladie de l'oïdium, par des viticulteurs-amateurs. Sa présence a été constatée, presque à la même époque (1865), à Roquemaure (Gard) et dans les environs de Bordeaux. Ces deux centres phylloxériques se sont rapidement étendus, et aujourd'hui non seulement l'insecte se trouve dans toutes les régions viticoles françaises, mais encore en Portugal, en Espagne, en Italie, en Suisse, en Allemagne, partout enfin où il y a des vignes.

CHAPITRE II. — **PRINCIPALES ESPÈCES DE VIGNES**

La vigne est une plante de la famille des ampélidées. Dans cette famille se trouvent plusieurs genres et notamment le genre *Vitis*, d'où la vigne cultivée dérive. Mais on distingue un très grand nombre d'espèces de vignes. Celles que l'on trouve en Europe appartiennent à un type unique appelé *Vitis vinifera*. Et c'est cette espèce qui, suivant les climats, les sols, les expositions et le genre de culture, s'est modifiée pour donner naissance à des variétés nombreuses, mais distinctes, telles que l'Aramon, la Carignane, le Gamay, le Pinot, etc., que l'on désigne sous le nom de *cépages*.

Parmi ces cépages, dont la liste est très longue, nous ne signalerons que les plus répandus et les plus intéressants.

CÉPAGES FRANÇAIS

Aramon. — L'Aramon est le cépage le plus anciennement cultivé et le plus important de la région méridionale. Ses principaux caractères sont les suivants: souche forte, vigoureuse; port étalé; sarments rampants, de couleur rouge clair; feuilles grandes, peu découpées, de couleur vert clair, un peu cotonneuses à la face inférieure; grappe volumineuse formée de gros grains sphériques, très juteux et peu colorés.

Ce plant, cultivé en plaine, produit jusqu'à 100, 200 et même 300 hectolitres à l'hectare. Son vin est peu coloré et peu alcoolique, mais fruité, vert et agréable à boire. Sur les coteaux, il donne un vin évidemment plus riche en couleur et en alcool.

L'Aramon bourgeonne de bonne heure et craint par suite les gelées printanières; il redoute peu les maladies. La grosseur de son fruit et la finesse de sa peau le prédisposent à la pourriture dans les endroits humides; on doit le vendanger hâtivement dans ces milieux.

En résumé, ce cépage est très précieux et on doit par suite lui faire une large place dans les vignobles. Dans le département de l'Hérault, on le tient en haute estime.

Carignane.—Ce plant est encore appelé Carignan, Bois dur, etc. Ses caractères sont les suivants: souche vigoureuse, à port érigé; sarments de couleur rouge-violacé, avec nœuds très rapprochés à la base; le bois est dur; les feuilles grandes, quinquelobées, gaufrées; grappe grosse, irrégulière, composée de grains noirs fournissant un vin dur, mais alcoolique et solide.

Son rendement atteint 70 à 80 hectolitres par hectare dans les bons terrains. Ce cépage redoute les milieux bas et humides où il souffre de l'attaque des maladies cryptogamiques. La Carignane est cultivée sur une grande échelle dans l'Aude.

Grenache.— Le Grenache est désigné aussi sous le nom d'*Alicante*, de *Bois jaune*; il se reconnaît aux caractères suivants: souche très vigoureuse, à port érigé; sarments gros, de couleur jaune clair à l'aoûtement; feuilles entières, lisses sur les deux faces, de couleur vert-jaunâtre; grappes grosses, serrées, à grains sphériques, recouverts d'une peau fine.

Le vin d'Alicante est moelleux, agréable et alcoolique; son défaut est de vieillir vite en perdant sa couleur.

Il produit en moyenne 60 hectolitres à l'hectare. Depuis quelques années, on l'a abandonné un peu dans les vignobles méridionaux, à cause des nombreuses maladies auxquelles il est sujet. Il était très cultivé autrefois dans le département des Pyrénées-Orientales.

Terrets. — On distingue le *Terret noir*, le *Terret gris* et le *Terret blanc*.

Le Terret noir occupait autrefois une place assez grande dans les plantations du Languedoc ; depuis quelques années, son importance décroît. On le remplace par l'Aramon, plus productif, plus précoce, dont le vin a une couleur d'un plus beau rouge. Le Terret noir produit un très bon vin.

Espar. — L'Espar ou *Mourvèdre* a une souche assez forte, à sarments très érigés, de couleur rouge foncé; feuilles grandes, découpées, à cinq lobes, d'un vert foncé, duveteuses en dessous; grappe moyenne à grains noirs et serrés, produisant un moût légèrement coloré.

Les sols des coteaux pierreux lui conviennent le mieux. Ce cépage est très rustique et donne une récolte variant de 30 à 50 hectolitres par hectare. Il produit un vin foncé, d'une belle couleur, un peu dur, d'un goût agréable, qui s'améliore en vieillissant.

Morrastel. — Comme aspect, il ressemble à l'Espar avec lequel il est souvent confondu ; mais il est plus fertile que lui dans les terrains de coteaux où il se plaît, et produit un vin plus foncé. Il est de longue durée ; comme l'Espar, il débourre tard et craint peu la gelée. Son vin est excellent, d'une teinte grenat très accentuée ; il sert à colorer et à améliorer les vins légers.

Le Morrastel ne donne guère plus de 50 hectolitres à l'hectare.

Hybrides Bouschet. — On désigne sous le nom d'hybrides Bouschet toute une catégorie de cépages obtenus par M. Bouschet de Bernard, de l'Hérault. Ces plants sont remarquables surtout par la puissance de coloration de leur vin. M. Bouschet, en créant ces plants, a rendu un grand service à la viticulture.

Nous n'étudierons ici que le Petit-Bouschet et l'Alicante-Bouschet.

1° **Petit-Bouschet.** — Le Petit-Bouschet est le plus répandu et le plus anciennement connu de tous les hybrides Bouschet.

Ses principaux caractères sont les suivants : souche vigoureuse à mérithalles assez longs ; feuilles moyennes, découpées, à cinq lobes, bordées de dents aiguës ; leur couleur est d'abord d'un vert foncé et passe ensuite au rouge-violacé à l'arrière-saison ; la face inférieure est duveteuse ; grappe grosse, conique, un peu lâche, à grains sphériques de moyenne grosseur, d'un noir foncé donnant un jus très coloré ; mûrit dix ou douze jours avant l'Aramon.

Ce cépage donne un vin recherché pour sa couleur ; il produit dans les terres riches et profondes plus de 100 hectolitres à l'hectare ; son vin est peu alcoolique.

2° **Alicante-Bouschet.** — L'Alicante-Bouschet a une souche vigoureuse, des sarments semi-érigés d'un brun vineux à l'aoûtement ; des feuilles entières, rondes, repliées en forme de parapluie, à face supérieure luisante, d'un vert foncé avant la maturité et rouge-brun au moment de la vendange ; la face inférieure est légèrement cotonneuse ; grappe moyenne formée de grains à jus sucré et fruité. Dans ces derniers temps, on lui a reproché d'être d'une fertilité irrégulière, de se rabougrir dans les milieux bas et d'être sensible au froid.

Cinsaut. — Le Cinsaut est caractérisé comme il suit : souche de force moyenne, très fertile ; sarments minces, fins, de couleur rouge ; feuilles profondément découpées, à cinq lobes, cotonneuses à leur face inférieure ; grappe grosse et belle, à grains oblongs d'un beau noir-violet, charnus et croquants. Maturité du 15 au 30 août. C'est un très beau et très bon raisin de table; il est souvent cultivé et vendu comme tel.

Comme raisin de cuve, il produit un excellent vin, d'une belle couleur rouge et d'un parfum agréable et délicat. Son rendement ne dépasse pas 60 hectolitres à l'hectare.

Œillade. — L'Œillade et le Cinsaut sont très répandus dans la région, mais leur importance est beaucoup moindre que celle des cépages précédents.

On confond souvent l'Œillade avec le Cinsaut, dont les grains ont de l'analogie, mais dont les souches et les sarments diffèrent un peu.

L'Œillade fournit également un vin d'une grande finesse et très estimé; son rendement peut aller jusqu'à 50 hectolitres dans les terrains francs, secs et caillouteux.

Piquepouls. — Ils comprennent les trois variétés noire, rose et blanche.

Le *Piquepoul noir* produit un bon vin, assez fin et spiritueux, mais il est moins fertile que le Morrastel, l'Espar et la Carignane, etc.; son vin est moins ferme et moins coloré.

Le *Piquepoul rose* ou *gris* est plus fertile que la variété noire. De tous les cépages, c'est celui qui s'accommode le mieux des terrains pauvres et arides.

Les terrains qui lui conviennent le mieux sont les sols caillouteux ou marneux. On le cultive cependant dans les sables, sur les bords de la mer; dans ces milieux, il produit de 50 à 60 hectolitres par hectare, d'un vin fin, spiritueux, sec, bouqueté et très agréable.

Le Piquepoul de bon cru sert à la fabrication du vermouth.

La vendange a lieu ordinairement fin septembre.

Le *Piquepoul blanc* est susceptible, comme le rose, de donner de bons vins blancs.

Clairette. — Ce cépage est cultivé dans toute la région pour la production des vins blancs mousseux, désignés sous le nom de *blanquette* dans l'Aude, de *picardan* dans l'Hérault.

Ce cépage fournit également des raisins de table qui se conservent bien pendant l'hiver.

Muscats. — Les Muscats forment une tribu fort nombreuse et très répandue. Les variétés cultivées pour la cuve sont également agréables à manger.

Le *Muscat blanc* donne un vin blanc remarquable qui sert à la fabrication des vins de liqueur. Les grands crus de Muscat se trouvent à Rivesaltes (Pyrénées-Orientales), à Frontignan et à Lunel (Hérault).

Les terrains rocailleux et un peu forts conviennent tout particulièrement à ce cépage.

Pour donner de très grands vins, les Muscats doivent être vendangés au moment de leur complète maturité.

Chasselas. — Les Chasselas forment un groupe spécial; ils sont cultivés comme raisins de table. Parmi les principales variétés, on peut citer : le *Chasselas doré* ou *Chasselas blanc*, le *Chasselas violet*, le *Chasselas rouge*, le *Chasselas rose*, le *Chasselas de Falloux*, etc.

Toutes ces variétés mûrissent dans le courant d'août et donnent des raisins qui sont exportés. On les cultive en *treille*, en *cordon* et en *souche basse*.

Ce sont là les principaux cépages cultivés. Mais dans les diverses régions viticoles de France, on trouve d'autres types de vigne portant des noms parfois bizarres et qui sont adaptés à des situations données. Dans chaque département, ces cépages sont connus.

Il est aussi d'autres cépages, tels que le Pinot, la Mondeuse, le Merlot, le Malbec, la Syrah, etc., qui sont cultivés également, mais sur une petite échelle, et donnent de très bon vin.

2° CÉPAGES AMÉRICAINS

Les vignes américaines, qui, comme leur nom l'indique, sont originaires d'Amérique, d'où elles ont été importées en France, peuvent être rapportées à plusieurs espèces bien définies comprenant un très grand nombre de variétés.

Toutes les espèces connues ne présentent pas le même intérêt pratique. En ne considérant que leur utilité au point de vue de la reconstitution du vignoble méridional, nous les diviserons en deux grandes classes.

1re CLASSE. — **Vitis Æstivalis**

Les cépages de cette classe possèdent généralement les caractères suivants : souche vigoureuse à port étalé ; rameaux d'un rouge vineux foncé ; les feuilles sont de dimensions variables, carminées et planes lorsqu'elles apparaissent ; à l'âge adulte, elles présentent quelquefois cinq découpures profondes ou lobes ; leur face supérieure est d'un vert foncé, tandis que la face inférieure est d'un vert plus clair et porte quelques poils distribués sur les nervures ; les grappes sont allongées, de grosseur moyenne, à grains serrés et petits, d'un noir violacé ; leur pulpe est très colorée.

Parmi les cépages les plus importants qui appartiennent à cette classe, nous citerons le Jacquez, le Cunningham et l'Herbemont.

Jacquez. — Le Jacquez est cultivé sur une grande échelle dans le Midi, soit comme porte-greffe, soit comme producteur direct. Cultivé pour son fruit, il donne un rendement de 30 à 60 hectolitres par hectare. Le vin de Jacquez est très coloré et très alcoolique ; c'est un vin de coupage. Comme porte-greffe, le Jacquez laisse parfois à désirer.

Le *Cunningham* et l'*Herbemont* sont très peu cultivés.

2me CLASSE. — **Vitis Riparia**

Les plants de cette classe présentent les caractères suivants : souche très vigoureuse, port étalé, rampant ; tronc petit ; sarments grêles et variables de teinte : ou gris cendré ou rouge pourpre ; feuilles jeunes pliées en gouttières, ne s'étalant que tardivement ; feuilles adultes de dimensions moyennes, entières, bordées de deux séries de dents aiguës ; la face supérieure d'un vert foncé ; la face inférieure d'un vert plus clair et quelquefois couverte de poils. La grappe est irrégulière, composée d'un petit nombre de grains sphériques et d'un noir foncé.

Cette classe comprend des variétés remarquables, parmi lesquelles nous citerons, comme présentant une réelle importance pour les viticulteurs, le *Clinton*, le *Taylor*, le *Riparia sauvage* et le *Solonis*.

Tous ces cépages portent admirablement la greffe de nos différents plants français et résistent au phylloxera.

Le Riparia est celui qui rend le plus de services ; on le cultive sur une grande échelle. C'est un porte-greffe très vigoureux. Pour les terrains humides et calcaires, on lui préfère le Solonis.

Il y a plusieurs types de Riparia, notamment le *Riparia gloire de Montpellier* et le *R. grand glabre*.

A côté des cépages de ce groupe se place le Rupestris (*Vitis Rupestris*). Cette espèce est caractérisée par des souches à port buissonnant, à sarments courts, nombreux et érigés. Les feuilles sont plus larges que longues, d'un beau vert, dépourvues de poils sur les deux faces.

Le *Rupestris* constitue un excellent porte-greffe pour les terrains secs, siliceux et caillouteux.

A. — RECONSTITUTION DES VIGNOBLES

Nous venons de voir que la vigne française ne résiste pas aux attaques du phylloxera; par conséquent, la culture de cette espèce serait impossible si on n'avait trouvé les moyens de la faire vivre malgré l'insecte. Ces moyens sont aujourd'hui connus de tout le monde. Le phylloxera est vaincu. On peut avoir des vignes, et par suite du vin, en appliquant l'une des quatre méthodes suivantes :

1° Culture des vignes américaines ;

2° Plantation de la vigne française dans les terrains sablonneux ;

3° Submersion de la vigne française ;

4° Application des insecticides.

Ces diverses méthodes de reconstitution des vignobles exigent chacune, pour leur application, des conditions spéciales que nous ferons connaître. Celle basée sur la culture des vignes américaines est la plus générale, et c'est par celle-là que nous commencerons.

Chapitre I. — CULTURE DES VIGNES AMÉRICAINES

Les vignes américaines sont cultivées à cause de leur résistance au phylloxera. Cette résistance résulte de la constitution anatomique spéciale de leurs racines. Le tissu de ces racines est, en effet, dense, serré, et le suçoir du phylloxera ne peut l'atteindre profondément. Sa piqûre reste alors superficielle.

Nos vignes françaises, au contraire, sont très sensibles aux piqûres de l'insecte et leur culture ne serait possible que dans certains milieux privilégiés, si on ne pouvait les marier, les unir, par le greffage, aux vignes américaines.

Quelquefois, cependant, certaines variétés de vignes américaines, appelées *producteurs directs*, sont cultivées spécialement pour leurs fruits. Exemple : le Jacquez, l'Othello, l'Herbemont, etc. Mais, le plus souvent, elles sont utilisées comme supports, comme porte-greffes de nos variétés françaises.

Les vignes américaines ne réussissent pas dans toutes sortes de terrains ; elles sont, sous ce rapport, beaucoup plus exigeantes que nos variétés européennes. Cette question d'adaptation au sol joue un très grand rôle ; on a reconnu, à la suite de nombreuses expériences pratiques, que les meilleures variétés à planter, dans les différentes terres, sont :

Terres calcaires	Berlandieri et Champin.
—　argileuses	Jacquez et Solonis.
—　franches	Riparia et Jacquez.
—　siliceuses.	Riparia et Jacquez.
—　—　caillouteuses... .	Rupestris.
—　d'alluvions, fertiles. . . .	Rupestris, Jacquez, Solonis, Taylor
—　—　peu fertiles. .	Rupestris.
—　argilo-siliceuses	Rupestris, Riparia.

1º ETABLISSEMENT DU VIGNOBLE

Préparation du sol.— La préparation du sol comprend d'abord un défoncement profond. Le défoncement a pour but de conserver la fraîcheur dans le sol et de mettre à la disposition des souches un grand volume de terre meuble. Ce défoncement devra atteindre une profondeur moyenne de 0^m,40; on l'exécutera en été ou au commencement de l'hiver. On devra ensuite donner un ou deux labours secondaires, afin de bien niveler et de bien ameublir la surface du sol. Si le terrain est trop humide, on le drainera pour enlever l'excès d'eau, toujours nuisible à la végétation de la vigne.

2° DE LA PLANTATION

Le terrain étant choisi et convenablement préparé, on doit s'occuper de la plantation. Cette opération pourra être effectuée du mois de novembre au mois de mars. En plantant un peu tardivement, le jeune plant entre en végétation aussitôt après sa mise en place. Mais souvent, à cette époque, les pluies font défaut et l'enracinement du sujet se fait difficilement. Il ne conviendra donc pas de planter la vigne au mois de mars.

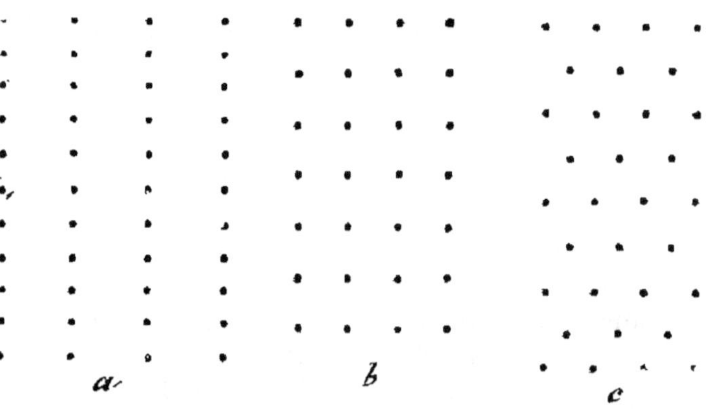

Fig. 47. — Dispositions diverses des vignes.

La plantation pourra se faire en *lignes*, en (*a*), (*b*) *carré* et en *quinconce* (*c*) (fig. 47-48).

Dans la plantation en lignes, les souches sont très rapprochées les unes des autres (0m80 à 1m.), et les lignes sont au contraire assez espacées (2 à 3 m.) pour permettre à la charrue de travailler le terrain, même au moment où les vignes ont atteint leur plus grand développement.

Fig. 48.— Plantation en plein du Languedoc.

Dans la plantation en carré, on divise par des perpendiculaires le terrain en carrés, ayant pour côtés l'espacement que l'on veut donner aux ceps. On peut, dans ce cas, labourer le terrain dans deux sens.

Dans la plantation en quinconce, chaque plant occupe le sommet d'un triangle équilatéral, et le terrain se trouve divisé en une série de losanges. Cette disposition permet des labours dans trois sens différents.

Aujourd'hui, l'espacement le plus usité entre chaque plant varie de 1^m,50 à 1^m,75 dans la région méditerranéenne; plus au nord, l'espacement n'est que de 1 m. ou 1^m,25.

Les emplacements des plants sur le terrain sont indiqués par l'intersection des lignes, tracées à des distances convenables au moyen d'un cordeau ou d'un rayonneur.

Dans la plantation, les diverses variétés de vignes doivent être séparées par groupes ; on a ainsi plus de régularité dans la végétation, et les cultures et les soins peuvent être pratiqués en temps opportun pour chaque espèce.

3° PROCÉDÉS DE MULTIPLICATION

Comme la plupart des végétaux, la vigne peut être multipliée à l'aide d'un des quatre procédés suivants: le *semis*, le *bouturage*, le *provignage* ou *marcottage* et le *greffage*.

Ces divers modes de multiplication correspondent chacun à un but déterminé et différent.

Semis. — Ce procédé, employé surtout par les horticulteurs et les pépiniéristes, permet d'obtenir des variétés nouvelles. Chaque fois, en effet, que l'on sème un pépin de raisin, on obtient un type de vigne nouveau.

Dans les contrées indemnes de phylloxera et où l'introduction des plants américains n'est pas permise, le semis est le moyen que l'on emploie pour se procurer des plants résistants.

Les semis se font avec des pépins de l'année précédente, que l'on a eu soin de conserver dans du sable humide jusqu'au printemps, époque à laquelle on les sème, à 4 ou 6 centimètres de profondeur, en ligne, sur une terre meuble et légère que l'on arrose fréquemment. A la seconde année, on a des plants de 0^m,25 à 1^m,50 de longueur que l'on repique encore en pépinière. Ce procédé de multiplication n'est pas du domaine de la grande culture, parce que les plants semés n'entrent en production qu'à la quatrième ou à la cinquième feuille, et ne peuvent être greffés qu'au bout de deux ou trois ans.

Bouturage.— Pour la vigne, le bouturage s'effectue en détachant de la souche des portions de sarments de 40 à 50 centimètres de longueur, appelées *boutures*, que l'on met dans le sol. Ce procédé est usité aujourd'hui pour les plantations de vignes américaines, surtout pour les plantations en pépinière.

On distingue la bouture simple (fig. 49), qui se compose uniquement d'une portion de sarment, et la bouture enracinée, qui a passé un an en pépinière et qui possède à sa base des racines et à son extrémité des petits rameaux.

La bouture simple peut porter à sa base un empâtement constitué par le bois de deux ans, ou bien être formée par une portion de rameau pris sur la longueur du sarment. Le sarment d'où provient la bouture doit être bien mûr, bien aoûté. On devra choisir des portions de sarments de grosseur moyenne. Dans le Midi, les

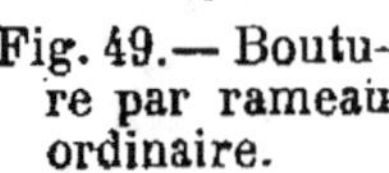

Fig. 49.— Bouture par rameau ordinaire.

boutures dont on se sert ont de 45 à 50 centim. de longueur.

On détache les boutures de la souche au moment de la taille, c'est-à-dire dans le courant de l'hiver, et on les conserve dans du sable légèrement humide jusqu'au moment de leur emploi.

Avant de les confier au sol et dans le but de faciliter leur enracinement, on les fait tremper dans l'eau, par leur base, pendant une semaine, sur une longueur de 10 cent. environ. C'est encore pour faciliter l'émission des racines que l'on doit racler, après le trempage, la partie inférieure de la bouture (décorticage).

La mise en place des boutures peut se faire de différentes manières : ou on pratiquera une excavation, un trou à l'intersection des lignes tracées par le rayonneur ou le cordeau ; ou bien on ouvrira, à l'aide d'une charrue à double versoir appelée buttoir, une raie d'une profondeur de 30 centim. en moyenne, en suivant le tracé de la plantation ; ou bien on se contentera d'enfoncer une tige de bois ou de fer, un plantoir, un pal, en un mot, à l'intersection des lignes du tracé, de manière à pratiquer un trou cylindrique d'un diamètre un peu supérieur à celui de la bouture. Le premier procédé est le meilleur. La bouture est ensuite assujettie avec de la terre ; elle doit être, dans les trois cas, assez solidement fixée, pour qu'on ne puisse pas l'arracher en tirant fortement.

La profondeur moyenne à laquelle on plante la bouture doit être de 20 à 25 centim.

La bouture étant en terre, il faut lui donner des labours superficiels, surtout en été, dans le double but de détruire les mauvaises herbes et de conserver dans le sol une fraîcheur convenable. Là est le secret des belles plantations.

Pour éviter d'ébranler la bouture dans ces opérations, il sera avantageux de planter auprès de chacune d'elles un petit piquet qui, tout en les protégeant, les rendra plus visibles aux ouvriers.

Il faut, l'année même de la plantation, rabattre la bouture sur deux yeux ou bourgeons au-dessus de terre.

Aujourd'hui on fait grand usage de boutures racinées ou barbées, c'est-à-dire de boutures simples ayant déjà passé une année en pépinière. Avec ce procédé, la plantation est plus régulière, tandis que la proportion des manquants est au moins égale à 10 p. 100 avec les boutures non racinées.

Pour obtenir des barbées, on choisit d'abord un sol léger, riche, frais, défoncé profondément, bien fumé ; c'est la pépinière. Puis on trace de petits fossés dans lesquels on plante les boutures. Ces fossés devront être distants de 50 centim., et les plants sur la ligne seront placés à 20 centim. les uns des autres. Cette pépinière devra être soignée irréprochablement; on l'arrosera si c'est possible.

Les plants ne devront rester en pépinière que pendant un an; en les retirant, lors de leur plantation, on aura soin de leur laisser le plus de racines possible.

Marcottage ou provignage.— Le provignage consiste à provoquer la formation de racines sur un sarment non détaché du pied-mère. On employait autrefois ce procédé pour remplacer dans une vigne des souches vieilles et usées, ou mortes par accident.

Aujourd'hui, on peut encore en faire usage pour combler les vides qui se produisent dans la plantation des cépages américains producteurs directs, et même dans les vignes greffées. Le système de provignage le plus usité dans le Midi s'exécute de la manière suivante : on creuse un petit fossé assez profond à partir du pied-mère jusqu'au point que doit occuper la nouvelle souche. Au fond de cette tranchée, on couche un sarment suffisamment long dont on relève l'extrémité que l'on fixe à un petit piquet. Ensuite on comble le fossé en tassant la terre contre le sarment. L'extrémité du provin est rabattue sur deux yeux et les bourgeons aériens de la base du sarment sont supprimés. Lorsqu'on juge que le sarment couché possède suffisamment de racines, ce qui a lieu au bout de deux ans, on doit sevrer le provin; c'est-à-dire le rendre indépendant de la souche qui l'a produit (fig. 50).

Le provin ne doit jamais être sevré quand il provient d'une souche greffée.

Le provignage s'exécute du 1er novembre à la fin du

mois de février. La souche provignée, alimentant un nouveau pied, demande à être fumée.

Il existe d'autres procédés de provignage, notamment

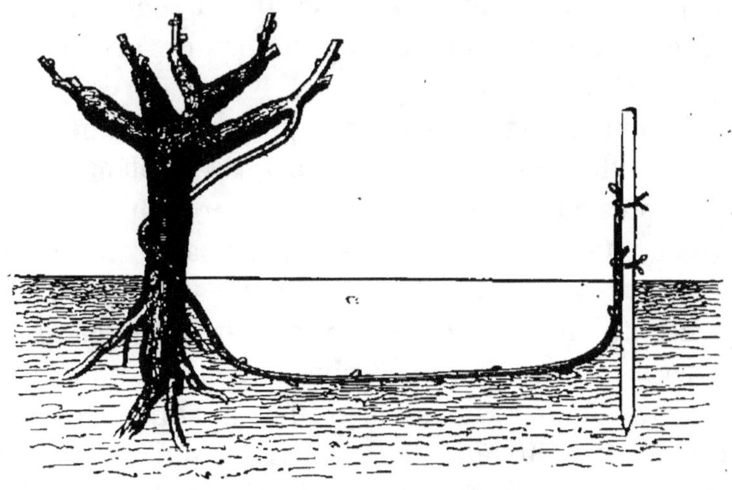

Fig. 50.— Provin par marcotte simple.

celui qui consiste à coucher la souche destinée à donner un provin et à faire sortir un sarment au point où le manquant existait et un autre à l'endroit occupé par la souche. On comble ainsi les vides et on rajeunit les vieux ceps.

Greffage.— L'opération du greffage a pour objet d'implanter sur un *sujet* ou *porte-greffe* un autre végétal appelé *greffon*. La vigne américaine, à cause de sa vigueur et de sa résistance au phylloxera, servira de porte-greffe, de support, fournira la nourriture à la vigne française employée comme greffon; cette dernière vivra dans l'air et produira le fruit. La qualité du fruit fourni par le greffon n'est modifiée en rien par le porte-greffe.

Mais une longue expérience a démontré que par la greffe on rend plus hâtive la mise à fruit. Ce fait ne doit pas être attribué au porte-greffe, il est la conséquence d'une loi naturelle commune à toutes les greffes.

Le greffage est pratiqué aujourd'hui sur une très

grande échelle. Dans la reconstitution des vignobles par les plants américains, on en fait un usage général.

Nous allons fournir quelques explications sur l'âge auquel le sujet devra être greffé, le choix du greffon, l'époque du greffage et les systèmes de greffes à appliquer.

AGE DU SUJET. — En principe, la vigne américaine doit être greffée le plus tôt possible après sa plantation, et cela pour plusieurs raisons : d'abord, parce que, plus tôt l'on greffe, plus tôt l'on vendange; ensuite parce que l'expérience a démontré que la greffe réussissait d'autant mieux qu'elle était faite sur un sujet plus jeune; enfin, parce que plus le sujet est jeune, moins nombreux sont les gourmands, les repousses américaines. On greffera donc la vigne lorsqu'elle prendra sa deuxième feuille, l'année qui suivra sa planta-tation. On la plantera, par exemple, en février 1892 et on la greffera en avril 1893. Toutefois, si le plantier avait mal poussé, si la végétation était trop faible, si les man-quants étaient trop nombreux, il faudrait alors différer le greffage jusqu'à l'année suivante, jusqu'à la troisième feuille.

On peut aussi greffer avec succès les vieux pieds amé-ricains ; sur des souches âgées, la greffe est encore pos-sible. La proportion de réussite est moins grande, il est vrai, lorsqu'on opère sur des sujets âgés de plus de trois ans que quand on greffe des souches jeunes ; mais, en s'entourant de certaines précautions, on enregistre encore, dans ce cas, un succès.

Il ne faudrait pas, toutefois, greffer l'année même de la plantation, c'est-à-dire planter en novembre et greffer en avril. Ce serait faire exécuter à la vigne un véritable tour de force sans profit aucun. Si, en effet, la greffe réussit, elle reste chétive, et, si elle échoue, ou bien on a un man-quant, ou l'on se trouve en présence, l'année suivante, d'un sujet mal constitué. Dans les deux cas, l'opération est également mauvaise. Le jeune plant, la première année, doit s'enraciner, prendre possession du sol. Qu'on n'exige pas davantage de lui.

Choix du greffon. — Une des conditions de réussite de la greffe réside dans le greffon On prendra les greffons sur des souches fertiles ; le bois devra être mûr, sain, à bourgeons bien développés et renfermant peu de moelle. Les vieilles souches fournissent de bons greffons. Les greffons seront détachés de la souche-mère vers la fin du mois de février et on les conservera, jusqu'au moment du greffage, dans du sable ni trop sec ni trop humide. On peut encore conserver les greffons en les faisant tremper dans l'eau par leur base ou en les enfouissant dans la terre humide. Mais le premier mode de conservation doit être préféré. Un greffon est bien conservé quand la section montre une surface luisante et humide, une moelle d'un jaune clair et un bois d'un joli vert. Si le greffon paraît sec, on doit le rejeter.

Époque du greffage. — On greffe la vigne au printemps. En greffant tardivement, la soudure du greffon suit de très près sa mise en place, car, cette soudure ne peut s'opérer qu'autant que la température oscille autour de 20 degrés. D'un autre côté, si l'on greffe hâtivement, en février par exemple, on a à redouter les variations brusques de température, les gelées, les pluies, toutes causes capables de compromettre la vitalité du greffon.

Entre ces deux limites extrêmes il faut choisir, et, dans ce choix, nous nous laisserons guider par l'expérience. Des opérations nombreuses de greffage ont été faites, dans le Midi, depuis plusieurs années, sur une grande échelle et à différentes époques ; les résultats ont été les suivants en mars et mai, réussite moyenne ; en avril, réussite complète. Ce sont donc les mois de mars et d'avril que l'on doit choisir pour effectuer le greffage de la vigne, et plus particulièrement l'époque comprise du 15 mars au 15 avril.

Telle est la règle pour les sujets jeunes ; pour les

sujets vieux, on pourra retarder davantage l'opération ou même l'avancer.

Cette époque sera également retardée ou avancée de quelques jours, selon que la température sera plus ou moins chaude, le cépage plus ou moins précoce, le terrain plus ou moins froid.

Autant que possible, on devra choisir, pour effectuer le greffage, un temps doux, humide. Cependant, si la pluie était imminente, l'opération devrait être retardée, car si une atmosphère humide préserve les greffons d'une trop prompte dessiccation, les pluies abondantes compromettent la réussite de la greffe.

Systèmes de greffes. — On peut greffer la vigne d'une infinité de manières. Nous ne parlerons que des procédés de greffage dont la valeur a été consacrée par l'expérience.

Nous distinguerons deux cas :

1er cas : méthodes de greffage applicable aux jeunes sujets ;

2e cas : méthodes de greffages applicables aux vieilles souches.

1er Cas. — Sur jeune sujet, sur vigne d'un an, on greffe en fente pleine. Cette méthode est la plus générale ; c'est celle que l'on a appliquée et que l'on applique le plus souvent dans les vignobles. Les succès qu'elle a permis d'obtenir ont démontré sa valeur. Son exécution est très simple : le sujet est coupé horizontalement au niveau du sol, puis fendu par le milieu ; le greffon est ensuite taillé en forme de coin et placé dans la fente pratiquée sur le sujet (fig. 51 et 52).

Cette méthode de greffage exige que le greffon ait un diamètre un peu supérieur à celui du porte-greffe, afin que les écorces, les couches génératrices soient bien en contact et que la soudure puisse s'opérer. Ce système, qui rend, à cause surtout de sa simplicité, de grands services, n'est pas exempt de reproches. En enfonçant le greffon, en effet, on risque de fendre le sujet jusqu'aux racines, ce qui compromet la vie de ce dernier ; puis, si le lien n'est pas excellent et la ligature bien faite, on n'a qu'un seul point de contact entre le porte-greffe et le greffon.

Malgré ces inconvénients, auxquels d'ailleurs il est facile de remédier quand on les connaît, la greffe en fente pleine constitue un excellent mode de greffage.

Nous ne parlerons pas de la greffe à cheval ni de la greffe évidée qui ne sont plus admises par les viticulteurs; quant à la greffe en fente anglaise, qui est très bonne lorsqu'elle est bien faite, il est rare qu'on en fasse usage pour le greffage en place; c'est pour les greffages sur table et en pépinière, effectués en vue de l'obtention des plants greffés, qu'on l'applique (fig. 53).

2me *Cas.* — Sur les vignes américaines âgées, il n'y a guère qu'un système de greffage employé couramment, c'est la *greffe en fente de côté.* Ici, par suite de la grosseur du sujet, la greffe en fente pleine n'est pas possible.

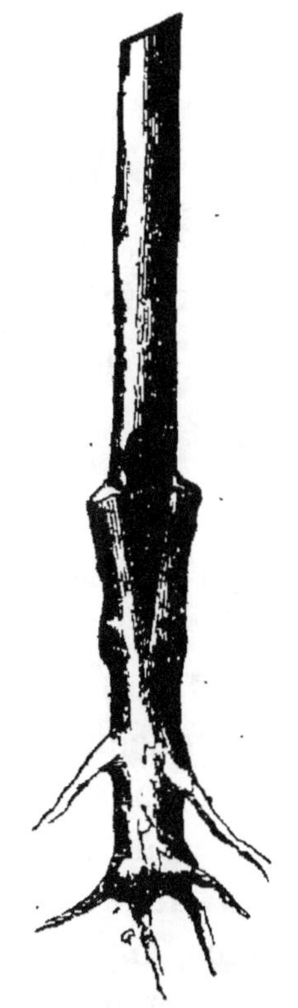

Fig. 51. — Greffon pour la greffe en fente ordinaire.

Fig. 52. — Greffe en fente ordinaire.

Ce mode de greffage est connu depuis longtemps dans le Midi. Son exécution est simple et facile: le sujet, déchaussé, est coupé, à l'aide du sécateur, à 2 centimètres environ au-dessous du niveau du sol, puis fendu avec un ciseau ; le greffon est ensuite aminci des deux côtés en forme de lame de couteau et placé dans la fente du sujet, sur le côté du porte-greffe, afin que les écorces soient bien en contact (fig. 54).

On reproche à ce système de laisser au porte-greffe une fente béante (*a*) ne se comblant qu'avec une grande lenteur et pouvant deve-

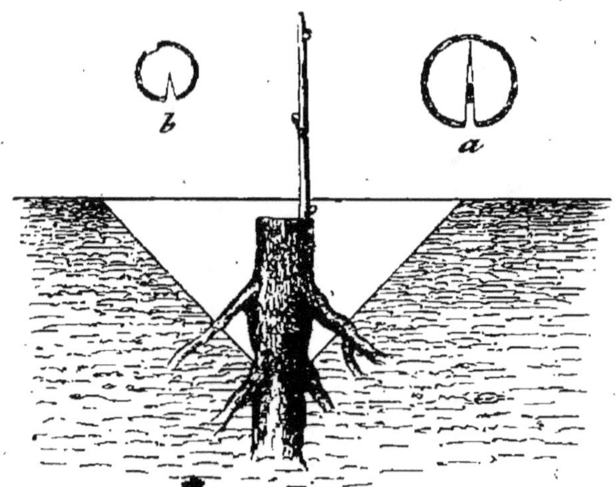

Fig. 53.—Greffe anglaise.

Fig. 54. — Greffe en fente de côté.

nir le siège d'un bourrelet volumineux. Pour éviter cet inconvénient, on devrait enlever une portion de bois sur un des côtés du porte-greffe (*b*), une fois celui-ci fendu. On aménagerait ainsi l'emplacement du greffon.

Sur vieilles souches, on peut faire usage encore des systèmes de greffage sans étêtement des sujets. Ce sont des greffes latérales, faites sur la tige de la souche.

Pour le *greffage en place*, on emploie des instruments simples et commodes : la serpette ou le couteau. Pour le *greffage à l'atelier*, on a inventé beaucoup de machines et beaucoup de greffoirs plus ou moins pratiques.

Dans le but d'éviter l'ébranlement du greffon, dans le but également de maintenir l'adhérence parfaite entre les tissus en contact, on ligature la jeune greffe avec du raphia ou de la ficelle ordinaire. La greffe étant ligaturée, il faut la mastiquer avec de l'argile ordinaire convenablement humectée d'eau. Le mastic assure la solidité de la greffe et s'oppose à sa dessiccation.

Immédiatement après avoir ligaturé et mastiqué la greffe, on la butte, on la recouvre presque complètement avec de la terre meuble. Ce buttage a pour effet de maintenir la fraîcheur et d'éviter l'ébranlement du greffon et du sujet.

A côté de chaque greffe on doit placer un piquet qui, la première année, marque l'emplacement de la nouvelle souche, tout en évitant des accidents, et qui, la seconde année, sert à maintenir la souche droite.

Dans le courant de l'été, à partir du mois de mai, on doit déchausser les greffes pour couper les *gourmands*, les *repousses* ou *rejets* développés par le porte-greffe au détriment de la vigueur de la souche.

En même temps, on doit couper les racines émises par les greffons. Si on ne supprime pas les racines du greffon, la greffe est alimentée par des racines françaises ; elle est affranchie, et toute greffe affranchie est une greffe perdue. Lorsque, en effet, le phylloxera détruit les racines du greffon, les greffes meurent, leur soudure étant incomplète et le sujet étant atrophié.

Dans certains cas, on a intérêt à greffer en pépinière soit sur bouture simple, soit sur barbée. Ces plants greffés sont mis en pépinière jusqu'au moment de leur transplantation à demeure. Ce mode de greffage permet de reconstituer rapidement un vignoble dans les pays où la greffe en place ne réussit pas dans une forte proportion. La plantation en place de plants greffés permet d'obtenir des vignes régulières, mais qui ne donnent pas plus tôt leur maximum de rendement.

A titre de renseignement, nous citerons encore la *greffe herbacée*, qui consiste à unir des sarments à l'état vert, et la *greffe d'automne*, qui se fait dans le courant de septembre, après la vendange.

Un ouvrier peut greffer environ 500 à 800 souches par jour, s'il est servi par deux aides dont l'un ligature et mastique la greffe et l'autre la butte. Ce travail peut être évalué environ à 100 fr. par hectare. Les travaux d'entretien des greffes, enlèvement des drageons et des racines et piquelage, etc., sont estimés à 100 fr. par hectare.

En résumé, le greffage de 4,000 pieds ou d'un hectare de vigne coûte au plus 200 francs

Pour fixer les idées sur les frais de toute sorte qu'occasionne la création d'un hectare de vigne, nous donnerons les chiffres suivants :

Préparation du sol (défoncement et labours d'ameublissement).	400 fr.
Achat de plants enracinés (4,000 à 40 fr. le mille).	160 —
Plantation.	50 —
Soins d'entretien pendant trois ans. .	250 —
Une fumure. . . . .,	200 —
Greffage et regreffage	250 —
Total	1,310 fr.

On peut donc dire que chaque hectare créé coûte environ 1,300 fr. Pour avoir la dépense vraie, il faudrait ajouter à cette somme le loyer du sol et l'intérêt du capital avancé.

Les vignes greffées auront une durée, sinon indéfinie, au moins très longue, si l'on en juge par le bon état des greffes très vieilles que l'on rencontre dans certains vignobles. On peut donc greffer en toute confiance et en toute sécurité.

Dans le choix de la nature du greffon, on ne devra se laisser guider que par la qualité du vin à produire. Si l'on vise la quantité, on devra greffer des Aramons ; si l'on désire produire du meilleur vin, on choisira comme greffons le Morrastel, le Carignan ; si l'on veut obtenir des vins très colorés, on s'adressera aux hybrides Bouschet.

4° SOINS CULTURAUX

La vigne étant établie, il faut, chaque année, lui appliquer des façons culturales particulières, en vue d'aérer et d'ameublir le sol et de détruire les mauvaises herbes.

Dans les jeunes vignes, appelées *plantiers*, on remplacera les deux premières années, pendant l'hiver, les pieds non repris ou morts.

La première opération culturale est un labour dit d'aération que l'on donne à la fin de l'hiver; cette façon s'effectue soit à bras, soit à l'aide d'attelages ; ce labour doit avoir une profondeur moyenne de 15 à 20 centimètres.

Lorsque les attelages effectuent cette opération, on se sert d'une petite charrue vigneronne qui retourne la terre. On a imaginé des charrues déchausseuses, dont l'age est disposé de telle façon que l'on peut approcher des ceps pour bien les nettoyer (fig. 55).

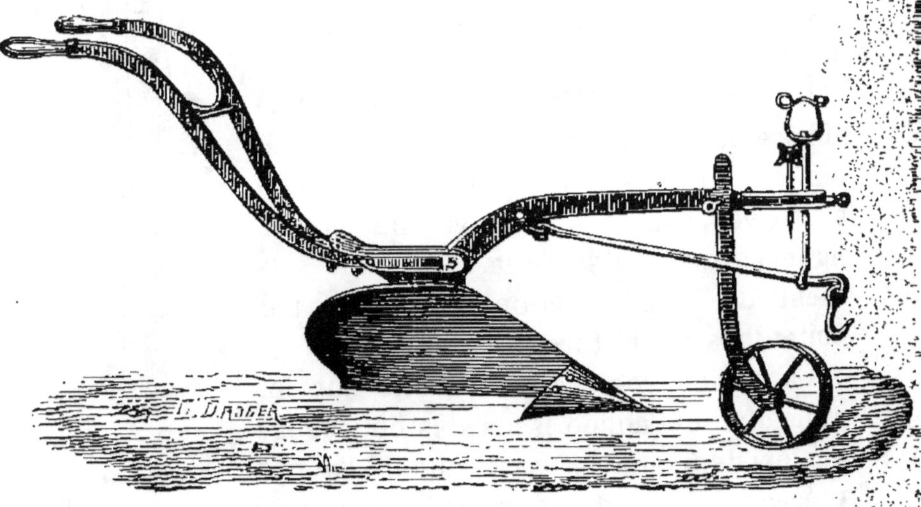

Fig. 55.— Charrue vigneronne.

Le premier labour est complété par un déchaussement donné à la main.

Pendant le cours de la végétation, on donnera des labours et des binages dans le but de maintenir le sol meuble et frais et de détruire les plantes adventices, les mauvaises herbes. Un second labour est donné en mai, et un troisième en juin ou juillet. A la rigueur, ces trois labours suffisent, mais on ne saurait trop les multiplier.

Taille. — La taille annuelle appliquée à la vigne a pour but de donner à la souche une forme convenable et de placer les rameaux fructifères dans les meilleures conditions possibles ; la taille exerce une action considérable sur la production.

L'époque de la taille varie entre le 15 novembre et le 15 mars ; mais il faut considérer le mois de février comme représentant l'époque la plus favorable ; on évite ainsi les gelées d'hiver et parfois les gelées de printemps.

L'instrument employé dans la taille de la vigne est le *sécateur* (fig. 58), qui a remplacé la serpe d'autrefois.

Le sarment doit être coupé perpendiculairement, sur le nœud placé immédiatement au-dessus du dernier bourgeon conservé, car là se trouve une cloison ligneuse qui préserve la moelle du sarment de la pénétration de l'eau et par suite de la pourriture (fig. 56).

La vigne produisant ses fruits sur les rameaux de l'année issus des bourgeons qui existent sur les sarments de l'année précédente, on doit donc ménager quelques-uns de ces sarments et leur faire porter un nombre d'yeux plus ou moins considérable.

Dans le Midi, on taille les sarments de l'année sur *deux* yeux francs, plus les yeux de la base du

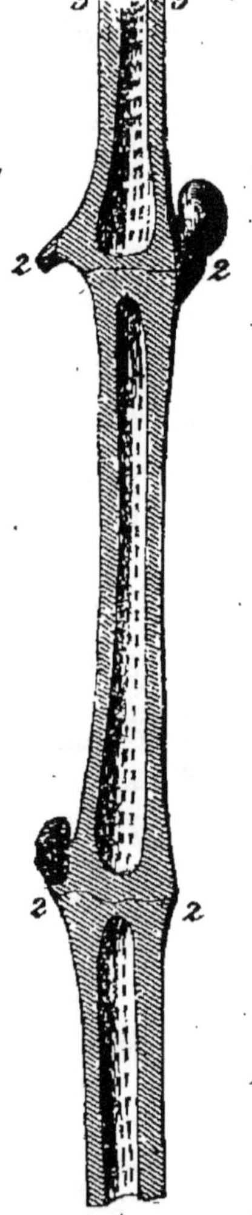

Fig. 56. — Coupe longitudinale d'un sarment montrant les parois ligneuses *3, 3* et les diaphragmes *2, 2* interceptant la moelle.

rameau, appelés *bourrillons;* cette portion de sarment qu'on laisse ainsi porte le nom de courson. Le nombre de coursons qu'une souche peut porter varie avec la nature du sol, du cépage, l'âge et la vigueur de la vigne (fig. 57).

Fig. 57.— Vigne du Languedoc en gobelet.

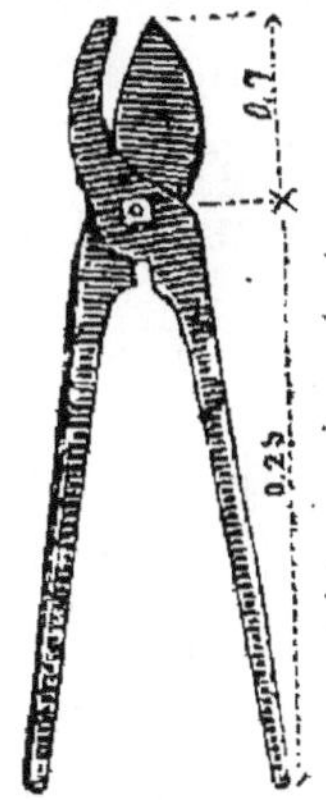

Fig. 58. — Sécateur à vigne du Languedoc

On conservera des coursons sains, bien aoûtés, ayant une direction verticale si le cépage est à port étalé, et horizontale si le port du cépage est érigé. Tous les rameaux qui ne devront pas former des coursons seront ensuite taillés près du tronc.

On dit qu'une vigne est taillée à *long bois* lorsque chaque courson porte au moins cinq yeux.

Suivant la distribution des bras de la souche, on aura l'une des formes suivantes :

1° Forme en vase ou en gobelet.

2°   —   en cordon.

3°   —   en espalier.

Dans la *forme en gobelet,* usitée dans le Midi, la souche porte des bras en nombre variable qui rayonnent du centre vers la circonférence et forment entre eux une sorte de vase. Ce genre de taille s'exécute. ainsi : la première année, on taille le pied de la souche à une hauteur convenable, environ 30 centimètres, en conservant un courson muni de deux yeux. On obtient ainsi deux sarments qui sont également à leur tour taillés sur deux bourgeons, ce qui donne quatre bras. On continue ainsi, en veillant à ce que la bifurcation des bras soit régulière.

La *forme en cordon* est caractérisée par une tige simple portant des coursons de la base au sommet, et quelquefois des longs bois.

Dans la *forme en espalier*, on conserve deux bras opposés qui portent chacun un long bois et un courson.

En considérant les vignes au point de vue du développement des souches, on a les vignes basses, élevées à 20 c. en moyenne au-dessus du sol, les vignes moyennes établies à 60 ou 80 centim. de la surface de la terre, et les vignes hautes dont la hauteur est de 2 mètres environ.

Les vignes basses ont l'inconvénient d'être exposées aux gelées printanières ; leurs fruits sont aussi plus sujets à la pourriture ; mais les raisins, étant rapprochés du sol, mûrissent plus complètement et sont par suite plus sucrés.

Les vignes basses se rencontrent dans la région méditerranéenne, les vignes moyennes et hautes dans les vignobles situés plus au Nord. Il est à remarquer, en outre, que, d'une manière générale, la vigne est taillée d'autant plus long que l'on s'éloigne davantage du Midi. Ainsi, dans les départements de l'Hérault, du Gard, de l'Aude, des Bouches-du-Rhône, des Pyrénées-Orientales, etc., on taille la souche en gobelet et on conserve de 4 à 8 coursons. Dans les départements du Tarn, Tarn-et-Garonne, Ardèche, Drôme, etc., on laisse parfois sur les souches des longs bois portant de 5 à 10 yeux qui sont appelés *astes*, *cots* ; de plus, les souches et les sarments, dans ces régions relativement froides, sont le plus souvent soutenus par des *tuteurs* ou *échalas*.

Sur les bords de la Méditerranée, au contraire, on se contente de placer au pied des souches un piquet de 0^m,70 centim. destiné à maintenir le cep vertical.

Fumure. — Il est indispensable d'apporter périodiquement des matières fertilisantes dans les terrains plantés en vignes, sous peine de voir les récoltes diminuer et les souches perdre leur vigueur.

Mais, pour composer une fumure utile et économique, il faut connaître: 1° les besoins de la plante ; 2° la composition du sol en éléments chimiques. Abstraction faite de la richesse du sol, nous admettons qu'une bonne fumure pour la vigne doit renfermer, par hectare : 100 kilogr. de potasse, 50 kilogr. d'azote et 40 kil. d'acide phosphorique.

On peut utiliser, pour la fumure des vignes, des matières fertilisantes très diverses, parmi lesquelles nous citerons : *le fumier de ferme, les tourteaux, les chiffons de laine, les marcs de raisins, la suie, les débris végétaux et les engrais chimiques.*

Le fumier de ferme devra être répandu à la dose de 20 à 25,000 kilogr. par hectare. Il sera bon de le rendre plus complet en ajoutant, par mètre cube, 30 kilogr. de phosphate de chaux et 10 kilogr. de chlorure de potassium. Il sera préférable de le répandre sur toute la surface du sol et de l'enfouir ensuite par un labour, que de le mettre au pied des souches.

Les tourteaux sont très en faveur dans le Midi ; ils renferment 5 p. 100 d'azote et 2 p. 100 d'acide phosphorique. On doit les répandre au printemps, à la dose de 1,500 kilogr. par hectare ; cette fumure sera complétée par 150 ou 200 kilogr. de chlorure de potassium.

Les chiffons de laine sont très riches en azote (15 p. 100); mais ils sont difficilement assimilés. On doit les appliquer à des vignes qui n'ont pas un besoin immédiat d'engrais.

Les marcs de raisins permettent de rendre directement au sol une partie des matériaux que les racines de la vigne y ont puisés.

Les débris végétaux constituent des fumures dont l'action est faible, mais se prolonge pendant plusieurs années.

Les engrais chimiques ne sauraient être trop conseillés. Nous conseillerons l'emploi des fumures suivantes:

Pour les terrains argileux, argilo-calcaire, argilo-siliceux, de consistance moyenne :

400 kilogr. nitrate de soude.

200 kilogr. carbonate de potasse.

400 kilogr. superphosphate de chaux.

Pour terrain sablonneux, léger, silico-argileux, silico-calcaire :

1,500 kilogr. tourteau de sésame.

100 kilogr. carbonate de potasse.

200 kilogr. superphosphate de chaux.

Ces chiffres s'entendent par hectare.

Les vignobles du Midi, qui donnent généralement des vins de consommation courante, doivent être fumés à haute dose. On doit surtout viser la quantité, et on sait que les grands rendements ne peuvent être obtenus qu'avec le concours de fumures abondantes.

Chapitre II. — **PLANTATION EN TERRAINS SABLONNEUX**

La résistance des vignes françaises établies dans les terrains sablonneux n'est mise en doute par personne aujourd'hui. L'immunité phylloxérique des sables est due à des causes encore imparfaitement connues. On n'a émis à ce sujet que des hypothèses.

Ainsi on dit que la mobilité des sables, la finesse de leurs particules empêchent le cheminement de l'insecte et, par suite, sa multiplication. Mais le viticulteur n'a besoin que d'être fixé sur ce point : que la vigne française n'est pas inquiétée par le phylloxera dans les terrains formés essentiellement de sable. L'expérience lui donne cette certitude. Dans les terrains renfermant au moins 70 p. 100 de sable siliceux, la résistance au phylloxera de la vigne française est certaine.

Ces sortes de terrains se rencontrent sur les bords de

la Méditerranée et de l'Océan et aussi dans le voisinage des cours d'eau.

Ces terrains sont loin d'être pauvres, comme on serait tenté de le croire, en éléments fertilisants (potasse et acide phosphorique) ; ils sont riches, au contraire, et fournissent d'abondantes récoltes.

Les terrains sablonneux que l'on désire utiliser pour la plantation de la vigne do.vent être nivelés et défoncés ensuite profondément.

Les plants français qui conviennent le mieux à ces sols sont l'Aramon et le Petit-Bouschet.

La culture de la vigne dans ces terrains se fait d'après les règles que nous avons indiquées précédemment.

Les soins culturaux nécessaires aux terrains sablonneux se bornent le plus souvent à un enjoncage. Cette opération, qui a pour but de fixer le sable, se réalise en enfonçant dans le sol, à l'aide d'une pelle ou d'un enjonceur, des roseaux, des joncs, etc.

Ces terrains profitent bien des engrais, les tourteaux leur conviennent particulièrement.

Dans le Gard, les vignobles vivant dans les sables atteignent plus de 7,000 hectares, et on les trouve principalement dans les environs d'Aiguesmortes.

CHAPITRE III.— **SUBMERSION DE LA VIGNE FRANÇAISE**

La submersion des vignes est cette pratique qui consiste à faire arriver de grands volumes d'eau dans les vignobles en vue de détruire le phylloxera.

Cette pratique, usitée depuis 1870, donne de très bons résultats sur les 20,000 hectares de vignes traités ainsi annuellement en France.

L'eau, en exerçant une pression sur le sol, en chasse

l'air et asphyxie, par suite, l'insecte. La quantité d'eau à répandre par hectare est comprise entre 15 et 20,000 mètres cubes en moyenne.

Cette eau provient d'une rivière, d'un canal ou d'un puits, et on la fait arriver sur les vignes à traiter soit par dérivation, en utilisant la pente naturelle du terrain, soit à l'aide de machines élévatoires actionnées par la vapeur ou par des moteurs hydrauliques.

Pour submerger avec succès, il faut que le vignoble soit établi sur un terrain de consistance moyenne, c'est-à-dire ni trop perméable, ni trop imperméable, possédant un sous-sol peu perméable également

Le terrain destiné à la submersion sera peu incliné, presque horizontal, divisé en clos ou en planches de 5 à 10 hectares, séparées par des bourrelets de terre de 1 mèt. de hauteur.

L'aménagement des terrains à submerger sera complété par des fossés d'écoulement qui rendront l'excès d'eau au canal d'amenée et assureront, au surplus, l'égouttement des terres après la submersion.

L'Aramon et le Petit-Bouschet s'accommodent parfaitement de la submersion ; les autres cépages la supportent moins bien. La submersion se fait du 1er novembre au 1er février ; dans le Midi, elle doit durer de 35 à 40 jours, sans interruption

Pendant toute cette durée, l'épaisseur de la couche d'eau ne doit pas descendre au-dessous de $0^m,20$.

Cette opération se pratique annuellement, elle revient à 100 ou 150 fr. par hectare.

On peut la compléter avantageusement par des arrosages d'été.

Les vignes soumises à la submersion doivent être taillées autant que possible après l'opération.

Dans les vignes submergées, les labours devront être fréquents afin de diminuer le tassement du sol produit par l'eau. Enfin, on devra, dans ces milieux humides,

multiplier les traitements contre les maladies cryptogamiques.

La submersion est un procédé d'une valeur certaine.
Lorsqu'on a de l'eau et un terrain convenable, on doit en
faire usage. Une expérience de 20 ans affirme le succès de
cette méthode appliquée avec intelligence et sur une si
grande échelle à Saint-Laurent-d'Aigouze (Gard).

CHAPITRE IV.— **APPLICATION DES INSECTICIDES**

Parmi les insecticides que l'on peut employer avec succès, nous citerons : le sulfure de carbone et le sulfocarbonate de potassium.

Le *sulfure de carbone* est un liquide très volatil et très
toxique, dont les vapeurs ont la pro-
priété de tuer le phylloxera. Son emploi
a été très difficile au début; aujour-
d'hui, grâce à des expériences nombreuses et bien conduites, on connaît
les règles suivant lesquelles il convient
de l'appliquer.

Le sulfure est introduit dans la terre
à l'aide d'appareils spéciaux, pals (fig.
59), charrues sulfureuses ou même à
l'état de solution dans l'eau à la dose
de 50 à 60 gram. par souche; le prix
du traitement ne dépasse pas 100 à
150 fr. par hectare. On répand 15 à 25
gram. de sulfure par mètre carré; le
traitement se fait au printemps. Dans
le sol, l'insecticide se transforme en
vapeurs qui se diffusent dans tous les
sens.

Fig. 59. — Pal injec-
teur, modèle « Se-
lect »

Le sulfure de carbone ne devra être
appliqué que sur des vignes françaises faiblement en-

vahies et plantées dans des terres de bonne nature. Il ne faudrait pas en faire la base de la reconstitution d'un vignoble.

Le *sulfocarbonate de potassium* est un liquide riche en sulfure de carbone qui, mis en contact avec l'eau et l'air, donne des vapeurs toxiques et un engrais potassique. Il a l'inconvénient d'exiger le concours de l'eau. Pour l'employer, on pratique autour du cep une cuvette dans laquelle on verse 60 à 80 gram. de sulfocarbonate dans 5 ou 10 litres d'eau; on ajoute ensuite 10 à 15 litres d'eau claire, de façon à entraîner la solution jusque dans les couches profondes du sol.

Le prix de revient de ce procédé de destruction oscille entre 250 et 400 fr. par hectare. L'avantage du sulfocarbonate sur le sulfure est d'enrichir le sol en potasse et de ne jamais produire d'effets nuisibles sur la vigne.

On compte, en France, près de 3,000 hectares traités par les insecticides.

Les insecticides, d'une manière générale, doivent être considérés plutôt comme des moyens de conservation des vignobles que comme des méthodes de reconstitution sûres et économiques.

CHAPITRE V. — **MALADIES DE LA VIGNE**

La vigne est exposée, pendant le cours de sa végétation, à un grand nombre de maladies. Ces maladies sont occasionnées soit par des accidents météorologiques, soit par l'attaque de certains insectes, ou bien par l'invasion de certains végétaux parasites.

1° Parmi les **accidents météorologiques** auxquel las vigne est exposée, nous citerons : la *grêle*, les *gelées*, la *sécheresse*, les *vents violents*, les *pluies continuelles*, la *coulure* et l'*échaudage*.

Grêle. — En tombant au mois de mai ou de juin, les glaçons déchirent les jeunes tissus et amènent par suite un arrêt dans le développement de la plante. Quand la grêle tombe en été, elle peut compromettre plus ou moins la récolte. On ne peut se préserver des effets de la grêle que par les assurances. Les vignes grêlées de bonne heure doivent être retaillées.

Gelées. — On distingue les *gelées d'hiver* et les *gelées de printemps*. Dans le Midi, ce n'est qu'exceptionnellement et à la suite d'un hiver très froid que quelques ceps isolés ou quelques coursons sont atteints mortellement. L'hiver de 1891 a déterminé, à ce point de vue, quelques accidents. Le recépage de la partie gelée permet de reconstituer la souche.

Les gelées de printemps se divisent en *gelées à glace* et en *gelées blanches*. Les premières sont occasionnées par un abaissement général de la température de l'atmosphère ; ces gelées ont lieu en mars ou en avril ; les jeunes pousses de la vigne sont alors détruites ; celles dont les bourgeons n'ont pas encore évolué éprouvent un retard dans leur entrée en végétation ; des refoulements, des retours de sève sont même à craindre dans ce cas.

Les *gelées blanches* sont produites par le refroidissement nocturne du sol ainsi que de toutes les plantes qui le recouvrent. On se préserve de ces gelées en empêchant le rayonnement de la terre vers les espaces célestes, au moyen de nuages artificiels obtenus par la combustion d'huiles lourdes ou de tas de paille mouillée. Les gelées blanches sont surtout à craindre dans les endroits bas et humides, pendant le mois d'avril et la première quinzaine du mois de mai.

Sécheresse. — Dans les milieux où l'eau fait défaut au moment de la maturité des fruits, il arrive que la récolte se dessèche, se flétrit. Pour éviter cet inconvénient, il faudra multiplier les façons culturales ou avoir recours à l'irrigation.

Vents violents. — Les grands vents sont toujours nuisibles. Quand les rameaux sont jeunes, le vent les décolle facilement.

Pluies continuelles. — Lorsque, quelque temps avant les vendanges, les pluies sont trop abondantes, les raisins à peau fine pourrissent, sont avariés. On évite ces inconvénients en taillant les souches de façon à avoir un tronc élevé ou en soutenant les sarments chargés de fruits à l'aide de piquets.

Coulure. — On entend par coulure la désorganisation des fleurs qui tombent sans former leur fruit. On combat cet accident en multipliant les soufrages.

Échaudage. — L'échaudage ou *grillage* se traduit par le flétrissement des raisins; il est provoqué, le plus souvent, par le contact des instruments agricoles et aussi par le passage du raisin d'un milieu froid et humide dans un milieu fortement éclairé par le soleil.

2° Parmi les **maladies proprement dites,** nous citerons : 1° l'*apoplexie* ou *folletage*, qui apparaît sur des pieds isolés qui voient brusquement leurs feuilles se flétrir et leur végétation s'arrêter ; 2° le *rougeot*, qui se traduit par le desséchement et la coloration rougeâtre des feuilles ; 3° la *jaunisse* ou chlorose, caractérisée par une couleur jaune des feuilles ; on constate cette maladie sur les vignes américaines ou franco-américaines.

La chlorose peut être rapportée à diverses causes et surtout à la mauvaise adaptation du porte-greffe au sol. La chlorose est combattue parfois victorieusement par le sulfate de fer répandu en hiver au pied des souches, à la dose de 200 grammes par pied, ou employé en aspersion sur les feuilles des vignes à l'état de dilution dans l'eau (1 p. 100).

3° **Attaques des insectes.** — Les insectes qui attaquent la vigne sont nombreux ; nous allons parler des principaux ;

Pyrale (fig. 60-61). — La pyrale est un ennemi redoutable. C'est un petit papillon qui dépose ses œufs sur les feuilles au mois d'août. En septembre, la chenille apparaît, elle passe l'hiver sous les écorces de la souche en s'entourant d'une coque de soie. En mai, elle monte sur les jeunes pousses, réunit plusieurs rameaux ensemble au moyen de fils de soie et les dévore. C'est alors que l'insecte est dangereux.

Cette chenille est de couleur verdâtre et a la tête noire. A la fin de juin, elle se transforme en chrysalide, et, au mois de juillet, apparaît un papillon d'un gris doré. Ce papillon pond et meurt.

Fig. 60. — Papillon de la pyrale.

Fig. 61. — Larve de la pyrale.

La pyrale, lorsqu'elle se trouve en grand nombre dans une vigne, fait énormément de mal ; les souches sont vite défeuillées. Il est donc urgent de détruire cet insecte. A cet effet, on a proposé : 1° l'*échaudage*, qui consiste à verser sur les ceps de l'eau chaude de manière à détruire, pendant l'hiver, les chenilles placées sous les écorces ; 2° la *sulfurisation*, qu'on opère en recouvrant les souches d'une cloche en zinc dans l'intérieur de laquelle on brûle du soufre. Il se produit de l'acide sulfureux qui tue l'insecte sans atteindre les bourgeons.

Cochylis. — Cet insecte a deux générations par an. L'insecte parfait, le papillon, éclot en avril et pond presque aussitôt ses œufs ; les chenilles de la première génération sont verdâtres et apparaissent en été ; celles de la deuxième génération sont rougeâtres et se montrent en août ou septembre. Ces dernières attaquent directement le raisin et peuvent commettre de grands dégâts. En cas d'invasion, on est obligé de vendanger en vert, afin de ne pas perdre toute la récolte.

On conseille, pour détruire cet insecte, la *sulfurisation* et *l'ébouillantage* des souches en hiver, comme s'il s'agissait de combattre la pyrale.

L'altise est un petit insecte vert bleuâtre de 5^{mm} de longueur environ (fig. 62). On le rencontre sur les souches au moment où les bourgeons commencent à se développer ; les jeunes feuilles et les jeunes rameaux sont dévorés. La femelle dépose sur le revers des feuilles des œufs qui éclosent au bout de huit jours en donnant naissance à de petites chenilles noires, lesquelles con-

Fig. 62. — Altise
(grossie).

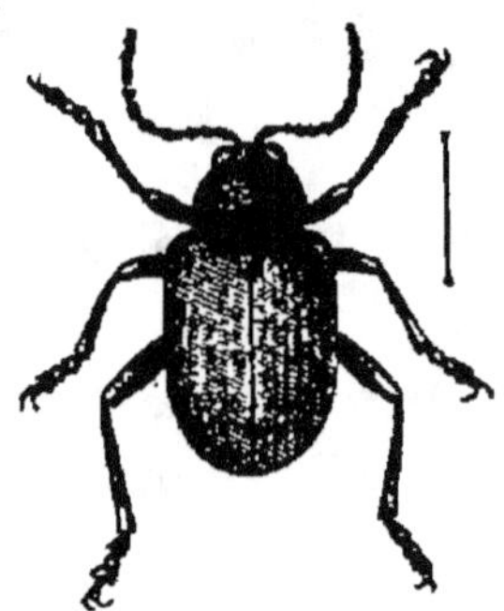

Fig. 63.— Gribouri
(grossi).

Fig 64.—Attelabe de la vigne (grossi)

tinuent à manger les parties vertes de la plante. Ces larves deviennent adultes et se transforment, au bout d'une semaine, en insectes parfaits. On peut voir quatre ou cinq générations d'altise pendant l'été.

On se débarrasse de cet insecte en le récoltant à l'état d'insecte parfait, à l'aide d'un entonnoir en fer-blanc muni d'un sac, ou bien encore en entourant le collet de la souche d'une pelle échancrée enduite d'un vernis quelconque sur lequel les insectes tombent et se prennent. Il est difficile de détruire les larves de l'altise. Le soufrage des vignes avec de la chaux en arrête parfois le développement.

Le gribouri est un insecte de couleur marron qui dévore les feuilles en décrivant des lignes plus ou moins régulières, de là son nom *d'écrivain*. On le ramasse à l'aide de l'entonnoir dont nous venons de parler (fig. 63).

L'attelabe est un insecte de couleur vert doré muni d'un long suçoir (fig. 64), à l'aide duquel il pique le pétiole de la feuille ; celle-ci se flétrit alors, se roule en forme de cigare dans lequel l'insecte dépose ses œufs. Pour atténuer les ravages produits par ce coléoptère, on se contente de ramasser et de brûler, avant la sortie des larves, les feuilles attaquées. On prévient ainsi la maladie pour l'année suivante.

4° Maladies cryptogamiques. — Les maladies cryptogamiques sont occasionnées par des champignons microscopiques qui vivent aux dépens des organes de la vigne. Ces parasites végétaux peuvent exercer des ravages considérables, si l'on n'arrête ou prévient leur développement. Parmi les maladies les plus redoutables, nous citerons : *le pourridié, l'oïdium, l'anthracnose, le mildiou, le black-rot*, etc.

Pourridié. — Cette maladie est produite par un champignon qui attaque les racines de la vigne. Les souches envahies diminuent de vigueur, l'élongation des rameaux s'arrête ; le mal s'aggravant, la plante se rabougrit et finit par périr. Les ceps atteints communiquent la maladie autour d'eux. Les racines sont recouvertes de filaments blanchâtres. Cette maladie apparaît surtout dans les milieux humides et là où se trouvaient des arbres, des mûriers notamment, incomplètement arrachés.

On doit considérer le drainage et les défoncements profonds comme d'excellents remèdes préventifs. Comme remède curatif, nous signalerons l'arrosage des ceps envahis, après déchaussement, avec une dissolution concentrée de sulfate de fer (25 k. de sulfate dans 100 litres d'eau).

Oïdium. — La présence de ce champignon sur la vigne a été constatée, pour la première fois, en 1845 ; mais ce n'est que vers 1850 que le vignoble du Midi commença à souffrir sérieusement de cette maladie.

L'oïdium se manifeste par une espèce de poussière

blanchâtre, exhalant une odeur de moisissure ; il se développe sur les sarments dont il arrête la croissance ; sur
les feuilles dont il hâte la chute, et sur les grains qu'il
oblige à se crevasser et à se dessécher (fig. 65). Il vit à
l'extérieur des parties vertes de la plante.

Une température de 20 degrés environ et
une humidité moyenne favorisent son développement.

Fig. 65. —
Grain de
raisin fen-
du par l'oï-
dium.

Pendant plusieurs années, cette maladie
a fait des ravages considérables ; aujourd'hui
elle ne cause plus aucun dégat, grâce aux
soufrages que l'on donne chaque année à la
vigne. On doit appliquer au moins trois
soufrages :

Le premier en mai ; il consomme environ 15 kilogr. de
soufre par hectare.

Le deuxième, du 15 au 30 juin, dont la dépense en
soufre est de 30 kilog.

Le troisième en juillet ; il exige une dépense de 40 à
50 kil. de soufre par hectare.

Pour les cépages très sensibles à l'oïdium, comme la
Carignagne, par exemple, on doit multiplier les soufrages.

On emploie du soufre en fleur ou du soufre trituré,
que l'on répand à l'aide d'instruments spéciaux : soufflets (fig. 66), sabliers (fig. 67), etc.

Anthracnose. — L'anthracnose ou charbon
est une ma-
ladie ancien-
ne ; elle pro-
duit sur la vi-
gne des lé-
sions noirâ-
tres, sous for-

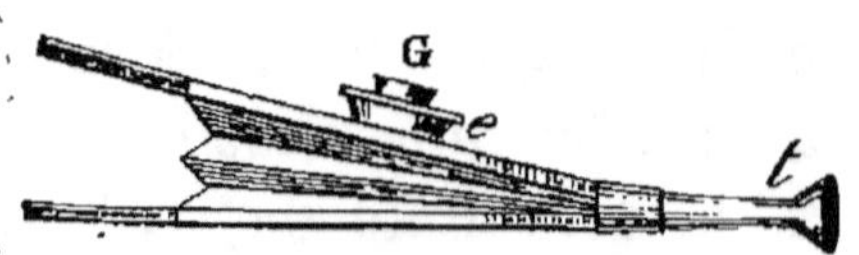

Fig. 66. — Soufflet à soufrer de
l'Hérault.

Fig. 67.—Sa-
blier pour
le soufrage

me de taches, qui s'élargissent et se creusent (fig. 68)
(*anthracnose maculée*), et parfois sous forme de points
(*anthracnose ponctuée*). Cette maladie, due à un champi-

gnon, se développe dans les endroits particulièrement humides.

Fig. 68. — Chancres de l'Anthracnose maculée.

Le traitement préventif consiste à badigeonner les vignes, en février, avec une solution de sulfate de fer à 50 p. 100 (50 kil. de sulfate pour 100 litres d'eau).

Mildiou. — Le mildiou, observé en France pour la première fois en 1878, a pris, en peu de temps, une grande extension. Il est originaire d'Amérique. Ce sont les cépages américains qui l'ont introduit chez nous. Il accuse sa présence sur les souches par des taches blanches, ressemblant à du sucre répandu en poudre fine, qui apparaissent à la face inférieure des feuilles ; la face supérieure de la feuille correspondant aux taches blanches prend une teinte jaune d'abord et puis couleur feuille morte.

Le mildiou, qui attaque non seulement les feuilles, mais encore les fleurs, les fruits et les sarments, est dû à un champignon (Peronospora viticola). Ce champignon se développe à l'extérieur et à l'intérieur des organes verts. Les poussières blanches que l'on voit à la face inférieure des feuilles sont ses organes de reproduction. Ces poussières, emportées par le vent, propagent la maladie ; elles germent à la face supérieure des feuilles, puis le mal pénètre dans l'intérieur de l'organe (1).

Les souches sont défeuillées en quelques jours par la maladie et ne peuvent alors mûrir complètement leurs raisins. Après plusieurs invasions, la vigne dépérit d'une façon sensible.

Le mildiou se développe rapidement par

____

(1) Il ne faut pas confondre le mildiou avec l'*érineum*, qui se mani-

un temps chaud et humide ; il attaque de préférence le Grenache, le Carignan, le Jacquez, les Terrets, l'Espar, etc. Pour combattre le mildiou, on emploie des sels de cuivre en dissolution ou en mélange ; ces sels ont, en effet, la propriété de s'opposer à la germination du champignon, cause du mal ; leur application doit se faire avant l'arrivée de la maladie, c'est-à-dire vers la fin du mois de mai.

Le cuivre peut être appliqué sur les vignes sous différentes formes ; de là, plusieurs sortes de remèdes. Nous

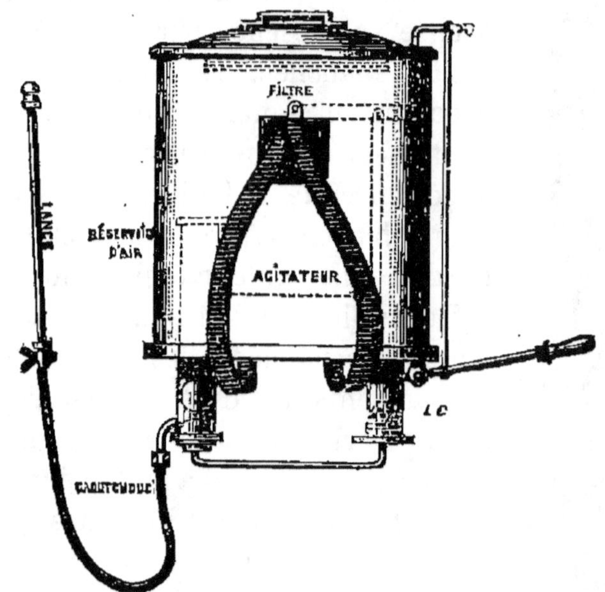

Fig. 69. — Pulvérisateur à un seul corps de pompe.

ferons connaître que le plus efficace, celui appelé bouillie bordelaise. Cette bouillie doit être composée, par 100 litres d'eau, de 3 kil. de sulfate de cuivre et de 2 kil. de chaux. Ce mélange adhère aux feuilles.

---

feste à la face inférieure des feuilles sous forme de poussière grisâtre ; la face supérieure de la feuille est gaufrée ; le tout ressemble à des galles. La maladie appelée *érineum* est due à la piqûre de la feuille par un petit acarus. Ce mal est toujours peu grave ; des soufrages énergiques en ont raison.

La bouillie bordelaise sera appliquée aux époques suivantes :

1er traitement. . . . . 15 mai

2me — . . . . 15 juin.

3me — . . . . 15 juillet.

4me — . . . . 10 août.

Ces traitements liquides devront être complétés par des traitements aux poudres à base de cuivre, lorsque la température ou les conditions météorologiques favoriseront la maladie, ou que l'on aura à préserver des cépages très sensibles au mildiou.

La bouillie bordelaise doit être répandue, pulvérisée, à l'aide d'instruments spéciaux appelés *pulvérisateurs* (fig. 69). Dans la petite culture, on se sert de pulvérisateurs à dos d'homme, tandis que pour la grande culture on a avantage à se servir de pulvérisateurs à dos de mulet ou à traction, qui font beaucoup plus de travail.

Black-rot.— Comme le mildiou, cette maladie a été apportée en France, en 1887, par les plants américains. Sous l'influence de ce champignon, les raisins se dessèchent, se flétrissent, noircissent et laissent apparaître de petites pustules noires à leur surface. Les feuilles et les rameaux sont également attaqués.

Cette maladie, qui n'a fait heureusement son apparition que dans quelques départements, peut occasionner des pertes considérables ; elle est surtout redoutable parce qu'elle se développe subitement, en juillet, à l'époque où les raisins sont déjà bien formés. Le black-rot exige pour se multiplier des milieux très chauds et très humides.

D'après les dernières expériences faites, il est certain que cette maladie est combattue efficacement par des traitements aux sels de cuivre, appliqués à forte dose.

Nous citerons pour mémoire d'autres maladies cryptogamiques, telles que le rot blanc, la mélanose, la brunissure, la maladie de Californie, etc.

B. — NOTIONS D'OENOLOGIE

VINIFICATION

La *vinification* est l'étude de l'ensemble des opérations ayant pour but la transformation de la vendange ou des raisins en vin.

Nous étudierons ces diverses opérations dans l'ordre où elles s'effectuent.

CHAPITRE PREMIER

1° **Vendange.** — Lorsque le raisin est mûr, on le vendange ; or, la maturation du fruit se reconnaît aux caractères suivants : le pédoncule de la grappe est lignifié, le grain est translucide et se détache facilement, le jus a une saveur sucrée.

Dans la crainte des orages, la vendange doit être plutôt hâtive que tardive ; on évite ainsi la pourriture du fruit. On a quelquefois avantage à reculer la cueillette du raisin, c'est lorsqu'on désire obtenir un vin de qualité.

Pour faciliter l'enlèvement de la récolte, on pratique dans les vignes des chemins de service, en coupant les extrémités des sarments.

Fig. 70. — Seau à vendange de l'Hérault

Les raisins sont coupés à la main ou à l'aide de serpettes ; ils sont mis ensuite dans des paniers *en osier* ou en fer-blanc (fig. 70), ou dans de petits récipients en bois.

Le contenu des paniers est versé dans des comportes ou dans des *pastières* (charrettes recouvertes de toiles

Fig. 71.— Pastière à vendange du Languedoc.

imperméables) qui servent au transport de la vendange dans le cellier (fig. 71).

2° Foulage. — Avant d'introduire les raisins dans la cuve, on les écrase. Cette opération, appelée foulage, facilite la fermentation et en abrège la durée.

On exécute le foulage à pieds d'hommes ou à l'aide de *fouloirs.*

Lorsqu'on veut obtenir des vins fins, il est utile de faire précéder le foulage de l'*égrappage,* qui consiste à séparer les rafles des raisins.

3° Additions d'eau, de sucre, de sel, de plâtre et d'acide tartrique. — Le degré de concentration du moût, c'est-à-dire du jus de raisin, est apprécié à l'aide du pèse-moût ou gleucomètre. Si le moût est très sucré, s'il marque 15 degrés, par exemple, on peut alors avoir intérêt à ajouter de l'eau, de manière à ramener le titre de 11 à 12 degrés. La fermentation est ainsi plus régulière et plus complète. Cette opération est désignée sous le nom de *mouillage.* Le propriétaire qui s'y livre doit le déclarer à la personne qui achète son vin. Mais, par contre, si un moût est peu sucré, on aura avantage à incorporer à la vendange une certaine quantité de sucre. Pour augmenter le titre alcoolique du vin d'un degré, il faudra ajouter 1 kil. 700 gram. de sucre par hectolitre.

En vue d'augmenter l'acidité totale et de donner à la matière colorante plus de brillant, on peut ajouter au vin du sel marin à la dose de 20 à 30 grammes par hectolitre. Il ne convient pas de dépasser ces proportions, le salage du vin n'étant toléré aujourd'hui qu'à faible dose, 1 gram. par litre.

Le plâtrage du vin était autrefois une pratique courante dans le Midi ; on avait ainsi un liquide d'une meilleure conservation. On a si souvent répété, dans les centres de consommation, que le vin plâtré était nuisible à la santé — sans toutefois avoir jamais pu le démontrer — que le plâtrage des vins n'est autorisé aujourd'hui qu'à la dose de 2 grammes par litre.

En plâtrant la vendange à raison de 1 kil. 5 de *plâtre* par 1000 kil. de *raisins*, on se trouve sensiblement dans les conditions voulues.

Quand la vendange sera très mûre et que les raisins seront riches en matières colorantes, ou bien quand elle sera boueuse ou de qualité inférieure, on pourra faire usage, avec avantage, d'acide tartrique, dans la proportion de 50 grammes par hectolitre de vin, ou davantage même si on traite, par exemple, du vin de Jacquez.

Par l'addition d'acide tartrique, on remplace, dans une certaine mesure, le plâtrage.

4° **Fermentation**. — Une fois les raisins dans la cuve ou dans le foudre, un phénomène se produit, c'est la *fermentation*, occasionnée par un être microscopique appelé ferment. Sous cette action, le moût perd insensiblement sa saveur sucrée et acquiert une saveur alcoolique. Ce ferment existe dans l'air et sur les raisins ; la température la plus favorable à son développement est comprise entre 22 et 28 degrés. Quand tout le sucre est transformé en alcool et en gaz acide carbonique qui se dégage, la fermentation est terminée.

5° **Cuvage et décuvage**. — Le cuvage est le temps pendant lequel le vin reste en contact avec le marc ; c'est le moment de la fermentation ; il dure de 8 à 13 jours. On a intérêt à réduire la durée du cuvage, on a ainsi des vins plus fins.

Lorsque le moment du décuvage est arrivé, on retire le liquide par le bas de la cuve au moyen d'un robinet, et on le transvase dans des foudres par l'intermédiaire de pompes. Ce vin de premier choix, appelé *vin de goutte*, forme les 70 p. 100 environ de la masse de la vendange.

6° **Pressurage**. — Le marc, qui représente environ le sixième du vin de goutte, est ensuite pressé à l'aide d'appareils spéciaux appelés *pressoirs* (fig. 72) ; il donne

Fig. 72.— Pressoir à levier multiple perfectionné.

le vin dit *de presse* qui est plus âpre que le vin de goutte. Le marc sert ensuite à fabriquer des piquettes, ou bien il est vendu aux distillateurs qui en retirent encore une certaine quantité d'alcool. Il peut aussi être conservé pour servir de nourriture ou être utilisé directement comme engrais.

CHAPITRE II. — **COMPOSITION DU VIN**

Dans un vin fabriqué normalement, on trouve de l'eau, de l'alcool, des matières colorantes, des matières azotées, grasses et minérales et des éthers. Ces dernières matières donnent le bouquet, le parfum au vin.

On dit qu'un vin est *vineux* lorsqu'il renferme 12 à 15° d'alcool ; qu'il a du *corps*, lorsqu'il est riche en tous ses éléments. Un *vin âpre* est celui qui contient beaucoup de tannin ; un *vin vert*, celui qui est riche en acide tartrique. On dit encore qu'il est *dur* quand il a du corps et manque de finesse ; qu'il est *plat*, quand il n'a pas de saveur, etc.

Il existe deux catégories principales de vins : les *vins rouges* et les *vins blancs*.

1° Vins rouges. — Les vins rouges, obtenus par la fermentation du moût avec les rafles et les peaux, ont une couleur plus ou moins foncée. Ces vins peuvent se diviser en *vins de plaine, vins de montagne* et *vins de coupage ;* ces derniers sont riches en couleur et en alcool, tandis que les vins de plaine sont légers et agréables à boire ; les vins de montagne tiennent le milieu entre les vins de coupage et les vins de plaine. La valeur et la composition du vin varient avec la nature du cépage et du terrain.

Les *vins fins* doivent leurs propriétés spéciales et leur arôme aux cépages qui les produisent, cépages *bien adaptés au sol et au climat dans lesquels ils vivent.*

2° Vins blancs. — Les vins blancs résultent de la fermentation de la partie liquide de la vendange, préalablement séparée des grappes et des pellicules des fruits.

Ils sont incolores ou faiblement rosés.

On peut fabriquer des vins blancs soit avec des raisins rouges à jus incolore, soit avec des raisins blancs. Dans les deux cas, la vendange est d'abord pressée et le liquide obtenu est mis en fermentation dans un foudre.

Les vins blancs se présentent sous deux types distincts : les *vins blancs secs* et les *vins blancs doux*. Les premiers sont fabriqués d'après les méthodes ordinaires. Dans les seconds, tout le sucre du moût n'a pas été transformé ; on a arrêté la fermentation soit en brûlant du soufre dans le foudre, soit en ajoutant de l'alcool.

Quant aux *vins mousseux*, ils sont un peu doux et contiennent une forte proportion d'acide carbonique.

3° Vins secondaires. — Les vins secondaires ou de second ordre comprennent les *piquettes* et les *vins sucrés*.

Les piquettes s'obtiennent en arrosant avec de l'eau le marc d'abord brisé, puis émietté. L'eau déplace le vin que le pressoir n'a pu extraire.

Les piquettes ainsi obtenues sont généralement peu alcoolisées et peu colorées.

Les vins sucrés sont fabriqués en faisant fermenter le marc pressé avec de l'eau et du sucre. On ajoute par hectolitre d'eau 1 k. 700 de sucre pour avoir un vin de 1°. Ainsi, pour obtenir 70 hectolitres de vin pesant 7°, on ajoutera 833 kilogr. de sucre que l'on fera dissoudre dans de l'eau chaude additionnée d'un peu d'acide tartrique.

Avec les marcs de raisins riches en couleur, comme ceux de Jacquez, par exemple, il y aura avantage à fabriquer des vins de sucre.

Crus importants de la région. — On trouve dans les régions du Sud et du Sud-Est des vins spéciaux ayant des qualités remarquables. Et les centres où ces vins sont obtenus sont désignés sous le nom de *crus*. Les crus les plus importants sont : le Muscat de Lunel et de Frontignan (Hérault), le vin de Saint-Georges (Hérault), le vin de Tavel et de Langlade (Gard), le vin du Roussillon et du Narbonnais, le vin de Grenache (Pyrénées-Orientales), le vin de l'Hermitage (Drôme), le vin des côtes du Rhône, le vin blanc de Gaillac (Tarn), etc.

Chapitre III. — CONSERVATION DES VINS

Le vin étant fabriqué, il faut le conserver irréprochablement jusqu'au jour de la vente.

Cette conservation comprend toute une série de soins que nous allons faire connaître.

Au moment du décuvage, le vin est mis dans les foudres ; là, la fermentation s'achève et le liquide devient clair. Pendant ce temps, le foudre doit être incomplètement fermé, afin que les gaz qui se forment puissent s'échapper facilement. A cet effet, on placera simplement la porte sur le foudre en la recouvrant avec un linge.

1° Ouillage. — La vendange ayant eu lieu le 15 septembre, le décuvage s'étant effectué le 30 du même mois, en novembre, le vin sera absolument fait. A cette époque, on bouchera complètement le foudre et on procédera à l'ouillage.

Le vin, qui remplissait le foudre en septembre, aura, en novembre, diminué de volume par suite des pertes dues à l'évaporation et à la transpiration du bois. On achèvera de remplir le foudre afin de combler le vide occupé par l'air qui est une cause d'altération du liquide : c'est l'*ouillage*.

On ouille souvent plusieurs fois dans le courant de l'année.

2° Soutirage. — Le vin passe l'hiver ainsi traité ; puis, lorsque le printemps arrive, il faut pratiquer un soutirage.

Le liquide, dans le foudre, s'est divisé en deux parties : l'une, supérieure, c'est le vin ; l'autre, formée par des parties boueuses, c'est la *lie*.

Le vin est séparé de la lie par le soutirage. Le vin et la lie laissés trop longtemps en contact pourraient se mélanger au grand détriment de la bonne conservation du vin.

Le soutirage, qui consiste à faire passer le vin d'un foudre dans un autre, s'exécute à l'aide de tuyaux de caoutchouc ou de métal, de siphons et de pompes. Une fois la partie limpide transvasée, il reste dans le foudre la lie que l'on retire. Cette lie est vendue aux industriels. Il reste aussi contre les parois du vase vinaire une matière sèche appelée *tartre*, que l'on vend aux fabricants d'acide tartrique.

3° **Collage.** — Cette opération, qui est pratiquée surtout par le négociant sur les vins fins, a pour but de précipiter les matières en suspension qui troublent le liquide. Pour cela, on additionne le vin de gélatine, de blanc d'œuf ou de colle de poisson ; on fouette le liquide, et le précipité que forment ces substances entraîne dans le fond du vase toutes les matières étrangères dont on voulait se débarrasser. Le collage est recommandé pour les vins que l'on désire faire vieillir et mettre en bouteilles.

4° **Chauffage.** — C'est encore en vue d'augmenter les chances de conservation du vin que l'on a conseillé le chauffage.

Quand on chauffe un vin, on détruit, en effet, tous les ferments étrangers, causes de toute altération.

Dans le commerce, on se sert, pour cette opération, d'appareils spéciaux dans lesquels la température du vin est portée entre 60 et 65°.

5° **Filtrage.** — Les vins sont aussi filtrés ; on les débarrasse ainsi des matières en suspension qu'ils renferment et ils sont alors plus brillants.

Les filtrages s'exécutent avec des filtres composés essentiellement d'une série de manches en toile très serrée.

Les négociants font un usage constant du filtrage, opération qui, dans bien des cas, remplace le collage et le chauffage.

6° **Mutage et Vinage.** — Le mutage est une pratique qui a pour but d'arrêter ou de ralentir la fermentation. On mute au soufre ou à l'alcool.

En faisant brûler des mèches soufrées, on obtient des vapeurs d'acide sulfureux qui tuent les ferments.

Avec l'alcool, on arrive au même résultat, et l'opération, dans ce cas, se nomme *vinage*. On ajoute encore de l'alcool au vin quand sa faible richesse alcoolique fait prévoir des altérations ultérieures et prochaines.

CHAPITRE IV. — **MALADIES DES VINS**

Les vins mal soignés peuvent subir des altérations profondes que l'on nomme *maladies*. Ces affections particulières font perdre aux vins leur qualité et leur valeur, en modifiant d'une façon fâcheuse leur composition. Ces maladies des vins résultant de fermentations secondaires, analogues à la fermentation vineuse, mais déterminées par des ferments spéciaux. Ces principales maladies sont :

1° **L'acescence** ou maladie des vins piqués, aigres. — Cette altération transforme l'alcool du liquide en acide acétique ou vinaigre. On évite l'acescence en privant le vin d'air. Par le chauffage on peut arrêter le mal. Il ne faut pas confondre la *fleur de vin*, qui ne présente aucun danger, avec la maladie que nous venons de signaler.

2° **Tourne ou pousse.** — Les vins envahis par cette maladie sont troubles, d'une saveur fade et d'une odeur désagréable ; le vin est éventé.

On prévient cette maladie par le chauffage. Un vin tourné peut être consommé, si on l'additionne d'acide tartrique.

3° **L'amertume** est la maladie des vins vieux ; elle est

caractérisée par une saveur un peu amère du liquide. Les vins du Midi en sont généralement exempts. On atténue quelquefois les effets de cette maladie en ajoutant au vin 50 gram. de glycérine par hectolitre.

4° La maladie de la **graisse** ou **huile** est particulière aux vins blancs ; les vins qui en sont atteints sont plats, fades ; ils filent comme les liquides huileux quand on les transvase.

Ce mal étant occasionné par la pauvreté du liquide en acides, et surtout en acide tannique, le remède consiste à ajouter au vin une dissolution de tannin.

Chapitre V. — CELLIER ET VAISSELLE VINAIRE

Le vin est fabriqué et conservé un temps plus ou moins long dans un local appelé *cellier* ou *cave*. Dans ce cellier se trouve la vaisselle *vinaire*, c'est-à-dire les *cuves*, les *foudres*, les pressoirs, les pompes, etc.

Cellier. — Le cellier devra être chaud l'hiver et froid l'été. Pour réunir ces deux conditions, le cellier sera exposé plutôt au nord qu'au midi et n'aura, autant que possible, d'ouverture que du côté du nord. On accèdera aux fenêtres par une rampe douce qui sera le chemin où passeront les charrettes portant la vendange. A chaque ouverture correspondra une cuve ou un foudre plus particulièrement destiné au cuvage. Du côté opposé, se trouveront les vaisseaux vinaires plus spécialement utilisés pour le décuvage.

Les dimensions du cellier varieront avec l'importance de la récolte. A côté de ce local, on devra toujours avoir une annexe pour les pressoirs et les appareils de toutes sortes. La propreté la plus grande devra régner dans la cave.

Vaisselle vinaire. — Le vin, comme la vendange, est contenu dans des vases spéciaux qui sont ou des cuves ou des foudres.

Cuve. — La cuve est en pierre ou en bois (fig. 73 et 74), ouverte ou fermée.

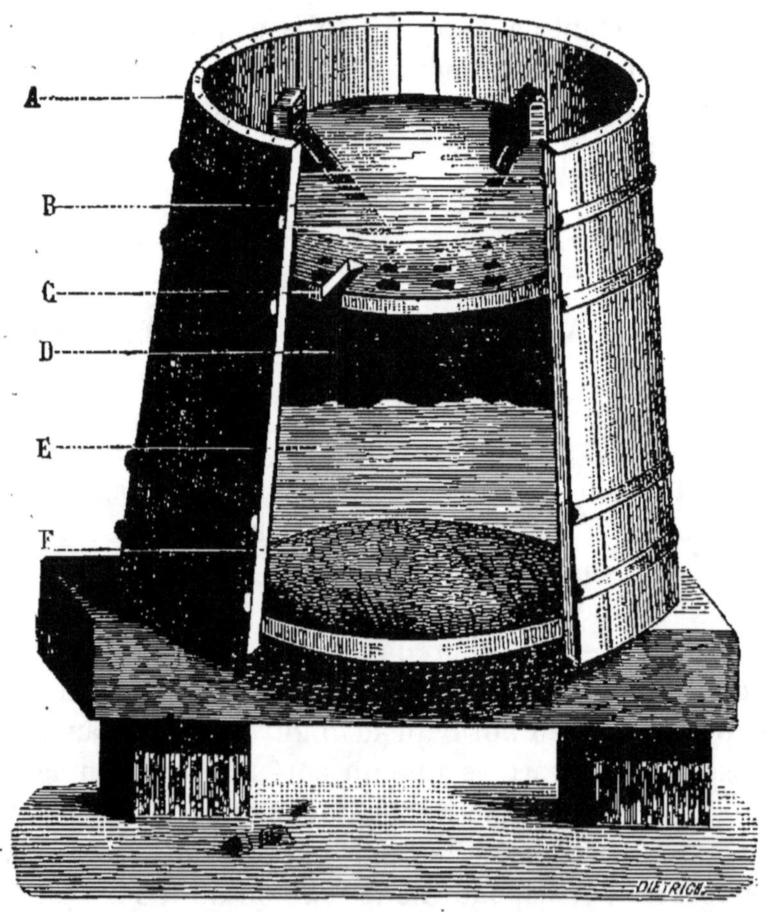

Fig. 73. — Cuve en bois avec claie pour maintenir le marc immergé.

Dans le Midi, les cuves en maçonnerie sont très répandues ; elles sont faites en béton et recouvertes intérieurement de briques vernies. Avant leur emploi, ces cuves sont affranchies, c'est-à-dire lavées à grande eau et badigeonnées avec une dissolution d'acide tartrique. Les

Fig. 74.— Cuve en bois ordinaire, à chapeau flottant.

cuves seront parfaitement nettoyées après l'enlèvement de chaque récolte.

Foudre. — Le foudre est un vase représentant par sa forme deux troncs de cônes accouplés par leur base Sa contenance varie de 20 à 1500 hectolitres et sa hauteur égale sensiblement sa longueur. Quelques viticulteurs préfèrent au foudre la cuve en bois qui a l'avantage d'être moins coûteuse. Les foudres sont formés par l'assemblage de *douelles* en bois de chêne ordinaire (chêne de Bourgogne) ou de chêne fin (chêne de Trieste) et coûtent de 5 à 8 fr. l'hectolitre selon la qualité du bois.

Dans un foudre, on distingue un fond de devant et un fond de derrière de formes concaves. Le fond de devant est muni d'une porte assez grande pour pouvoir donner passage à un homme ; elle est percée d'une ouverture munie d'un robinet. A la partie supérieure du tonneau se trouve une trappe ou bonde. Enfin on remarque encore le *jable* ou rainure, dans laquelle les fonds sont *enchâssés,* et le *peigne* qui est formé par la partie des douelles qui dépasse le fond.

Les petits vaisseaux, dont la capacité est de 2 à 5 hecto-litres, servent au transport du vin ; ils sont désignés ordi-nairement sous le nom de futailles ou fûts.

Dans un cellier on trouve encore d'autres objets que nous ne ferons qu'indiquer. Ce sont des bennes ou com-portes, des seaux, des fouloirs, puis une robineterie complète, des tuyaux, des pompes, des pressoirs, etc. Tous ces instruments doivent être conservés dans un état de propreté irréprochable.

Pour entretenir la vaisselle vinaire vide en bon état, l'empêcher de se gâter, il faut brûler du soufre dans les foudres et les cuves immédiatement après l'enlèvement du vin, et renouveler l'opération tous les mois.

Les vaisseaux mal soignés, moisis, seront soumis à un nettoyage complet à l'eau chaude ; puis, avec de l'eau renfermant 4 p. 100 d'acide sulfurique. Si ces opérations ne suffisent pas, on imprégnera les parois d'alcool et l'on mettra le feu avec les précautions d'usage.

QUATRIÈME PARTIE

CULTURES ARBUSTIVES

Chapitre I

1° **Olivier**.

La culture de l'olivier est très répandue dans le midi de la France et dans tous les pays du bassin de la Méditerranée.

L'olivier est cultivé pour son fruit qui entre directement dans la consommation ou qui sert à fabriquer une huile très recherchée. C'est un arbre très sensible aux froids rigoureux de l'hiver; en 1870, il fut gelé dans plusieurs départements; l'hiver de 1890-1891 lui a fait éprouver des dégâts sérieux.

Au point de vue du terrain, l'olivier n'est pas difficile, il vient très bien dans les sols arides, secs, cailouteux, calcaires.

On distingue plusieurs espèces d'olivier: 1° l'olivier sauvage, que l'on rencontre surtout en Afrique; 2° l'olivier cultivé, principalement répandu en France et dans les pays qui bordent la Méditerranée.

L'olivier cultivé comprend plusieurs variétés que l'on peut classer de la manière suivante:

1° Variétés pour la table	L'olive de Lucques, la picholine, la verdale, l'olive boutallon, la redounale, etc.
2° Variétés pour la fabrication de l'huile.	La Sayern, l'olive cayon, l'olive de Salon, l'olive rouget, l'olivière, etc.

Pour multiplier l'olivier, on a recours au bouturage et, dans quelques cas très rares, au semis.

Dans la plantation de l'olivier, on emploie surtout des rejets qui ont poussé au pied des autres arbres, ou des boutures de 2 à 3 centim. de diamètre, que l'on plante à une profondeur de 20 centimètres.

Dans les terrains secs et cailouteux, dans les terres de garrigues, par exemple, on fait des plantations en massif appelées olivettes. Les jeunes plants sont mis en quinconce, à raison de 200 environ par hectare ; ils sont espacés de 7 mètres les uns des autres.

La plantation se fait généralement en automne.

Lorsqu'on transplante les oliviers qui ont déjà atteint en pépinière une hauteur de 1^m,50 à 2 mèt., on creuse des trous de 0^m,80 à 1 mèt. de côté et de profondeur.

La greffe est pratiquée sur les oliviers sauvages que l'on élève en pépinière, ou sur les sujets provenant de rejets ou de boutures, ou enfin sur les vieux arbres pour les régénérer. On emploie surtout les greffes en fente, en couronne ou en écusson. Les greffes sont presque toujours pratiquées au printemps, excepté pour la greffe en écusson qui se pratique de mai à septembre. Elles réussissent bien lorsqu'elles ont été faites dans de bonnes conditions.

Les soins de culture à donner à l'olivier comprennent la taille, les labours et l'application des fumures.

La taille de l'olivier repose sur les principes suivants : l'olivier ne produit des fruits que sur le bois de deux ans ; les arbres touffus sont moins productifs que les arbres clairs, parce que l'air et les rayons du soleil y pénètrent difficilement ; les rameaux horizontaux sont les plus fructifères. Quand les rameaux à fruits sont trop nombreux, les olives restent petites, donnent peu d'huile et les récoltes sont bisannuelles. En tenant compte de ces principes, de Gasparin conseille de supprimer les rameaux qui s'élèvent verticalement, de couper les branches mortes et les rameaux latéraux trop vigoureux ; de tailler, parmi les rameaux d'un an, ceux qui poussent à l'intérieur de l'arbre et réserver sur ceux que l'on conserve le bouquet terminal. Ce mode de taille, que l'on doit pratiquer annuellement à partir de la troisième année, a pour objet de donner aux arbres une forme en gobelet et de constituer des arbres arrondis dont l'ensemble soit bien garni sans être touffu.

Cette taille, appliquée régulièrement au mois d'avril, assure chaque année une récolte à peu près constante. Elle doit être précédée d'un pincement que l'on effectue après la récolte sur les rameaux qui ont porté du fruit. Pour exécuter la taille on se sert d'instruments tranchants, tels que la serpette et la serpe. Lorsqu'on a à pratiquer de grosses sections, on a recours à la scie à main. On rafraîchit ensuite la coupe avec les instruments précités.

Les labours annuels se donnent à une profondeur de 20 à 25 centim.; ils s'effectuent, en général, après la récolte. On en profite pour enfouir les engrais et pour butter le pied des arbres, afin de les préserver du froid.

Au printemps, on doit donner un ou deux binages en vue de détruire les mauvaises herbes et d'ameublir le sol.

Les engrais qui conviennent le mieux à cette culture sont les fumiers, les composts, les engrais de ville, les chiffons de laine, etc. On les applique, à l'automne, en les répandant autour de l'arbre sur la surface recouverte par les branches.

En Provence, on pratique, dans certains milieux, deux arrosages par an, en juin et en août, en donnant environ 1,000 mèt. cubes d'eau par hectare.

La cueillette des olives destinées à la fabrication de l'huile commence lorsque les fruits se détachent de l'arbre. Les olives à confire se récoltent en septembre ou octobre.

Le gaulage, qui consiste à abattre les fruits avec des gaules légères, doit être remplacé par la cueillette à la main qui est faite ordinairement par des femmes et permet de ménager les jeunes rameaux.

Les olives ramassées sont mises dans des sacs pour être transportées à la ferme où on les vide dans des greniers aérés, en les étalant sur une épaisseur de 10 à 15 centimètres.

Le produit moyen d'un arbre est de 15 à 20 litres de fruits. On peut obtenir une récolte de 500 litres d'huile par hectare.

Les huiles de graines oléagineuses, en faisant concurrence à l'huile d'olive, ont porté un tort considérable à la culture de l'olivier.

L'olivier est sujet à plusieurs maladies ou accidents et aux attaques d'un certain nombre d'insectes. En voici l'énumération.

Les *gelées* d'hiver, qui détruisent souvent les branches de l'arbre et atteignent même parfois le tronc. Dans ce cas, on rabat les branches ou on recèpe le tronc.

Les *chancres*, qui se développent à la suite d'une taille trop sévère.

Lorsqu'on supprimera de grosses branches, il faudra mastiquer les sections pour éviter les accidents.

La maladie la plus grave est le *noir de l'olivier* ou fumagine; elle est due au développement d'un champignon de couleur noire qui se forme sur les rameaux et sur les feuilles. On s'en débarrasse en aspergeant avec un lait de chaux les parties atteintes.

Parmi les principaux insectes qui attaquent l'olivier se trouvent :

Le *kermès,* dont la piqûre fait sécréter par les rameaux et les feuilles une matière sucrée favorable au développement de la fumagine. On se débarrasse de cet insecte en raclant les branches et en les enduisant ensuite d'un lait de chaux.

Le *thrips* de l'olivier, qui vit sur les bourgeons et sur les rameaux à l'état de larve et d'insecte parfait.

Le *néïroun,* coléoptère qui cause des ravages considérables en creusant des galeries dans les rameaux et dans les branches.

La teigne de l'olivier qui se développe à l'état de larve à l'intérieur de l'amande du fruit ; elle en sort pour se transformer en chrysalide et, en attaquant le pédoncule, elle provoque la chute des olives avant la maturité.

Enfin, la *mouche de l'olive* cause parfois des ravages considérables. Elle dépose ses œufs dans l'olive, en la piquant ; la larve, qui éclot ensuite, ronge la pulpe.

Pour détruire cette mouche, on doit brûler les olives atteintes. En Provence, on a constaté jusqu'à deux générations de cet insecte par an.

Le bois de l'olivier est très compact, de couleur jaunâtre ; il est susceptible d'un très beau poli ; il est employé dans l'ébénisterie. Il est aussi excellent pour le chauffage et donne un charbon de qualité supérieure.

2° Amandier

L'amandier est un arbre fruitier cultivé pour son fruit connu sous le nom d'amande. En France, la région de l'amandier est la même que celle de l'olivier. L'amandier comprend une seule espèce cultivée pour la production des fruits.

On distingue plusieurs variétés, parmi lesquelles nous citerons :

1° L'*amandier des dames* ou à la *dame*, à coque tendre;

2° L'*amandier princesse* ou *amandier fin*, à coque très tendre, à amande très délicate ;

3° L'*amande douce* de *Marseille* ;

4° L'amandier à *grosse coque plate*, dure, à fruits amers;

5° L'amandier à fruits recourbés.

Cet arbre vient dans tous les terrains ; cependant on a remarqué que les terres calcaires et sèches sont celles qui lui conviennent le mieux. Il fleurit de très bonne heure; aussi est-il très exposé aux gelées blanches de printemps.

On reproduit l'amandier par le semis, par le greffage et par le bouturage. Les plus belles amandes conviennent le mieux pour le semis ; elles sont mises en stratification, par couches, jusqu'au moment de leur plantation en pépi nière.

On plante les amandes en lignes à 0^m,50 centim. environ les unes des autres ; on les enterre à 5 ou 6 centim. de profondeur.

Dès la première année, on obtient des sujets de 0^m,60 à 1 mèt. de haut.

On les greffe à la fin de l'année, afin d'avoir une variété productive.

On peut aussi greffer l'amandier sur le prunier.

C'est à la fin de la deuxième année que les jeunes plants greffés peuvent être transplantés à demeure.

Au lieu de semer en pépinière, on peut aussi semer immédiatement en pleine terre. On évite ainsi la transplantation.

Dans certaines contrées du Midi, il existe des vergers entiers d'amandiers renfermant de 200 à 400 arbres à l'hectare. Comme soins à donner au verger d'amandier on conseille de remuer le sol à l'aide d'un labour donné à la main ou à la charrue. Pour augmenter la production, on doit fumer le terrain et soumettre les arbres à une taille régulière que l'on pratique comme pour l'olivier.

Les vieux amandiers peuvent être rajeunis en rabattant, avant l'hiver, les branches de charpente à 0^m,50 ou 0^m,60 centim. du tronc. Cette opération est délicate et amène parfois la mort de l'arbre.

Les amandiers qui souffrent soit de la mauvaise qualité du terrain, soit d'amputations multipliées, sont sujets à la *gomme*.

Cet arbre peut être aussi attaqué par des chenilles qui déterminent la chute des fruits, en mangeant les feuilles naissantes. On les combat en détruisant leurs bourses pendant l'hiver et en nettoyant les branches avec soin.

A moins de vouloir ramasser les amandes à l'état frais, on les récolte, ordinairement, dès que les coques s'entrouvrent et que les premiers fruits tombent.

La cueillette à la main étant trop longue, on gaule les arbres avec des roseaux ou des baguettes en bois flexible.

On estime qu'un arbre adulte donne de 15 à 18 kil. de fruits.

L'hectolitre d'amandes en coques pèse de 50 à 60 kil. dont on retire seulement 10 à 16 kil. d'amandes nues.

Les amandes sont généralement utilisées pour l'alimentation ; elles sont aussi employées à la fabrication d'une huile douce dont on fait usage en médecine. Enfin, elles peuvent servir à constituer la pâte d'amande, la liqueur d'amande et l'essence d'amandes amères.

3° **Mûrier**

Le mûrier est cultivé pour ses feuilles qui servent à l'alimentation du ver à soie. On le trouve dans tous les départements où l'on s'occupe de l'élevage de cet insecte.

On distingue le mûrier à fruits blancs, le mûrier à fruits rouges.

Nous ne parlerons que du mûrier à fruits blancs dont les feuilles constituent la nourriture des vers à soie.

Sa culture s'est propagée en France, en 1599, sous l'impulsion d'Olivier de Serres et de Henri IV. On évalue à 40,000 hectares la surface qu'il occupe en France, dans plus de vingt départements. On a obtenu, par le semis du mûrier blanc, un certain nombre de variétés, telles que le *mûrier rose*, le mûrier *moretti*, le *mûrier hybride*, le *mûrier multicolore*, etc.

C'est un arbre très rustique qui résiste au froid. Néanmoins, il est surtout acclimaté dans les pays où la température moyenne est assez élevée ; d'autre part, il craint les gelées tardives susceptibles d'altérer ses feuilles au moment où l'on en a besoin.

Il prospère bien dans tous les sols qui ne sont ni froids ni marécageux. On le multiplie en pépinière, par semis ou par bouture. La pépinière est installée dans un bon sol bien défoncé et susceptible d'un arrosement facile. Les semis se font en mars ; les graines sont répandues en lignes ou à la volée. Pendant l'été, on donne les soins de culture nécessaires : piochages, sarclages, éclaircissage, arrosages, etc. L'hiver suivant, on opère la transplantation des jeunes plants ou *pourettes* dans une bonne terre, où ils sont gardés 3 ou 4 ans en pépinière jusqu'au moment où leur diamètre est de 0ᵐ,10 ou 0ᵐ,15. Il faut alors songer à la transplantation définitive.

Lorsque les variétés ne se reproduisent pas exactement par le semis, on pratique la greffe sur les jeunes plants désignés encore vulgairement sous le nom de *sauvageons*. On choisit les greffons au mois de mars, parmi les rameaux les plus vigoureux d'un arbre non effeuillé l'année précédente.

La multiplication par boutures évite l'emploi de la greffe ; ce procédé consiste à enlever, en février, des rameaux de l'année de 0ᵐ,50 de longueur et à les mettre dans des pépinières où ils reçoivent les mêmes soins que les plants précédents.

Dans tous les cas, la transplantation en plein champ se fait à la sortie de l'hiver. Elle doit s'effectuer dans une terre bien défoncée ; les arbres seront placés à 8 ou 10m. de distance les uns des autres, dans des trous de 2 mètres carrés sur 0ᵐ,60 de profondeur ; quant à la hauteur à donner aux arbres, elle varie, suivant les milieux, entre 0ᵐ,50 et 2 mètres au-dessus du sol. Dans le premier cas, on a des mûriers nains ; dans le second cas, les mûriers sont dits à haute tige. Cette dernière forme est la plus usitée. Les soins de culture consistent en un labour exécuté en mars, et un ou deux binages donnés dans le courant de l'année.

Ordinairement, la taille se pratique tous les ans sur des rameaux de l'année précédente auxquels on laisse deux ou trois bourgeons. On taille habituellement après la cueillette des feuilles. Cette opération permet de donner aux mûriers la forme en gobelet ; elle provoque l'émission de jeunes rameaux et, par suite, la production d'une grande quantité de feuilles dont la cueillette est facile.

Le mûrier se porterait mieux et vivrait plus longtemps s'il n'était taillé que tous les 3 ou 4 ans et en hiver, et si on s'abstenait de le dépouiller de ses feuilles l'année de la taille.

On récolte les feuilles pendant le temps de l'élevage des vers à soie, c'est-à-dire pendant les mois de mai et de juin.

Les feuilles sont arrachées en faisant glisser la main à demi fermée le long des rameaux.

On estime qu'un arbre de 20 ans produit environ 100 kilogs de feuilles dont le prix est très variable; souvent, sur les marchés, on la paye 15 fr. les 100 kilogs; sur pied et d'avance, elle s'achète 5 à 6 francs.

Le mûrier est envahi le plus souvent par des chancres occasionnés par les tailles successives qu'on lui fait subir.

La maladie de la rouille, produite par un champignon, se développe aussi dans quelques cas.

Enfin ses racines sont attaquées, surtout dans les endroits humides, par des champignons qui ne tardent à amener la mort de l'arbre.

Le mûrier résisterait mieux aux maladies qui l'assiègent si sa culture était moins négligée.

4° Châtaignier

Le châtaignier est cultivé pour son fruit dans les Cévennes, en Dauphiné, en Provence et sur divers autres points de la France.

La région de la vigne est celle qui lui convient le mieux; mais il n'y fructifie qu'au nord ou dans les situations bien ombragées.

Le châtaignier se plaît dans les terrains sablonneux et frais, dans les terres granitiques et dans les argiles sablonneuses. Les terrains fortement calcaires ou argileux sont absolument défavorables à sa culture.

Il vient de préférence dans les coteaux et les montagnes d'altitude moyenne. Comme il est très sensible aux gelées printanières, il faut éviter de le placer dans les milieux bas et humides.

Les variétés à cultiver sont les suivantes: le *marron de Lyon* à cause de la grosseur de son fruit, la *châtaigne commune* à *gros fruits*, parfois très grosse et très fertile; la *châtaigne ordinaire*, très productive; la *dauphinoise* à fruits gros et ronds, etc.

On multiplie le châtaignier par le semis et surtout par le greffage.

On plante habituellement des plants de pépinières de deux ou trois ans, dont la hauteur moyenne est de 0^m,80 à 1 mètre. On repique les arbres, dans des trous suffisamment profonds et espacés de 16 à 20 mètres.

Le greffage a lieu en sifflet, c'est-à-dire à l'aide d'un anneau d'écorce.

Dans les Cévennes, où le châtaignier est un arbre pour ainsi-dire spontané, on greffe régulièrement tous les rejets qui repoussent au pied des grands arbres. Dans les pays de montagnes, on se sert souvent de châtaigniers pour créer des taillis que l'on exploite tous les 12 ou 15 ans, pour leur bois, qui sert à fabriquer des cercles, des échalas, etc.

Par la macération et la distillation du bois de châtaignier, on obtient un produit employé dans la teinture et dans la tannerie.

La durée du châtaignier est très longue, surtout lorsqu'on nettoie son pied. On peut le rajeunir en raccourcissant ses branches principales à 1 mèt. du tronc.

On récolte les châtaignes en automne, lorsqu'elles commencent à se détacher d'elles-mêmes de leurs coques ou bagues ou hérissons. On bat les branches pour faire la cueillette ; on dépouille les fruits de leur enveloppe épineuse et on les conserve dans du sable sec, dans des sacs ou dans des tonneaux. Dès la fin du mois de mars, on ne peut plus les consommer fraîches.

Dans les pays pauvres, où les châtaigniers entrent pour une grande part dans l'alimentation, on les conserve sur des claies ou sur des planchers en les desséchant par la chaleur. Quand la dessiccation est complète, on enlève l'écorce.

5° **Noyer**

Le noyer est un arbre qui est cultivé pour son fruit et pour son bois. Il craint les hivers très rigoureux, les gelées tardives de printemps et les fortes chaleurs de l'été. Pour ces raisons, il aime les plaines abritées et les gorges des montagnes.

Comme terrain, il s'accommode parfaitement des terres légères, qui permettent à ses racines traçantes de courir dans tous les sens.

Le noyer se multiplie par le semis; mais on a remarqué que les arbres greffés donnent des produits plus hâtifs et plus abondants que les arbres de semis; par contre, leur bois est de qualité inférieure.

Les noix sont semées en pépinière ou en place, au mois de mars; dans le premier cas, les jeunes sujets sont plantés à demeure à l'âge de 5 ou 6 ans, quand ils ont 3 ou 4 mèt. de hauteur. Cette transplantation se fait à l'automne; les sauvageons sont greffés avec des rameaux pris sur la variété à reproduire.

Un arbre peut produire jusqu'à 2 ou 3 hectolitres de noix. Un hectolitre de noix pèse de 35 à 40 kilogr. On gaule les arbres quand le *brou* ou enveloppe verte du fruit commence à s'ouvrir.

Après la récolte, on laisse fermenter les fruits en tas deux ou trois jours, pour que le brou se détache facilement à la main. Après cette opération, les noix sont soumises à la dessiccation en plein air d'abord et dans un grenier ensuite; sans cette précaution, elles se couvriraient de moisissures.

Leur dessiccation n'est complète qu'au bout de 20 ou

30 jours. Ce laps de temps écoulé, elles sont vendues ou employées à la fabrication de l'huile.

Les noix de dessert ont une valeur double ou triple de celles employées à l'extraction de l'huile.

Le bois de noyer est bien veiné et susceptible d'un beau poli. On s'en sert en ébénisterie.

6° Oranger

L'oranger est cultivé en France, à l'extrême sud, sur les bords de la Méditerranée. Sa culture s'étend en Algérie, en Corse, en Tunisie.

On ne peut le cultiver avantageusement que dans les pays où le thermomètre ne descend pas au-dessous de — 3° ou —4° en hiver, là où ces températures sont peu prolongées et où les dégels ne se font pas brusquement. Il faut, en outre, que la température moyenne de l'été s'élève à 22 ou 23 degrés.

En France, on cultive surtout l'oranger dans les départements des Alpes-Maritimes et du Var. Parmi les principales variétés cultivées, on peut indiquer :

1° L'*oranger franc*, très vigoureux et très rustique, sur lequel on greffe ordinairement les variétés suivantes :

L'oranger *de Nice*, l'oranger *de Gênes*, l'oranger *de Malte*, l'oranger de *Portugal*, l'oranger *bigaradier* ou oranger *bouquetier*, l'oranger *mandarin* ou *mandarinier*, l'oranger *chinois*, etc.

En Algérie, on remarque l'oranger de *Blidah*. Enfin, dans le commerce, on estime beaucoup les oranges de Valence (Espagne) et celles de Palerme.

L'oranger est un arbre de longue durée ; il peut s'élever jusqu'à 8 ou 10 mèt. de hauteur.

L'oranger demande des terres de consistance moyenne saines, profondes, bien composées, abritées. On le multiplie le plus souvent par le semis et par le greffage.

Les sujets obtenus de semis avec l'oranger franc ou le bigaradier sont mis en pépinière à l'âge de 2 ans et greffés avec les variétés qu'on veut propager. Les sauvageons sont greffés l'année qui suit leur mise en pépinière. On greffe soit en écusson, soit en fente.

La plantation en pleine terre, c'est-à-dire la création des *orangeries*, se fait, en mars ou avril, lorsque les greffes sont bien développées. Les jeunes sujets sont alors introduits dans des trous ayant au moins 1 mèt. de diamètre et 1 mèt. de profondeur et remplis de bonne terre additionnée, au besoin, d'engrais pulvérulent à décomposition rapide. L'espacement entre les plants varie de 4 à 6 mèt. en tous sens, selon la fertilité du sol et la variété cultivée.

L'oranger supporte mal la sécheresse et se déplaît dans les terres qui durcissent superficiellement. C'est pour ces raisons qu'il convient d'exécuter, annuellement, plusieurs labours et binages et de répéter les arrosages le plus souvent possible pendant l'été.

Chaque année, au printemps ou en août, on opère un élagage à l'aide d'instruments tranchants. Cette taille en vert a pour but d'enlever les branches inutiles, afin de permettre à la lumière et à l'air de mieux agir sur les pousses qui doivent produire des fleurs et des fruits. Ces branches ainsi coupées constituent le *brou* qui se vend aux parfumeurs au prix de 10 à 15 fr. les 100 kil.

A la fin de juillet, lorsque les oranges sont bien formées, on en enlève quelques-unes. Les fruits provenant de cette première cueillette sont acides ; aussi les confit-on pour faire des *chinois*. Celles qui restent se développent mieux et sont, dans la suite, d'une vente facile et lucrative.

Les oranges commencent à mûrir à partir de décembre. La récolte se fait depuis ce moment jusqu'en mars ou avril ; à cette époque, la maturité est complète.

On cueille les oranges à la main, mais en ayant soin d'en couper le pédoncule au ras du fruit avec un petit sécateur. Les oranges sont ensuite triées suivant leur grosseur, emballées et expédiées dans des caisses en bois, avec plus ou moins de précautions, suivant leurs qualités marchandes.

L'oranger bigaradier est principalement cultivé pour ses fleurs qui s'épanouissent en mai ou en juin. On les récolte soit à la main, soit en étendant une toile propre sur le sol et sous l'arbre qu'on secoue ensuite violemment. Les fleurs épanouies tombent sur la toile. L'opération se répète pour chaque arbre tous les deux jours, pendant le temps que dure la floraison.

Un bigaradier de dix ans donne, annuellement, de 6 à 8 kilogr. de fleurs ; les arbres de 30 à 40 ans en fournissent de 20 à 30 kilogr. Ces fleurs fraîches se vendent de 75 à 120 fr. les 100 kilogr. Elles produisent par distillation l'essence de néroli, ou elles servent à fabriquer l'eau de fleurs d'oranger.

Les branches ou brou provenant de l'émondage sont également distillées et fournissent alors une huile essentielle (*petit gain*) utilisée aussi dans la préparation de l'eau de fleurs d'oranger.

Un oranger en plein rapport, âgé de 20 ans, produit chaque année 600 à 700 oranges qui sont vendues 2 fr. 50 à 5 fr. le cent, selon leur grosseur et leur qualité.

Comme tous les arbres fruitiers, l'oranger est attaqué par de nombreux parasites végétaux ou animaux. Parmi les maladies les plus connues auxquelles il est sujet, nous citerons : le *blanc des racines* ; la *pourriture de l'écorce* de l'arbre connue sous le nom vulgaire de *moufle* ; la *fumagine*, due au kermès de l'oranger qui couvre les feuilles et les ramifications d'une poussière blanchâtre.

Lorsque les arbres sont bien soignés, ces maladies ne prennent pas des proportions alarmantes.

Culture de l'oranger comme arbre d'ornement. — Sous les climats moins chauds, l'oranger est souvent cultivé comme arbre d'ornement. Dans ce cas, les jeunes plants sont mis dans des caisses en bois carrées, dont les dimensions varient entre 0^m,50 à 0^m,80 et même 1 mètre de côté. Ces caisses sont garnies de bonne terre franche, mélangée avec un tiers de son poids de fumier décomposé.

Tous les quatre ans, en moyenne, on doit renouveler la terre des vases. Le fond des caisses est percé d'un trou pour l'écoulement des eaux d'arrosage.

Ces arbres sont taillés de manière à prendre une forme en globe. Cultivé à l'air libre, l'oranger doit être placé à l'exposition du midi, à l'abri des vents du nord.

Pendant l'hiver, il est de toute nécessité de le mettre à l'abri dans les serres spéciales appelées *orangeries*.

7° Citronnier ou limonier.

Le *citronnier* est plus délicat que l'oranger. Il ne végète bien que dans les endroits abrités des vents du nord et du nord-est. Il a l'avantage de fleurir et de fructifier sous les grands oliviers et de permettre au jasmin et au blé de mûrir sous son ombrage. Le citronnier est greffé en écusson sur lui-même ou sur le bigaradier.

Les soins culturaux sont les mêmes que pour l'oranger.

Les citrons se récoltent lorsqu'ils sont encore verdâtres. On les emballe ensuite dans des caisses pour être expédiés et vendus. Le citron sert pour les usages culinaires et à fabriquer des boissons acidulées.

Le citronnier est sujet aux mêmes maladies que l'oranger.

Un hectare de citronniers peut produire annuellement 6,000 à 8,000 fr. de fruits.

8° Cédratier.

Le *cédratier*, qui appartient à la même famille que l'oranger et le citronnier, est cultivé dans les mêmes localités que ces deux arbres ; cependant, il est plus sensible au froid et au vent très violent, le *libeccio* qui souffle en Corse. C'est pourquoi on l'abrite souvent par des murs ou des palissades faites avec des roseaux.

Il est particulièrement cultivé en Corse dans de petits espaces qu'on nomme jardins de cédratiers. Les cultures de plus d'étendue sont appelées cédrateries.

Le cédratier demande une terre profonde, fraîche, fertile, bien abritée et bien cultivée.

Il se multiplie par bouture. La plantation se pratique en mai, dans des trous de 66 centimètres carrés, distants les uns des autres de 3 à 5 mètres. Tous les pieds sont maintenus à une hauteur de $1^m,30$ à $1^m,50$ et taillés de manière à avoir la forme d'un gobelet un peu évasé.

Au point de vue cultural, nous dirons que cet arbre exige, comme les précédents, de fréquents binages et de nombreux arrosages pendant la belle saison. Il est, en outre, très exigeant sous le rapport des fumures. Les maladies qui attaquent l'oranger sont aussi celles qui arrêtent le cédratier dans son développement.

A 3 ans, le cédratier commence à donner des fruits. A 8 ou 10 ans, chaque arbre peut donner, en moyenne, 30 à 40 kilogr. de cédrats. Un hectare, contenant 200 cédratiers, produit donc environ 6,000 à 8,000 kilogr. de fruits et donne un revenu de 1,200 à 1,500 fr.

Les fruits du cédratier arrivent à maturité du 15 octobre au 15 novembre. Chaque fruit pèse de 1 kil. à 2 kil. et a 6 à 7 centimètres de largeur et 8 à 10 centimètres de longueur.

Ces fruits sont vendus spécialement aux confiseurs.

CULTURES FORESTIÈRES

Chapitre II

La France possède de 8 à 9,000,000 d'hectares de forêts et l'Algérie environ 2,000,000 d'hectares. Les forêts appartiennent à l'Etat, aux communes, aux établissements publics (hospices) et aux particuliers.

Les forêts sont utiles non seulement au point de vue du produit qu'elles donnent, le bois, mais surtout en raison de leur influence sur le régime des eaux et sur le climat.

Pendant les fortes pluies, ou à l'époque de la fonte des neiges, le sol des forêts s'humecte profondément, mais aucun filet d'eau ne court à la surface ; celui des champs en culture, au contraire, est sillonné de rigoles qui suivent la pente du terrain et vont remplir les fossés souvent transformés en ruisseaux.

L'eau qui tombe sur les forêts alimente les sources, celle qui tombe sur les terrains découverts va le plus souvent tout droit aux rivières.

Les terrains boisés absorbent une grande quantité d'eau à cause des feuilles mortes, des débris végétaux qui recouvrent leur surface et qui peuvent retenir jusqu'à 190 p. 100 de leur poids d'eau, tandis que les terres n'en retiennent, en moyenne, que de 25 à 80 p. 100, suivant leur composition.

Les sols boisés, en facilitant l'infiltration et en divisant les eaux par les nombreux obstacles de leur surface, empêchent encore le ravinement des pentes et par suite la formation des torrents. Les eaux pluviales qui tombent sur les forêts n'acquièrent donc jamais un volume assez grand et une vitesse suffisante pour produire des érosions à la surface des terres.

On a également constaté que les pluies sont plus fréquentes et moins violentes dans les pays boisés que dans les contrées découvertes ; que la température de l'air, à 1^m,50 du sol, est plus constante sous les bois que dans les champs ; que l'évaporation est moins grande dans les forêts que dans les terrains nus ; que le vent, le froid, la fonte des neiges sont moins accentués dans les forêts qu'ailleurs.

Principaux arbres forestiers de la région.

Nous adopterons les quatre grandes divisions climatériques de M. Mathieu, sous-directeur de l'Ecole forestière de Nancy, pour la localisation des différentes essences forestières, savoir :

1°. *La région méditerranéenne ou chaude*, du niveau de la mer à 600 mètres, qui comprend l'habitation de l'olivier, les pins d'Alep, pinier et maritime; les chênes verts et les chênes-liège, le caroubier.

2° *La région moyenne ou tempérée*, de 600 à 1000 mèt., qui comprend le châtaignier, les peupliers, le frêne, l'orme, l'érable plane et, dans les parties supérieures, le pin sylvestre, le hêtre et exceptionnellement le sapin.

3° *La région alpestre ou froide*, de 1000 à 1,800 mètres. Ce climat est caractérisé par la rareté des arbres feuillus, à l'exception du hêtre mélangé avec l'érable sycomore, le bouleau et le sorbier des oiseleurs. Les massifs principaux sont essentiellement fournis par des résineux : le pin à crochets, le sapin, l'épicéa et le mélèze.

4° *La région alpine ou très froide*, de 1,800 à 3,000 mètres, caractérisée seulement par le mélèze et le pin cembro.

DESCRIPTION SOMMAIRE DES PRINCIPALES ESSENCES FORESTIÈRES

1° Climat chaud.

LE PIN D'ALEP OU PIN BLANC est très répandu en France, dans la Provence et en Algérie. Il occupe surtout les versants calcaires. Sur les bords de la mer, il végète à une altitude de 700 mètres et jusqu'à 400 mètres seulement au milieu des terres.

Il vient bien dans les plus mauvais terrains, pauvres, secs. Sa croissance est rapide pendant les 20 premières années; mais, à 80 ans, il atteint le terme de son exploitabilité.

Son bois peut être employé par les charpentiers et les menuisiers. Il peut être utilisé également pour le chauffage.

LE PIN MARITIME est beaucoup plus répandu que le pin d'Alep. Il occupe de très vastes surfaces dans la Provence, dans le Languedoc, dans les Landes, etc. Il affectionne surtout les terrains siliceux.

Dans les Landes, il est généralement soumis au résinage, c'est-à-dire à la production de la résine; son bois est très lourd et peut être employé pour faire des charpentes. On en fait aussi des pilotis, des échalas, des perches, etc.

LE PIN PIGNON OU PIN PINIER (pin parasol) est un arbre spécial au bassin de la Méditerranée. Dans certaines localités, les pignons ou fruits constituent le produit le plus important. De ces pignons on extrait des amandes recherchées par les confiseurs. Son bois peut être aussi employé dans la menuiserie.

LE CHÊNE VERT OU YEUSE se rencontre dans quelques départements du Midi, notamment dans le Languedoc. Dans l'intérieur des terres, il s'arrête à une altitude de 650 mètres. Comme sol, il semble préférer les terrains calcaires, les garrigues par exemple. Sa croissance est lente.

Son bois est dur et lourd ; il sert au charronnage, à la fabrication des manches d'outil. Il est très estimé comme bois de chauffage dans le Midi. Son écorce, très riche en tannin, est son produit principal. Cette écorce est enlevée sur pied en mai ou en juin.

L'exploitation du chêne-vert comprend les opérations suivantes: 1° l'écorçage; 2° l'abatage; 3° la fabrication du charbon.

L'écorçage, qui a lieu dans le courant de mai ou de juin, se pratique avec la serpe et le ruscadou ou spatule. Avec la serpe, on abat toutes les petites branches latérales jusqu'à une hauteur de 2 mètres environ, puis on enlève de haut en bas une lanière d'écorce. Cela fait, on sépare l'écorce du bois avec la spatule et on l'enlève d'une seule pièce, sous le nom d'écorce à canon.

Un seul homme peut faire de 200 à 300 kil. d'écorce par jour ; on le paie 2 fr. 50 par 100 kil. d'écorce enlevée.

Les écorces sont mises en bottes. Ces bottes sont conservées en piles dans la forêt, jusqu'au mois de juillet, moment de la vente.

L'abatage des arbres a lieu un an après l'écorçage. Avant d'abattre l'arbre, en enlève les branches du sommet qui servent à faire des fagots. Puis on nettoie le pied du chêne et, avec une sorte de serpe, on frappe l'arbre à une petite distance du sol jusqu'à ce qu'il soit brisé près de la racine ; c'est ce que l'on désigne sous le nom de *saut du piquet*.

Le trou est recouvert d'un peu de terre et l'arbre ne tarde pas à émettre des drageons par ses racines.

On donne aux ouvriers 15 centimes par 50 kil. de bois abattu. Ce bois est vendu, dans les villes, de 1 fr. 20 à 1 fr. 50 les 50 kil. ; 100 fagots de 20 kil. valent 40 fr.

Le charbon est fabriqué ordinairement à la tâche par un ouvrier, qui reçoit 3 fr. 50 par 100 kil. de charbon livré. Le bois est brûlé dans une charbonnière. Un quintal (de 50 kil.) de charbon se vend en moyenne 6 francs.

Culture des truffes. — Les truffes sont des champignons, présentant l'aspect d'un tubercule arrondi, sans racines. Ils sont formés par une enveloppe charnue ou coriace, verruqueuse ou plus rarement lisse qui renferme une masse compacte, sans lacunes, parcourue par des marbrures ou veines.

On distingue les truffes comestibles et les truffes sauvages, non comestibles ; ces dernières, quoique non vénéneuses, ont une saveur désagréable. Parmi les principales variétés comestibles, on peut citer : la truffe du Périgord, la truffe d'hiver, la truffe d'été, cultivée surtout dans le

Midi, la truffe blanche d'hiver, la truffe de montagne, la truffe de Bourgogne, etc.

Elles diffèrent entre elles par leur forme, par leur grosseur qui peut varier depuis le volume d'une noisette jusqu'à celui d'une pomme, par la couleur de leur chair, enfin par leur saveur et par leur parfum. Les truffes ne se développent dans le sol qu'aux environs des chênes et dans des sols calcaires.

Elles vivent, au pied des arbres, dans le périmètre occupé par les racines ; elles sont enchevêtrées avec les radicelles qui poussent chaque année.

Il faut que le sol soit léger ou poreux, assez riche en humus et qu'il repose sur un sous-sol perméable.

Comme climat, il faut un printemps assez humide, suivi d'un été chaud et sec. Une altitude inférieure à 600 mètres paraît également très favorable.

Il existe des truffières naturelles, dans lesquelles les champignons se montrent sans aucune intervention de l'homme, qui se contente de les exploiter pour en vendre les produits.

L'exploitation des truffières se fait généralement, dans le Midi, d'octobre en décembre ; de mai en juillet pour la truffe d'été.

Pour leur recherche, on se sert de porcs et de chiens dont l'odorat subtil les guide.

Avant la vente, les truffes sont passées à la main sur des claies en osier pour les débarrasser de la terre qui y est adhérente et les trier.

Dans le Gard, dans Vaucluse, dans les Basses-Alpes et dans l'Hérault, il existe plusieurs centres de truffières naturelles dans les terrains de garrigues principalement.

Truffières artificielles. — On crée aujourd'hui des truffières artificielles dans les sols argilo-calcaires, un peu siliceux et un peu caillouteux, peu profonds pour que les racines des arbres y soient traçantes et reposent sur un sous-sol perméable.

On y sème des glands provenant de chênes, au pied

desquels poussaient des truffes. Les semis sont espacés de 4 mètres sur les lignes, distantes entre elles de 5 à 6 mètres. On donne à ces plantations les soins ordinaires dans les conditions habituelles de boisement.

Au bout de 3 ou 4 ans, on apporte quelques brouettées de terre provenant d'une truffière et on la mélange avec la partie superficielle du sol.

Au bout de 8 à 10 ans, la truffière commence à *marquer*, ce que l'on reconnaît à la disparition des plantes entre les arbres. On peut alors commencer à récolter les truffes pendant 10 à 12 ans au moins.

Si l'on tient plus à la production des truffes qu'à celle du bois, on peut élaguer assez fortement pour que le sol ne soit pas ombragé.

Lorsque la production de la truffière diminue, on recèpe les arbres à la hache, de nouvelles pousses partent de la cepée et, au bout de 3 à 4 ans, la production des truffes reprend avec vigueur.

Les reboisements du Mont-Ventoux (Vaucluse) ont provoqué la création de nombreuses truffières artificielles; le chêne vert et le chêne blanc y sont les espèces dominantes.

C'est une récolte qui rapporte de beaux bénéfices dans les terres pauvres.

Le prix des truffes varie de 10 à 12 fr. le kilogr.

Le chêne-liège, très répandu en Algérie et en Espagne, est cultivé dans certaines régions du littoral, dans le Var, et dans les Pyrénées-Orientales.

Il ne dépasse pas une altitude de 500 à 700 mètres suivant l'exposition. Il pousse bien dans les terrains siliceux.

Son bois est employé dans l'ébénisterie. Son produit principal, le liège, constitué par l'écorce, est l'objet d'une exploitation importante.

Les forêts de chêne-liège, exploitées en vue de la production du liège, sont soumises à trois opérations distinctes :

1° *Le débroussaillement,* qui consiste à débarrasser le sol des arbustes formant d'épais fourrés dans lesquels les incendies se propagent très rapidement.

2° *Le démasclage* ou extraction de la première couche de liège appelée *liège mâle*. Huit ou dix ans après cette opération, pratiquée lorsque l'arbre a environ 31 centim. de tour, on enlève la nouvelle couche de liège qui s'est formée. Ce liège, d'une épaisseur de 23 à 27 millimètres, sert à la fabrication des bouchons.

3° *L'extration du liège* se fait en juillet, 8 à 10 fois pendant la vie de l'arbre, à des intervalles de 8 à 12 ans. Cette écorce s'enlève après avoir été fendue longitudinalement avec une hache, puis incisée circulairement de mètre en mètre à partir du pied. Elle forme ainsi des plaques qui sont d'abord parées à la surface extérieure, puis séchées à l'air et enfin soumises à l'action de l'eau bouillante pour être assouplies.

LE MICOCOULIER est cultivé spécialement dans le Roussillon et dans le Gard pour son bois recherché par les tourneurs et par les charrons. Cet arbre vient bien dans les terrains calcaires, secs et à toutes les expositions.

Sa culture dans certaines communes est la source d'un revenu important. Il est surtout utilisé pour la production des manches de fouet (Pyrénées-Orientales), des fourches en bois, des perches, des manches d'outil, de fouet, à Sauve, dans le Gard.

LE CAROUBIER est très répandu en Algérie et en Tunisie. On le rencontre généralement isolé ; il atteint dans ce cas de grandes dimensions. Il végète dans tous les sols et à toutes les expositions. Son bois, très dur et très compact, est précieux pour l'industrie. Son fruit, la caroube, sert à la nourriture des bestiaux.

2° Région moyenne ou tempérée.

Dans cette région, les grands massifs forestiers sont représentés par les chênes à feuilles caduques, le chêne rouvre et le chêne pédonculé.

LE CHÊNE ROUVRE vit dans les montagnes ; on commence à le rencontrer aux altitudes de 400 à 1000 mètres. Il s'accommode de tous les terrains d'une certaine profondeur et vient à toutes les expositions.

Son bois est éminemment propre à la menuiserie.

LE CHATAIGNIER est très répandu dans le centre et dans le sud-est de la France à l'état de grands arbres isolés ou en bouquets. Le plus souvent, il est cultivé pour son fruit. Cependant, dans certains cas spéciaux, il peut être exploité pour son bois.

Il vient de préférence dans les sols siliceux provenant de la désagrégation des roches granitiques. Il habite surtout les vallées tempérées, les versants peu rapides, peu rocailleux, à sol meuble et profond.

LE PIN SYLVESTRE commence dans les montagnes de Provence, à une altitude de 1000 mèt., et atteint jusqu'à 1800 mèt. aux expositions chaudes. Il forme à lui seul de très vastes massifs. Il préfère les sols sablonneux et profonds ; il végète, à la rigueur, dans les sols maigres.

Son bois est très bon pour les constructions. C'est du pin sylvestre qu'on tire le goudron de bois en faisant chauffer, dans un four spécial, les souches et les ramilles. Sa croissance est assez rapide à partir de 3 ou 4 ans.

LE PIN LARICIO DE CORSE, particulier aux montagnes de cette île, y remplace le pin sylvestre et atteint une altitude de 1700 mèt. Il ne possède pas les nombreuses qualités du pin sylvestre.

LE HÊTRE apparaît, dans les Alpes de Provence, vers 1200 mèt. aux expositions chaudes et il y atteint 1700 mèt., tandis qu'à l'exposition nord il commence à 900 mèt., pour finir entre 1500 et 1600.

LE SAPIN réside exclusivement à l'exposition du nord, entre 1000 et 1800 mèt. Le hêtre et le sapin ne peuvent malheureusement être employés pour le reboisement des terrains nus ; leurs jeunes plants réclament, en effet, un abri sérieux produit par un couvert assez complet.

Le sapin croît lentement, on l'exploite vers 120 à 150

ans. A cet âge, les arbres ont 25 à 30 mèt. de hauteur sur 0^m,40 à 0^m,60 de diamètre et valent 25 à 30 fr. le mètre cube. Le bois de sapin est blanc, très élastique et très léger. Il est employé dans la menuiserie, pour faire des étais de mines, des poteaux télégraphiques, des mâts, etc.

C'est dans la région des pins et des sapins que se rencontre la plus grande quantité d'essences feuillues, incapables de former des massifs complets, mais végétant en mélange avec les essences déjà décrites, soit à l'état isolé, soit à l'état de bouquets. Parmi ces essences, nous signalerons : les *ormes*, les *frênes*, les *érables*, qui fournissent des bois très estimés pour le charronnage ; les *tilleuls*, les *sorbiers*, l'*alisier*, le *cerisier*, le *mérisier*, le *bouleau*, le *robinier* ; les *peupliers* (blanc et noir), le *tremble* d'Italie, tous employés dans la menuiserie et pour la charpente ; les *saules*, qui servent à faire des fascinages ou des clayonnages.

3° Région froide ou alpestre

En parcourant cette région de bas en haut, on rencontre des massifs de hêtres et de sapins, puis le pin à crochets, l'épicéa et le mélèze.

LE PIN A CROCHETS se trouve surtout dans les Alpes et dans les Pyrénées.

Son bois, d'excellente qualité, peut être employé pour les constructions.

L'ÉPICÉA forme avec le *mélèze* la majeure partie des grands massifs de cette région. L'épicéa, plus robuste que le sapin, résiste mieux aux grands froids ; il atteint des altitudes plus élevées. Les qualités de son bois sont très appréciées dans l'industrie.

LE MÉLÈZE accepte toutes les natures du sol et monte de 1200 mèt. d'altitude à 2500 mèt. Il résiste très bien au froid. Il croît très rapidement dès les premières années.

4° Région alpine ou très froide

LE PIN CEMBRO est le dernier représentant de la végétation forestière qu'on rencontre vers le sommet des hautes montagnes. Il supporte vaillamment les plus rudes climats.

Le pin cembro est très recherché pour le reboisement des grandes altitudes.

Les bois, leur exploitation

Les différentes espèces que nous venons de décrire, cultivées séparément ou en mélange sur un espace de terrain assez considérable, constituent un bois. Lorsque le terrain planté en arbres occupe une très grande étendue, il forme une *forêt*. Au point de vue de leur exploitation, on divise les bois en *taillis* et en *futaies*.

Un *taillis* est un bois peuplé d'arbres feuillus, tels que les chênes, les hêtres, les charmes, le micocoulier, etc., que l'on coupe généralement à un âge peu avancé et qui possèdent la propriété de se reproduire par *rejets* ou *drageons*. Les rejets, comme les drageons, sont des tiges nouvelles qui croissent sur les souches ou les racines d'un arbre qui a une existence limitée.

Dans les taillis, les châtaigniers sont coupés à 6 ans pour faire des cercles et des échalas ; les chênes, à 25 ans ; les chênes verts, à 20 ans.

On distingue le *taillis simple*, dans lequel on coupe tout au moment de la première coupe, et le *taillis composé*, dans lequel on laisse quelques arbres (50 par hectare) qui forment une réserve.

L'intervalle de temps qui sépare deux coupes successives s'appelle *révolution*. L'abatage des taillis se fait ordinairement après la chute des feuilles, pendant l'hiver. Pour les bois destinés à être écorcés, tels que le chêne vert, il est nécessaire d'abattre au fur et à mesure de l'écorçage.

Les arbres sont coupés près du sol. Ils sont enlevés, pendant l'été et l'automne de l'exploitation, pour éviter de détériorer les jeunes rejets très tendres et cassants au moment où ils apparaissent.

Les taillis gagnent beaucoup à être nettoyés. Dans ces nettoiements on enlève les ronces, les *morts bois*, c'est-à-dire les petits arbustes (arbousier, genévrier, cistes) qui poussent à l'abri des taillis. On ébranche les jeunes arbres de manière à favoriser leur croissance en hauteur. Lorsque des *clairières* ou espaces vides se produisent au milieu d'un taillis, il faut s'empresser de les regarnir. Pour cela, on plante des jeunes plants ou on sème des graines de l'essence qui forme le taillis, ou bien, ce qui est préférable, on plante des pins dont le couvert (ombrage) fait disparaître la bruyère et dont les aiguilles fertilisent le sol.

On appelle *futaies* les bois ou les forêts qui se reproduisent spontanément par la semence. On traite les futaies par deux méthodes :

1° Celle du *réensemencement naturel et des éclaircies* ;
2° Celle du *jardinage*.

L'exploitation en futaies s'applique aux arbres de grandes dimensions, aux résineux surtout.

Dans la *méthode du réensemencement naturel*, il est nécessaire d'avoir des arbres donnant des graines fertiles. Il faut en outre que ces graines trouvent un sol apte à les faire germer et à faire prospérer les jeunes sujets qui en proviennent.

Le sol des forêts est ordinairement recouvert d'un terreau très favorable à la germination des graines. D'un autre côté, les jeunes plants se développent très bien à l'abri des ramures des grands arbres.

Quand on a recours à l'ensemencement naturel, on réserve, lors de la 1re coupe, un nombre d'arbres suffisant pour garnir le sol de graines. Dans les *coupes secondaires*, on enlève les arbres qui dominent les jeunes sujets assez robustes pour se passer de l'abri. Quand, enfin, le jeune peuplement est assez complet et assez vigoureux, on le débarrasse du couvert qui l'a protégé en pratiquant une coupe définitive de tous les arbres qui le dominent.

La forêt naissante présente un massif compact de jeunes sujets bien serrés les uns contre les autres. C'est là ce que l'on nomme *un fourré*. Lorsque le fourré est trop épais, on pratique des coupes d'amélioration en enlevant les arbres surabondants, les morts bois et les arbres dont la croissance est excessive. Ces coupes de *nettoiement* et d'*éclaircies* se pratiquent entre 10 et 20 ans, et elles se succèdent à des intervalles réguliers de 10 à 20 ans jusqu'à l'époque où les arbres sont exploitables.

Dans ce mode d'exploitation, les chênes sont coupés depuis 100 jusqu'à 180 ans ; les sapins, les épicéas, les mélèzes, de 90 à 150 ans ; les pins, de 60 à 80 ans.

L'abatage dans les futaies doit s'effectuer après la chute des feuilles, en automne et en hiver.

La *méthode du jardinage* consiste à enlever, çà et là, dans toute la forêt, les arbres les plus âgés, les bois secs ou dépérissants, ceux que réclament les besoins du commerce. Il est bon de jardiner pendant plusieurs années, dans un canton déterminé de la forêt, puis on passe à un autre canton, en laissant reposer pendant 30 ou 40 ans celui qui vient d'être jardiné.

Gazonnement

Le gazonnement des montagnes est destiné à retenir les eaux pluviales et à produire un pâturage précieux pour les moutons.

A cet effet, on sème du sainfoin commun, auquel on mélange diverses graines fourragères, telles que le brôme des prés, la pimprenelle, la houlque molle, le fromental, et enfin la *bauque* graminée très répandue dans les Alpes. Ces différentes graminées sont très vivaces.

Ces semis, faits à la volée, sont généralement entrepris

vers le 15 août, avant l'apparition des neiges. Au bout de 6 à 8 ans, ces terrains sont en état de recevoir les moutons.

Pâturages des Alpes.—Les pâturages des Alpes peuvent être divisés en prairies fauchables et en pâtures non fauchables où l'herbe est mangée sur pied. Les prairies fauchables se rencontrent dans des régions comprises entre 1500 et 2500 mètres d'altitude. Elles peuvent produire de 1,200 à 1,500 kilogrammes de fourrage à l'hectare. On les fauche une ou deux fois par an, et l'on y fait paître les moutons après la dernière coupe.

On distingue deux sortes de pâturages : ceux où les moutons pâturent pendant l'été, et ceux où ils ne pâturent qu'au printemps et à l'automne, c'est-à-dire à l'époque où les premiers sont généralement couverts de neige.

Ces derniers pâturages sont situés à 160 et 170 mètres d'altitude ; on y fait pacager les moutons du mois de mars jusqu'en juin.

Les pacages les plus élevés, que les moutons parcourent pendant une bonne partie de l'année, sont désignés sous le nom de terrains vagues ; ils appartiennent généralement aux communes.

Il faut enfin ne pas oublier les *montagnes pastorales,* qu'on ne fauche jamais ; elles sont suffisamment gazonnées pour que les plantes forment une pelouse. On les loue habituellement à des bergers étrangers dits *transhumants ;* mais, parfois aussi, elles sont pâturées par des bêtes du pays. Ces montagnes sont situées entre 1800 et 3000 mètres d'altitude. L'herbe y est courte, très serrée. Les moutons y montent vers le milieu de juin et en redescendent aux premières neiges, c'est-à-dire en octobre.

L'amélioration de ces pâturages a pour résultat d'augmenter les bénéfices de l'industrie pastorale, tout en assurant, pour l'avenir, la conservation des versants gazonnés.

Dans certaines contrées on a créé des *fruitières* qui entraînent la substitution de la vache au mouton dans les terrains de parcours et, par suite, une augmentation au point de vue des ressources et de la production.

Reboisement

Il a été constaté depuis longtemps que la destruction des forêts a eu pour effet de modifier le régime des cours d'eau qui y prennent naissance. Depuis le déboisement des montagnes, en effet, les inondations sont plus fréquentes, et voici comment on explique ce fait.

Lorsque le bassin de réception des eaux est formé de roches friables se délitant aisément, si le sol dénudé n'offre aucun obstacle aux eaux pluviales, il s'y forme des ravins, des torrents qui, après les pluies d'orage ou la fonte des neiges, entraînent dans les rivières des masses énormes d'eau, de pierres et de sable. Le lit de ces rivières, encombré par ces matières solides, s'exhausse et les eaux débordent en torrents impétueux et s'élancent au-dessus des rives, en creusant un lit nouveau ou en se répandant dans la vallée.

Ces inondations déracinent et enlèvent les arbres, les récoltes et la terre qui les porte. Quand l'eau se retire, la campagne reste couverte d'un amoncellement de sable et de gravier, au milieu duquel la rivière a tracé un nouveau lit qu'elle quittera à la première crue.

Pour supprimer ou réduire l'érosion des roches sur lesquelles tombe la pluie, et diminuer ou atténuer par suite les inondations, il faut avoir recours au reboisement, à la restauration des montagnes.

On doit commencer d'abord par construire des barrages sur le parcours des torrents. Ces barrages, faits en maçonnerie ou en pierre sèche, ont pour objet d'arrêter les matériaux entraînés par les eaux. Les berges des torrents sont aussi consolidées par des clayonnages longitudinaux.

Quand on est parvenu à prévenir les dégâts causés par les eaux, on peut entreprendre les travaux de reboisement, en garnissant les terrains nus d'essences forestières au moyen de semis, de plantations, de boutures, etc.

Les semis s'emploient dans les terrains pierreux, les terres légères ou encore lorsque la graine est à bas prix, comme celle du pin maritime.

La plantation est préférable au semis dans les terrains compacts, couverts d'herbes et exposés au soleil. Ce dernier mode de reboisement offre alors plus de chances de réussite. Cependant, certaines essences dont les plants sont fortement enracinés, comme le chêne et le châtaignier, demandent à être semées pour éviter les difficultés qu'on éprouve à extraire leurs plants et à les remettre en terre avec leurs longues racines.

Les semis doivent se faire au printemps ou à l'automne et avec des graines saines, fraîches et de bonne qualité. Les graines sont semées à la volée, par bandes, par poquets ou trous.

Les plantations se font avec des plants de pépinière ou avec des jeunes sujets provenant d'un taillis ; les uns et les autres sont plantés dans des trous.

Pour assurer le succès d'un reboisement, il faut, avant tout, en proscrire l'accès aux animaux domestiques réunis en troupeaux (bêtes à cornes, bêtes à laine, chèvres et porcs).

Ces animaux sont plus nuisibles aux forêts que les bêtes fauves, que les oiseaux, que les insectes. Ils détruisent, en effet, une grande quantité de jeunes plants, soit en les broutant en même temps que l'herbe, soit en les écrasant sous leurs pieds. Ils mangent les jeunes feuilles, les jeunes pousses.

INDUSTRIES AGRICOLES

Chapitre premier. — **SUCRERIE**

Pendant longtemps, le sucre n'a été extrait que de la canne à sucre. En 1705, Olivier de Serres signala la présence du sucre dans la betterave. En 1811, on commença à en tenter l'extraction. De nos jours, cette industrie a pris une grande importance.

Lavage, Épierrage, Décolletage. — Les betteraves destinées à la fabrication du sucre sont d'abord *lavées* et *épierrées* dans des appareils spéciaux appelés *laveurs* et *épierreurs*. Cette opération est indispensable par la raison que les racines retiennent toujours plus ou moins de terre. Cette terre pourrait entraîner l'usure et la destruction des appareils mécaniques et souillerait les résidus qui doivent servir à la nourriture du bétail.

La betterave lavée est soumise à *l'étêtage* ou *décolletage*, opération qui consiste à enlever les parties altérées ou inutiles, comme la base de la racine.

Extraction du jus de betterave. — Le jus se trouve enfermé dans les nombreuses cellules de la racine. L'extraction du jus peut se faire par deux méthodes différentes :

1° *Par râpage et pression de la pulpe.* — Les betteraves sont réduites en pâte ou pulpe à l'aide d'une râpe mécanique. Pour extraire le jus, on s'adresse aux presses hydrauliques ou aux presses continues. On obtient environ 80 p. 100 de jus et 20 p. 100 de pulpe.

2° *Par diffusion.* — Dans ce procédé, les betteraves sont découpées mécaniquement en rondelles ou cossettes, ou en prismes rectangulaires et de la longueur environ du doigt.

Ces morceaux de betteraves sont ensuite introduits

dans des cylindres ou diffuseurs, disposés les uns à côté des autres, puis soumis à l'eau. L'eau, arrivée dans le premier cylindre, se rassemble au fond et remonte, par un tuyau de communication, pour se déverser sur les cossettes du deuxième cylindre. Là elle s'enrichit et se déverse sur les cossettes du troisième cylindre, et ainsi de suite, jusqu'à ce que le jus atteigne une concentration suffisante. Pour favoriser la diffusion ou dissolution du sucre des cossettes dans l'eau, on porte l'eau à la température de 70 à 80°.

Au fur et à mesure que les cossettes d'un cylindre sont épuisées, ce qui arrive après plusieurs lavages successifs, on les remplace par des cossettes fraîches.

Épuration du jus. — Le jus ainsi obtenu est soumis à diverses opérations d'épuration. On procède d'abord à la *défécation* ou *chaulage*, c'est-à-dire au mélange du jus avec de la chaux pour précipiter les matières étrangères.

Le jus ainsi déféqué est débarrassé de son excès de chaux au moyen d'un courant d'acide carbonique, c'est ce que l'on appelle la *carbonatation*.

Ce jus, notablement purifié, contient encore des matières étrangères dont on se débarrasse en le filtrant sur une colonne de noir animal en grains. Cette matière peut servir jusqu'à 20 ou 25 fois pour cette opération.

Évaporation et concentration du jus. — Le jus, purifié par le chaulage et par le filtrage, doit être concentré pour que le sucre dissous puisse cristalliser. Cette concentration se fait en deux fois:

1° Le jus est d'abord réduit à environ la moitié de son volume primitif et transformé en *sirop*; c'est l'évaporation proprement dite, que l'on obtient par l'ébullition dans le vide, c'est-à-dire à basse température pour éviter que les liquides ne s'altèrent et ne se colorent. Ce sirop est de nouveau passé dans des filtres à noir animal pour être clarifié une seconde fois; 2° puis on le concentre par la *cuisson*. La cuisson se fait dans une chaudière en fonte au moyen de la vapeur. On obtient une *masse cuite*, pâteuse, toute remplie de cristaux.

CRISTALLISATION ET ÉGOUTTAGE.— Pour opérer l'extraction du sucre de la masse cuite, on a recours à la turbine. La masse pâteuse est versée dans la turbine. Sous l'influence de la rotation rapide que l'on donne à cet appareil à l'aide de la vapeur, le sucre est distribué contre les parois, et la mélasse s'écoule seule hors de l'instrument. Le sucre ainsi obtenu constitue le sucre de premier jet, il se présente sous la forme de petits cristaux blancs, assez réguliers, craquant sous la dent. Le sirop ou mélasse résultant du premier turbinage est soumis à une nouvelle concentration avant d'être turbiné une seconde fois. On obtient ainsi le sucre de deuxième jet. On peut obtenir également le sucre de troisième jet.

RAFFINAGE DU SUCRE.— Le sucre de betterave tel qu'il sort de la fabrique doit être raffiné pour être livré à la consommation. Le raffinage consiste à refondre le sucre de manière à faire un sirop, que l'on clarifie et filtre avant de le transformer de nouveau en masse cuite. Cette masse cuite est finalement versée dans des formes coniques en toile galvanisée. Elles constituent les moules des pains qu'on se propose d'obtenir. Quelquefois, la masse est coulée dans des formes rectangulaires et on obtient alors des blocs qui ont l'avantage de fournir moins de déchets au sciage et au cassage.

Chapitre II.— FÉCULERIE

La *fécule*, désignée quelquefois sous le nom d'*amidon de pomme de terre*, est extraite des tubercules de pomme de terre. Il ne faut pas la confondre avec l'amidon proprement dit, que l'on retire des graines de céréales.

Toutes les pommes de terre peuvent être employées

par les féculeries ; cependant on a reconnu que certaines espèces, comme la *patraque jaune*, méritaient d'être utilisées pour la production de la fécule, de préférence à d'autres variétés donnant un rendement inférieur.

L'extraction de la fécule comporte les diverses opérations suivantes :

Le *trempage*, qui consiste à maintenir les pommes de terre pendant quelques heures dans l'eau avant de les envoyer dans des *laveurs mécaniques* où elles sont débarrassées de la terre et des pierres adhérentes à leur surface. Après ce lavage, les tubercules sont soumis au *râpage* mécanique. On obtient ainsi une farine grossière, appelée *pulpe*, qu'on délaie avec de l'eau, et on jette le tout sur un tamis.

Le *tamisage* a pour effet de séparer la fécule d'avec la pulpe. L'eau entraîne avec elle la fécule. Après un repos suffisant, on décante ; l'eau surnageant est claire. On fait ensuite subir à la fécule une série de manipulations pour la débarrasser du son, du sable et des autres matières terreuses qu'elle peut contenir encore.

Une fois l'*épuration* terminée, on fait égoutter la fécule sur des toiles ; puis on la met pendant 24 heures sur une aire en plâtre qui absorbe toute l'eau apparente. On la fait sécher d'abord à l'air libre, puis dans une étuve à air chaud, dont la température ne dépasse pas 50 à 90°. Il n'y a plus alors qu'à briser les blocs de fécule et à passer le produit au blutoir.

Ordinairement, 100 kilogr. de pommes de terre donnent 22 kilogr. de fécule.

CHAPITRE III. — **FABRICATION DE L'HUILE D'OLIVE.—**
OLÉIFICATION

La fabrication de l'huile d'olive se fait dans des moulins spéciaux ou huileries établis dans les lieux où l'on cultive l'olivier.

Les olives sont récoltées lorsqu'elles sont mûres, c'est-à-dire en novembre et décembre. On les cueille à la main ou on les fait tomber des arbres à l'aide de gaules.

Au moulin, elles sont d'abord broyées à l'aide d'une ou deux meules verticales, en fonte ou en pierre, qui se meuvent dans une auge circulaire (fig. 75).

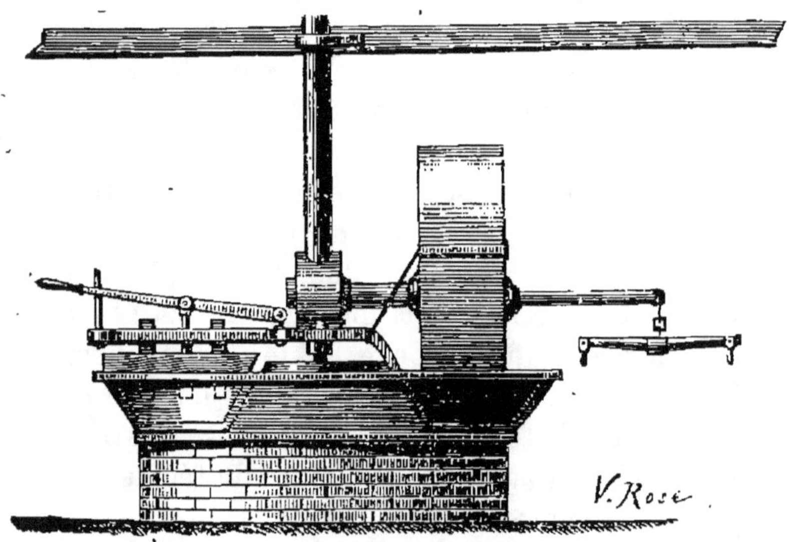

Fig. 75.— Moulin à olives de J. Vigouroux.

Quand les olives sont réduites en pâte, on procède au *pressage*. A cet effet, on distribue la pâte dans des espèces de sacs en sparterie, appelés cabas ou couffins ou scourtins, puis on place plusieurs de ces cabas, les uns sur les autres, sur la plate-forme d'un pressoir (fig. 76) et l'on fait agir celui-ci. L'huile qui s'écoule est de qualité supérieure, elle constitue l'*huile vierge*.

On enlève ensuite les cabas, on les ouvre, on verse dans

chacun quelques litres d'eau bouillante et on soumet de nouveau le tout à l'action du pressoir. On obtient ainsi une huile un peu inférieure comme qualité. Souvent on se contente, pour cette seconde pressée, de remuer, de briser la pâte, sans ajouter de l'eau bouillante.

On pourrait, à la rigueur, opérer une troisième, une quatrième pression.

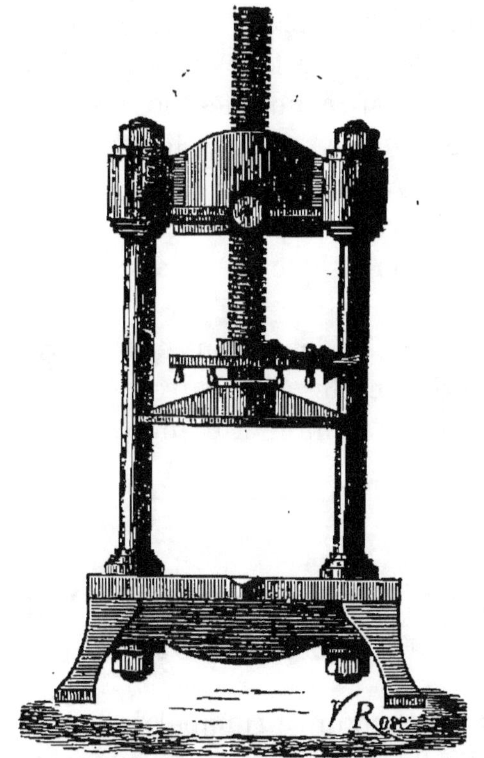

Fig. 76.— Presse à huile de J. Vigouroux.

Il est préférable de livrer les grignons ou résidus de la pression à des usines spéciales dites de *rescence*. Ces usines traitent les résidus soit avec du sulfure de carbone, soit par un nouveau broyage et une nouvelle pression, pour extraire l'huile qu'ils contiennent.

L'huile provenant de la première pression est renfermée dans des jarres en grès ou dans des réservoirs bien propres, où elle se clarifie par le repos; après quoi, on la transvase dans d'autres récipients semblables, où elle achève de se purifier.

Le produit des autres pressions est traité de la même manière. Dans ce cas, peu à peu l'huile se sépare de l'eau et vient se réunir à la surface, ce qui permet de l'enlever facilement. Quant à l'eau, on la dirige dans une sorte de citerne nommée *enfer*, où elle fournit encore une certaine quantité d'huile de qualité inférieure (*huile d'enfer*).

On conçoit, d'après ce qui vient d'être dit, qu'il existe plusieurs sortes d'huiles.

1° L'*huile vierge*, que l'on extrait de la première pression. Cette huile est recherchée pour son goût de fruit.

2° L'*huile ordinaire*, qui est le résultat de la seconde pression.

3° L'*huile de rescence*, qui résulte du traitement des tourteaux et qu'on utilise pour la fabrication des savons durs.

4° Enfin l'*huile d'enfer*, qu'on retire des eaux employées à l'extraction des huiles ordinaires. Cette huile n'est pas comestible ; c'est de l'huile à brûler.

Chapitre IV. — DISTILLERIE. — FABRICATION DE L'ALCOOL

L'alcool est le produit principal de la décomposition du sucre sous l'influence d'un être microscopique appelé *ferment*. Lorsqu'on abandonne une liqueur sucrée à elle-même, au contact de l'air, le sucre disparaît et il se forme un gaz, l'acide carbonique, qui se répand dans l'atmosphère, et de l'alcool qui reste dans la liqueur.

Cet alcool se trouve mélangé à une foule de substances étrangères, dont l'eau est la plus abondante. Pour l'extraire de ce milieu, on profite de la propriété qu'il possède d'entrer en ébullition à une température moins élevée que celle qui détermine l'ébullition de l'eau. On a donc recours à l'action du feu. Lorsqu'on fait bouillir un liquide contenant de l'alcool, les premières vapeurs sont plus alcooliques que les dernières. Si on les recueille à part et si, par un refroidissement convenable, on vient à les condenser, on obtient un liquide plus chargé en alcool que le liquide primitif.

L'opération dont nous venons de parler s'appelle *distillation*; c'est sur elle que repose l'industrie de l'alcool.

Nous diviserons en trois classes les substances sucrées qui peuvent être employées pour cette fabrication.

La première classe comprend les liquides qui ont été déjà soumis à la fermentation, tels que le vin, la bière, le cidre, le poiré, le marc de raisin, etc.

La deuxième classe comprend toutes les matières qui, contenant du sucre, ont besoin d'être mises en fermentation: ce sont les jus des racines et des tiges sucrées, des fruits tels que les pommes et les poires, de la canne à sucre, de la betterave, le moût de raisin.

A la troisième classe appartiennent toutes les substances qui ne renferment ni sucre ni alcool, mais qui, par des opérations convenables, peuvent se convertir en l'un et l'autre de ces corps. Dans cette catégorie se placent le blé, le maïs, le seigle, l'orge, le riz, la pomme de terre et la fécule, les châtaignes, etc., et toutes les matières amylacées.

Parmi les liqueurs fermentées, le VIN est celle qu'on a d'abord uniquement employée pour la fabrication de l'alcool. En général, on ne destine à la distillation que les vins médiocres, altérés et d'une conservation difficile, les vins déjà piqués. On les désigne sous le nom de vins de *chaudière*. C'est par la distillation de certains vins qu'on obtient les *eaux-de-vie de Cognac* et d'*Armagnac*; les *trois-six* dits *de Montpellier*.

Après les eaux-de-vie de vin, nous citerons celles fournies par la betterave ou par sa mélasse, par la pomme de terre ou par sa fécule et par les grains.

Alcool de betterave. — Pour la betterave, on extrait tout d'abord le jus sucré, comme nous l'avons indiqué à propos de la fabrication du sucre. Généralement, on a recours à la macération ; les cossettes de betterave sont placées dans des cylindres où on leur fait subir des lavages successifs jusqu'à ce que le jus soit assez riche pour fermenter.

Les résidus de ces infusions, les pulpes, servent, comme celles de la sucrerie, à la nourriture du bétail.

Le jus sucré est mis en fermentation dans des cuves en bois ; quand la fermentation .est terminée, on le distille.

Les *mélasses de betterave* sont un des résidus les plus importants des sucreries. Elles contiennent de 40 à 45 p. 100 de sucre. On les additionne d'eau de manière à ramener à 8 ou 10 p. 100 leur richesse en sucre, puis on les introduit dans de grandes cuves pour les faire fermenter. Le liquide alcoolique ainsi obtenu se distille ensuite.

Le traitement des *grains* se fait de deux manières différentes. Par la *diastase* et par les *acides*. On transforme la matière amylacée ou amidonnée en sucre, et le liquide sucré est mis à fermenter.

Les appareils employés pour la production des eaux-de-vie forment deux grandes classes. Les uns sont *intermittents* ; ce sont les *alambics* simples (fig. 77) ou composés.

Fig. 77.— Alambic brûleur Deroy.

Après chaque distillation, on est obligé de suspendre leur marche pour vider les liquides épuisés ou *vinasses* et les remplacer par une quantité nouvelle de liquide fermenté. Les alambics donnent lieu à une perte de temps et de combustible. Aussi ne conviennent-ils pas à la grande industrie, où ils sont remplacés, d'ailleurs, par des appareils *continus*, c'est-à-dire fonctionnant sans interruption.

Avec les alambics, on obtient des produits ayant parfois un goût désagréable, ou bien ils sont à un titre si bas que, pour les utiliser aux différents degrés demandés par le commerce, on est obligé de les soumettre à plusieurs distillations. La première est dite *ébauchage*; les redistillations successives sont appelées *rectifications*, *repassages* ou *repasses*.

Malgré ces inconvénients, ces instruments étant d'un prix peu élevé, faciles à placer, à entretenir, à conduire et à transporter, sont généralement employés par les petits distillateurs et par les *bouilleurs de cru*, c'est-à-dire par les propriétaires qui distillent leur propre récolte.

Les appareils continus sont établis sur le même principe que les précédents. Ils fonctionnent avec une économie considérable de temps, de combustible et de main-d'œuvre. Ils permettent d'obtenir, de premier jet, des liquides à un degré donné.

Les alcools dits *esprit bon goût*, caractérisés par un parfum exquis et une saveur agréable, sont spécialement recherchés pour le service de la table.

Ceux dits de *mauvais goût* ont un goût plus ou moins désagréable; on les utilise de préférence dans l'industrie. Les premiers sont spécialement retirés du vin; les seconds proviennent des grains, de la pomme de terre, de la betterave, de la fécule, etc.

Chapitre V. — FABRICATION DES ESSENCES

Les essences odorantes qui servent à la préparation des parfums sont obtenues par plusieurs procédés différents :

1° Par distillation;

2° Par dissolution ou enfleurage ;

3" Par expression ou par pression.

1° *Distillation.* — Le procédé qui s'applique à l'extraction d'un grand nombre de parfums (essence de rose, essence de fleurs d'oranger, etc.) consiste à chauffer à la vapeur les parties du végétal renfermant le principe odorant.

Les essences, étant des corps très volatils, se séparent des autres principes et sont recueillies dans des vases appelés *récipients florentins.*

2° *Dissolution ou enfleurage.* — Lorsque le parfum existe en petite quantité dans la plante, ou lorsqu'il ne peut subir la distillation sans s'altérer, on a recours à la dissolution.

Dans cette opération, on emploie des corps appelés *dissolvants* qui, mis en contact avec les fleurs ou la partie parfumée des plantes, se chargent du parfum. Comme dissolvants, on emploie des corps gras. de l'huile, de la graisse. La macération ou l'enfleurage peut se faire soit à la température ordinaire, c'est-à-dire à froid, soit avec le concours de la chaleur ou de la vapeur.

Quelquefois on emploie comme dissolvants l'éther ou l'alcool. Dans ce cas, la séparation s'effectue par distillation, et le dissolvant repris peut servir à une nouvelle opération.

Quand on opère dans le vide, à l'abri de l'air, la température est basse et on obtient dans toute leur intégrité et leur suavité les parfums des plantes.

3° *Expression.* — Ce procédé est employé pour la préparation des essences contenues en fortes proportions dans les végétaux. Il consiste à râper la partie de l'enveloppe colorée du fruit. On obtient ainsi une pulpe qui, soumise à une forte pression, donne de l'eau et de l'huile essentielle. Cette huile surnage sur l'eau ; on la décante et on la filtre. Les produits ainsi obtenus sont plus odorants, mais ils ont le désagrément d'être moins purs.

HORTICULTURE

L'horticulture est l'art de cultiver les jardins et d'en tirer le plus grand profit possible.

L'horticulture comprend : 1°. la culture des arbres fruitiers ou arboriculture fruitière ; 2° les cultures potagère et maraîchère ; 3° la culture des fleurs ou floriculture.

CHAPITRE PREMIER

1° CULTURE DES ARBRES FRUITIERS

Les arbres fruitiers sont cultivés de deux façons : soit en verger, soit en jardin fruitier.

1° Du verger.

Le verger, d'une surface relativement grande, est composé d'arbres fruitiers à haute tige non soumis à une taille régulière. On se borne, pour ces arbres, à établir, par la taille, la charpente pendant les deux ou trois premières années ; on les abandonne ensuite à eux-mêmes. L'entretien ultérieur consiste uniquement à enlever les branches mortes, à nettoyer l'intérieur des arbres lorsqu'ils sont trop touffus et à les recéper quand le besoin s'en fait sentir.

Le verger produit des fruits en très grande quantité, mais d'une façon irrégulière, et, de plus, ces fruits sont petits et peu estimés pour la vente.

2° Du jardin fruitier.

Le jardin fruitier, de dimension beaucoup plus restreinte que le verger, se compose d'arbres soumis à une taille régulière.

Il réclame des soins nombreux, mais sa production est à peu près assurée chaque année, et les fruits qu'il produit sont gros, savoureux et très estimés pour la vente.

2º PLANTATION.—CHOIX DES ARBRES.— LEUR FORME

Il faut avant tout rechercher un sol profond, bien exposé, à l'abri des gros vents et ayant une composition en rapport avec les espèces fruitières à cultiver.

Le sol est nivelé, puis défoncé à une profondeur de 0ᵐ,70 à 0ᵐ,80. Si les arbres à planter doivent être très rapprochés les uns des autres, on a intérêt à faire un défoncement continu. Lorsqu'on plante, au contraire, les arbres à quelques mètres les uns des autres, on se contente de creuser, à l'emplacement qu'ils doivent occuper, un trou de 1 mèt. à 1ᵐ,20 de côté et à la profondeur indiquée.

Dans le système en espalier, la charpente des arbres est fixée contre un mur.

Dans les *contre-espaliers*, les arbres sont établis sur des treillages en bois ou en fil de fer et conduits de la même façon que les arbres en espalier. Les contre-espaliers sont abrités par le voisinage d'un mur ou par un rideau d'arbres verts.

Les arbres en *plein vent* n'ont ni abri, ni support ; leur forme doit être simple. Nous indiquerons pour chaque espèce fruitière les formes qui se prêtent le mieux à la culture et à la production.

De la taille.

La taille hâte la fructification, augmente la quantité et la qualité des fruits, régularise et assure la production. Les divers modes de taille seront décrits en parlant de la culture de chaque arbre fruitier.

Soins d'entretien.

Les soins d'entretien sont aussi nécessaires aux arbres

qu'aux plantes. Ils comportent: 1° un labour superficiel au printemps et à l'automne, afin de détruire les mauvaises herbes ; 2° des fumures régulières que l'on applique dans le courant de l'hiver au pied des arbres ou sur toute la surface du sol, suivant les cas. On arrosera le fruitier toutes les fois qu'une sécheresse prolongée se fera sentir ou que l'on redoutera les gelées printanières.

Chapitre II.— **PROCÉDÉS DE MULTIPLICATION**

Les arbres fruitiers sont multipliés de plusieurs façons: par le semis, le marcottage, le bouturage et le greffage.

Semis.— Le semis est employé pour obtenir les sujets francs destinés à porter la greffe.

On sème en pépinière et on repique l'année suivante dans une planche spéciale, à l'écartement de 0^m,50 environ. Dès que les arbres sont suffisamment forts, ils sont greffés en écusson ou en fente, puis on les transplante à demeure. Cette manière d'opérer est spéciale au poirier et au pommier.

Le pêcher et l'amandier se sèment directement en pleine terre à 0^m,50 les uns des autres ; ils sont greffés en écusson à la fin de l'été qui suit le semis.

Marcottage.— Le marcottage consiste à faire émettre des racines à une branche, en la couchant et la recouvrant de terre sans la séparer de l'arbre. Ce procédé de multiplication est rarement employé.

Bouturage.— Le bouturage permet de multiplier très facilement le cognassier, certaines variétés de pruniers et les pommiers.

Dans une terre légère et fraîche, les boutures ou portions de rameaux reprennent très facilement. On les plante à un écartement suffisant pour qu'elles puissent se développer sans se gêner après le greffage.

Greffage.— La greffe a pour objet la multiplication des bonnes variétés d'arbres fruitiers. Elle consiste à implanter une fraction de branche ou un œil appelé greffon sur des arbres vigoureux et sauvages nommés sujets ou porte-greffes.

Les greffes les plus recommandables sont : la greffe en écusson, la greffe en fente ordinaire et la greffe en couronne.

La greffe en écusson est de beaucoup la plus employée, surtout en pépinière, à cause de la rapidité et de la facilité de son exécution (fig. 78).

Certains arbres, tels que le pêcher, l'amandier, etc., sont presque exclusivement greffés de cette manière.

Cette greffe a l'avantage de pouvoir se pratiquer sur la plupart des arbres à fruits et de se faire pendant une grande partie de l'été.

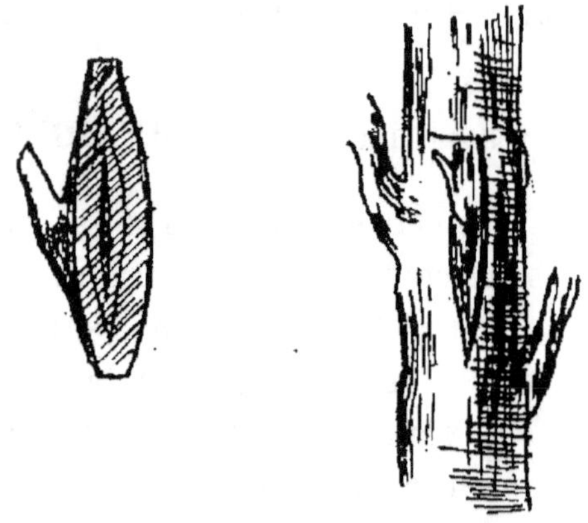

Fig. 78.— Greffe en écusson

Pour greffer en écusson, on tranche l'écorce du sujet avec un greffoir ou une serpette de façon à former un T. On enlève ensuite un bourgeon de l'espèce à multiplier, bourgeon qui se trouve à l'aisselle des feuilles, c'est l'écusson, et on le place sur le sujet en l'introduisant sous les languettes d'écorce détachées par la fente en T. On attache enfin la greffe avec un lien de laine ou de raphia.

La greffe en fente s'exécute comme celle de la vigne.

La greffe en couronne sert pour les arbres très vieux dont on veut changer la variété. On coupe le tronc à la hauteur où doit se faire la greffe et on fait pénétrer ensuite le greffon taillé en bec de plume entre l'écorce et le bois.

On recouvre finalement les plaies avec du mastic à greffer.

Chapitre III

1° Poirier

Le poirier est un des arbres à fruits le plus cultivé à cause des qualités de son fruit (1). On trouve dans tous les jardins de nombreuses variétés de poiriers à époque de maturation différente. A ce point de vue on peut même diviser les poires en poires d'été, poires d'automne et poires d'hiver.

Dans le Midi, les variétés les plus recommandables au point de vue de la fertilité, de la qualité et de la grosseur des fruits, sont les suivantes, classées d'après leur époque de maturité :

1ʳᵉ époque : juillet-août

Beurré blanc.
Beurré Giffard, excellente poire d'été.
Blanquet (cramoisine), recherché pour la confiserie.
Citron des carmes (Saint-Jean vert), excellent fruit d'été.
Epargne (cuisse-madame), productif.
Muscat Robert, fruit très parfumé.
Royale d'été.
Saint-Germain d'été.
Beurré de l'Assomption.

---

(1) Dans le Nord, les poires sont aussi employées à la fabrication d'une boisson alcoolique, connue nous le nom de poiré ou cidre de poires.

2ᶜ époque : septembre-octobre

Beurré de Clairgeau.
Bon Chrétien d'été, fruit gros, chair fine très sucrée.
—   William, fruit très gros.
Doyenné blanc.
Duchesse d'Angoulême, l'une des meilleures poires.

3ᵉ époque : octobre, novembre et décembre

Colmar d'Aremberg.
Beurré d'Aremberg.
—   Diel, fruit première qualité.
Saint-Germain d'été.
Bon Chrétien d'hiver.

Toutes ces variétés sont obtenues par les greffes en écusson sur poirier franc ou cognassier.

Le poirier est greffé sur poirier franc obtenu au moyen du semis des pépins, lorsqu'il est destiné à être planté dans les terrains secs, calcaires, pierreux et peu fertiles. Quand la terre est riche, profonde, de bonne qualité, il vaut mieux le greffer sur cognassier.

Greffés sur franc, les arbres sont plus vigoureux et d'une plus longue durée ; on doit les préférer pour les formes à haute tige de grande arborescence. Au contraire, greffés sur cognassier, ils se mettent plus tôt à fruit et conviennent mieux pour les formes moyennes et de petite arborescence.

Dans les jardins, les formes que l'on donne au poirier sont les suivantes: forme en cône ou pyramide (fig. 89), forme en fuseau ou en colonne (fig. 90); ce sont là des

Fig. 79.— Rameau fructifère du poirier ou lambourde

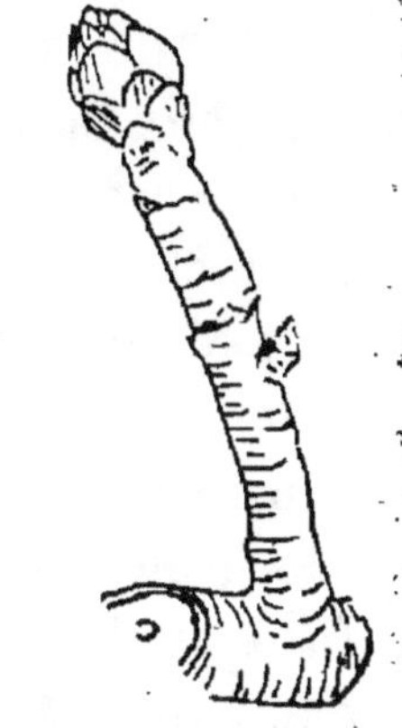

Fig. 80.— Bouton à fleurs sur lambourde

formes de plein vent. En espalier et contre-espalier, on donne la forme en palmette et en cordons (fig. 86, 88 et 91).

Pour le poirier, comme pour tous les arbres fruitiers, on distingue deux sortes de taille: 1° celle qui a pour objet la formation de la charpente de l'arbre ; 2° celle qui a pour but l'obtention des fruits. La taille de la charpente, qui varie avec le genre de forme, est facile à pratiquer. En consultant les figures ci-après (pages 240 et 241), on s'en fera une idée exacte.

Quant à la taille qui a pour but l'obtention des fruits, elle est plus délicate. Elle est basée sur ce double principe : le poirier ne donne ses fruits que sur des rameaux de trois ans; une branche qui a commencé à fructifier produit ensuite des fruits indéfiniment si elle est soignée. Cette branche fruitière se nomme *lambourde* (fig. 79). Tout bourgeon ou toute branche peu vigoureuse se transforme en bouton à fleurs ou en branche à fruits (fig. 80).

Pour expliquer la formation des boutons à fleurs, nous allons prendre un exemple.

Prenons un rameau vigoureux, vertical, situé à l'extrémité d'une branche de charpente, et supposons qu'il ait été taillé vers la moitié de sa longueur. Les yeux de la base vont s'épanouir en formant des bouquets de feuilles. Vers le milieu, les bourgeons ou yeux vont se transformer en rameaux très grêles appelés *brindilles* (fig.82). Et enfin les yeux du sommet donneront naissance à des branches vigoureuses. L'année suivante, les bourgeons de la base, qui avaient donné naissance à des rosettes de feuilles, seront devenus boutons à fleurs.

Fig. 81. — Dard (une des branches à fruit du poirier qui fleurit la 3e année).

Les brindilles porteront à leurs extrémités un bouton en fleur pour l'année suivante. Et, en dernier lieu, la branche résultant du développement des yeux du sommet et qui aura été conservée comme branche de prolongement sera taillée et poussera d'une façon analogue à celle que nous venons de considérer.

A la taille, nous laisserons intacts les boutons à fleurs, qui sont plus gros et

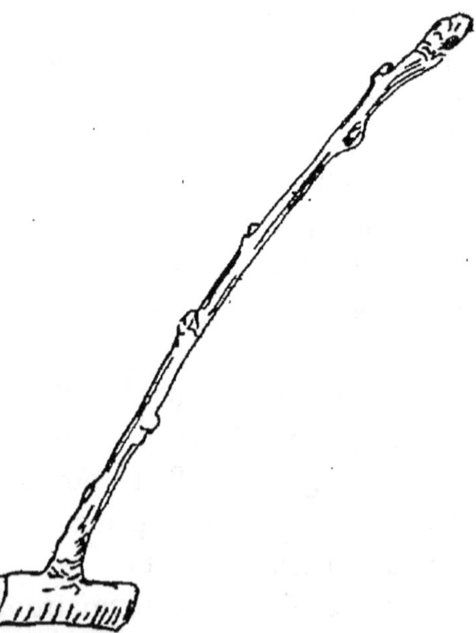

Fig. 82.— Brindille

plus ronds que les boutons à bois, et les brindilles courtes. Les brindilles plus longues seront taillées à une longueur d'environ 5 centim. Les bourses (fig. 83) formées

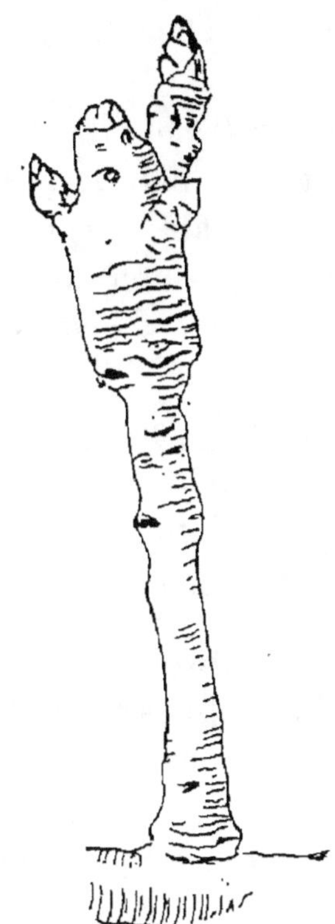

Fig. 83.—Bourses.

par le renflement des dards (fig. 81), des brindilles et des lambourdes seront laissées intactes au moment de la taille. Elles portent, en effet, des yeux à fruits, qui fleuriront successivement la seconde ou la troisième année de leur formation. Les branches du sommet, sauf la dernière, seront coupées très près de leur point d'intersection, et enfin la branche terminale sera taillée vers la moitié de sa longueur.

Maladies. — Les maladies parasitaires du poirier sont combattues avec une solution contenant 1 p. 100 de sulfate de cuivre.

Les insectes qui attaquent les branches sont détruits en badigeonnant les arbres, en hiver, avec un lait de chaux dans lequel on a mis du pétrole émulsionné dans de l'eau de savon. Il ne faut pas dépasser la dose de 5 p. 100 de pétrole. Il est prudent de ne pas appliquer ce mélange sur les boutons à fleurs.

Récolte. — Les poires d'été doivent toujours être récoltées avant leur maturation complète. Celles d'hiver seront récoltées le plus tard possible, avant les gelées.

Pour les conserver, on les met sur des claies, dans un endroit sec et à l'abri du froid; pour hâter leur maturation, on les enfouit dans de la paille.

2° Pommier.

Le pommier a une importance secondaire dans le Midi.

Cultivé en plein vent, il produit peu de fruits, surtout dans les localités chaudes et mal aérées.

Le pommier prospère surtout dans les sols de consistance moyenne, argilo-calcaires et argilo-siliceux et suffisamment frais.

Le pommier de verger est greffé sur *franc*; il est conduit de la même façon que le poirier. On peut le greffer sur *pommier paradis* lorsqu'on désire l'établir en petites formes ou sur *pommier doucin*, variété que l'on multiplie par le marcottage, lorsqu'on veut établir les arbres en cône, en espalier ou en gobelet.

Le nombre de pommiers à fruits de table, sans compter ceux à cidre, est assez considérable. Parmi les variétés qui donnent les meilleurs résultats dans le Midi, nous citerons:

	Epoque de maturité.
La reinette d'Angleterre . . .	Décembre à mars.
— dorée	Novembre à décembre.
— du Canada	Décembre à janvier.
— grise	—
— du Vigan	Novembre à janvier.

L'api rouge (fruit petit).

— gros (pomme rose).

La calville blanc d'hiver.

— rouge d'hiver.

La Rambourg d'été.

La forme la plus avantageuse pour le pommier est le cordon horizontal. On l'établit en plantant les jeunes sujets à 1^m,50 ou 2 mèt. les uns des autres, en lignes. Dès qu'ils ont atteint environ 80 centim., on les recourbe le long d'un fil de fer bien tendu où on les attache. On obtient les branches fruitières en pinçant court les rameaux qui se développent sur les cordons.

Maladies. — Le pommier est souvent très attaqué par le puceron *lanigère*. On applique pour le détruire, pendant l'hiver, sur les branches, une émulsion de pétrole à 5 p. 100 dans une dissolution de savon à 3 p. 100.

D'autres insectes peuvent aussi attaquer le pommier.

La récolte se fait le plus tard possible, avant les gelées. Les pommes se conservent comme les poires.

Chapitre IV.

1° Pêcher

Le pêcher est un arbre fruitier très précieux ; ses fruits sont très recherchés. On le greffe sur trois porte-greffes principaux : le *pêcher franc*, l'*amandier* et le *prunier Saint-Jullien*.

Le pêcher franc donne des arbres de peu de durée ; il est spécial pour la culture en plein vent.

Le pêcher sur amandier est recommandable pour les terres caillouteuses, calcaires, sèches et suffisamment profondes. Pour les terres humides, on doit rechercher le pêcher greffé sur prunier.

La greffe se fait toujours en écusson, en juin sur le prunier, en septembre sur l'amandier.

Dans le Midi, on cultive, pour l'expédition, les variétés suivantes, qui mûrissent à partir de fin juin jusqu'à fin juillet.

Pêche Amsden.
— Alexander.
— précoce de halle.
— précoce de Musser.
— Madeleine rouge de Courson.
— pourprée hâtive.

Le pêcher se cultive de trois façons : en plein vent, en espalier et en contre-espalier. La taille de la charpente s'obtient facilement par la taille d'hiver, en s'inspirant de ce principe que les bourgeons du pêcher sont triples et qu'il sort par suite du même point trois rameaux. Pour l'obtention des fruits, on se laisse guider par ce principe : le pêcher ne produit ses fruits que sur les rameaux de l'année précédente (fig. 84), et un rameau qui a fructifié une fois ne fructifie pas une seconde fois. Donc, chaque année, il faut supprimer les rameaux qui ont donné des fruits et assurer le développement de nouveaux rameaux pour l'année suivante.

Par la taille et les pincements (fig. 85), on arrive à ce résultat.

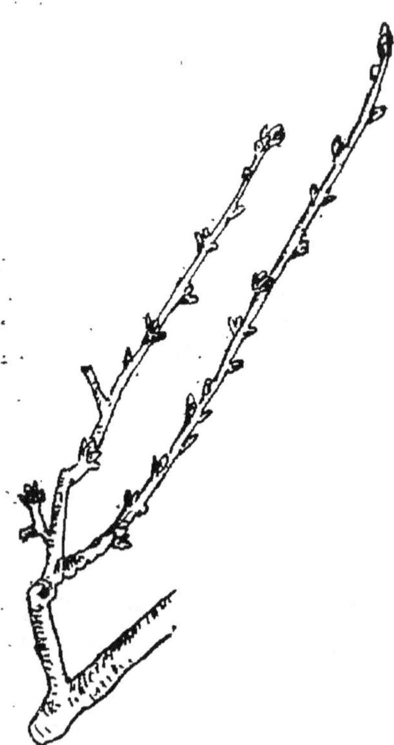

Branche à fruit du Pêcher

Fig. 84

Fig. 85.— Pincement du pêcher.

Maladies. — Dans le Midi, les deux maladies principales qui attaquent le pêcher sont la *gomme* et la *cloque.*

La gomme est produite par l'excès d'humidité du sol ou par un froid assez vif.

La cloque est une maladie qui se manifeste sur les feuilles, qui se crispent, se boursouflent, sèchent et tombent. On doit enlever les feuilles atteintes.

2° **Abricotier**

L'abricotier se cultive en plein vent. On le greffe sur franc dans les terrains secs ; sur amandier ou sur prunier dans les sols humides. Dans la plupart des cas, le prunier constitue le meilleur porte-greffe. La greffe en écusson est la plus employée. Comme pour les autres arbres en plein vent, on se borne à établir la charpente que l'on se contente d'entretenir dans la suite par la taille annuelle.

Les meilleures variétés de la région propres à la culture des primeurs sont les suivantes :

Blanc, le plus recherché par les confiseurs.

Beaugé blanc.

Muscat pêche.

Pêche de Nancy (abricot de Nancy).

Royal.

Précoce de Boulbon.

3° **Prunier**

Le prunier est un arbre remarquable par sa rusticité ; il est en outre très peu sujet aux maladies.

On le greffe en fente ou en écusson sur prunier de semis ou de bouture.

Planté dans une terre un peu fraîche, il prend très vite un grand développement. Souvent, après quelques années de production, certaines branches dépérissent. Ces branches sont remplacées par les rameaux gourmands qui poussent à leur base. On s'empresse, en effet, de couper les branches qui faiblissent au-dessus de ces gourmands.

Les variétés qui donnent les meilleurs rendements et qui sont employées dans la confiserie sont les suivantes :

Perdrigon violet.

Impériale rouge.

Reine Claude dorée.

    —   verte.

Les prunes sont utilisées soit pour la consommation directe, soit pour la fabrication des pruneaux.

4° **Cerisier**

Le cerisier comprend deux groupes de variétés :

1° Les variétés dont les fruits sont appelés *griottes*, à saveur acide, fraîche ;

- 2° Les *guignes* et les *bigarreaux*, fermes, craquants et ordinairement très sucrés.

Comme fruits de primeur, on cultive les variétés suivantes :

Bigarreau de Bâle.

    —   Jaboulay.

    —   rouge de Sauve.

Cerise anglaise hâtive.

    — royale hâtive.

Reine Hortense (16 à la livre).

Le cerisier se greffe sur *franc*, sur *merisier* et sur *cerisier de Sainte-Lucie*. Greffé sur franc, il vient bien dans les terres profondes et fraîches. Quand le terrain est très calcaire, on doit choisir le merisier. Les cerisiers de Sauve sont greffés sur ce sujet. Et enfin, dans un sol de mauvaise nature, sec et rocailleux, on emploie le cerisier de Sainte-Lucie.

Les arbres greffés sur cette variété prennent un petit développement.

Pour le cerisier, la culture en plein vent est de beaucoup la plus usitée ; la taille est alors sommaire, elle se borne à des éclaircissages.

Les variétés de cerisiers sont très nombreuses ; on doit cultiver les plus précoces ou les plus tardives et celles dont les fruits supportent facilement le transport à grande distance.

5° Figuier

Le figuier est un arbre essentiellement méridional. Il vient dans tous les sols. Sous les climats chauds, il donne assez souvent deux récoltes par année. Les figues de la première récolte sont appelées figues-fleurs.

Le figuier est multiplié par bouture, marcotte ou rejet.

Après sa plantation, il est abandonné à lui-même. Sa culture nécessite peu de soins. Les figues sont consommées fraîches ou sèches. Pour faire sécher les figues, on les cueille complètement mûres et on les expose au soleil.

Principales formes données aux arbres fruitiers par la taille.

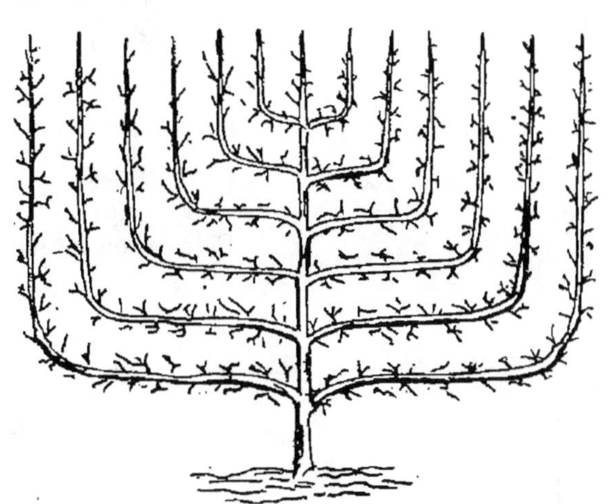

Fig. 86.— Palmette Verrier
de 6ᵉ année.

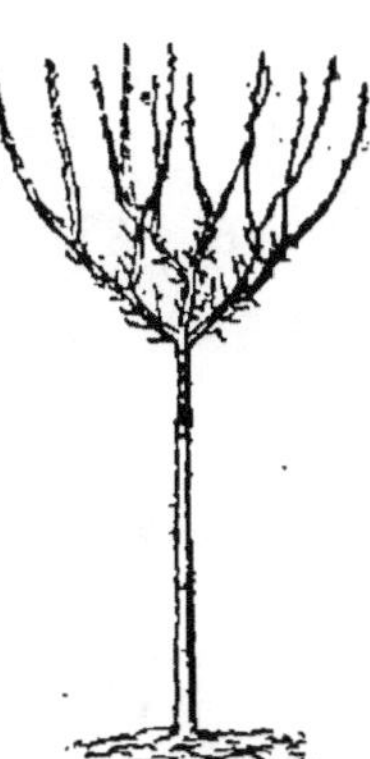

Fig. 87.— Haute
tige formée.

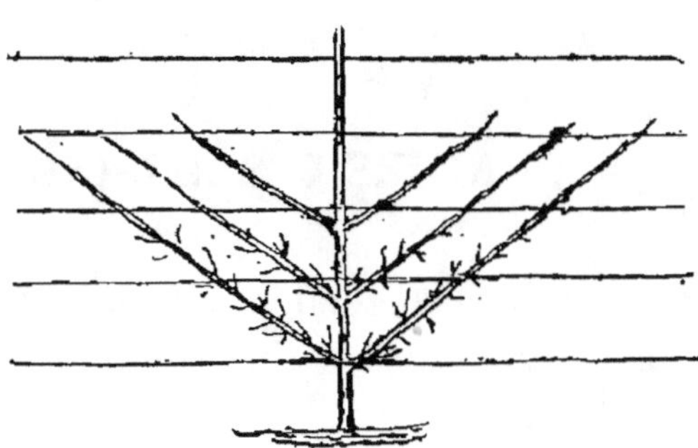

Fig. 88.— Palmette à 3 séries avec palissage.

Fig. 89.— Pyramide.

Fig. 90.—
Colonne ou fuseau.

Fig. 91.— Cordons horizontaux.

Chapitre V. — CULTURE DES RAISINS DE TABLE

Les vignes cultivées spécialement pour la production des raisins de table sont ordinairement conduites en cordon ou en espalier.

Formes en cordon. — Lorsque l'on veut conduire la vigne en cordon horizontal, on dispose, à $0^m,50$ du sol, un premier fil de fer destiné à attacher le cordon, puis un second à la même distance, au-dessus, pour attacher les rameaux à fruits.

On plante les vignes à 2 ou 3 mètres de distance suivant leur vigueur et la richesse du sol. On peut diriger les vignes sur deux cordons superposés ; il faut alors établir le premier fil de fer destiné à recevoir le premier cordon à $0^m,40$ au-dessus du sol ; le second, pour attacher les fruits, à $0^m,30$ au-dessus ; puis, à $0^m,40$ au-dessus, un troisième fil de fer, sur lequel on attachera le second cordon. Enfin, à $0^m,30$ encore au-dessus, un dernier fil de fer qui servira à attacher les rameaux à fruits du deuxième cordon.

Chaque souche est taillée avec un long bois sur lequel pousseront les rameaux fructifères et avec un courson ou branche à bois, qui fournit les sarments de remplacement. Cette taille ressemble en tous points à celle du système Guyot (système de taille particulier à la vigne).

Pour garnir un mur très rapidement, on peut élever la vigne en cordons verticaux. On conserve à la première taille un seul rameau qu'on laisse pousser à une hauteur d'un mètre. L'année suivante on conservera sur ce rameau 3 yeux, lesquels donneront 3 rameaux qui seront palissés, celui du milieu verticalement et les deux autres obliquement.

A la troisième année, on supprime complètement le dernier des 3 rameaux, on taille le second à 2 yeux et on laisse de nouveau 3 yeux au rameau terminal, et ainsi de suite de cette façon. On continue ainsi jusqu'à ce que l'on ait atteint le fil de fer supérieur. Les coursons seront toujours rabattus sur 2 yeux qui produiront 2 sarments fructifères ; l'année suivante, on conservera un de ces rameaux qui sera taillé de la même manière.

On peut, en opérant de la même manière, obtenir des cordons obliques.

Forme en espalier. — La forme en espalier à bras symétriques est plus difficile à obtenir. Avec ce système, pour garnir tout un mur, on superpose les ceps de manière à former plusieurs étages.

Cette forme est obtenue en taillant le rameau terminal au-dessus de 2 yeux bien constitués qui donneront naissance à 2 rameaux latéraux destinés à former les bras. Ces bras, palissés obliquement, porteront dans la suite les coursons et les rameaux à fruits.

Les soins d'entretien des vignes que nous venons d'étudier comportent les opérations suivantes :

1° L'*épamprage*, qui consiste à supprimer sur les coursons les rameaux stériles, mal placés pour le remplacement; on ne doit pas conserver plus de deux rameaux sur chaque courson. Cette opération se pratique lorsque les pousses ont $0^m,12$ à $0^m,15$ de longueur.

2° Le *pincement*, qui est ordinairement pratiqué 15 jours après l'épamprage. Il a pour but de raccourcir les rameaux trop vigoureux.

3° Le *palissage*, qui suit les deux autres opérations, consiste à fixer les rameaux contre le mur en les liant avec des joncs ou du fil de fer. Pour favoriser le développement des fruits, on enlève une partie des jeunes grappes. Dans le même but, on *ciselle* les grains de raisins lorsqu'ils ont atteint le volume d'un pois. On enlève avec des ciseaux les plus petits grains des grappes qui sont par trop serrées ; on coupe également l'extrémité inférieure des grappes de Chasselas quand elles sont trop longues. Les grains restants acquièrent un volume plus considérable ; leur maturité est aussi plus régulière.

A la même époque que le cisellement, on pratique l'*effeuillage*, qui consiste à enlever les feuilles placées entre le mur et les fruits, de manière à faire profiter ces derniers de la chaleur et de la lumière réfléchies par le mur. Les feuilles ne sont coupées que progressivement et en petit nombre sur chaque point.

La *cueillette des grappes* se fait au fur et à mesure de leur maturité. Les raisins sont coupés à la serpette ou avec des ciseaux. Ils sont ensuite triés avec soin ; on enlève tous les grains altérés, puis on les range avec soin dans de petites caisses pour être vendus.

Dans certains cas, ces raisins ne sont livrés à la consommation que dans le courant de l'hiver. En attendant le moment de leur vente, ils sont conservés par deux procédés: celui à *rafle fraîche* et celui à *rafle sèche*.

Dans le premier procédé, on coupe le raisin avec une portion du sarment qui le supporte ; ce rameau est mis le jour même dans un flacon rempli d'eau. Cette eau renferme un morceau de charbon de bois ou une pincée de sel qui empêche sa corruption. Tous les flacons sont conservés dans une chambre ni trop aérée ni trop éclairée. La température la plus favorable à la conservation ne doit pas dépasser 8 à 10°. On enlève l'excès d'humidité du local avec des pierres de chaux que l'on renouvelle de temps en temps.

Dans le second cas, les raisins sont placés, sans fragment de rameau, sur un lit de fougère bien sèche ou de paille de seigle, dans des boîtes à coulisse à claire-voie reposant sur des étagères disposées convenablement dans le fruitier.

Voici les principales variétés de raisins cultivés pour la table :

OEillade, les Chasselas, le Cinsaut, la Clairette ou Blanquette, Frankenthal, Gromier du Cantal, Madeleine noire, Malingre, Muscat d'Alexandrie (Panse musquée), Muscat blanc de Rivesaltes, Muscat rouge de Madère, etc., Panse jaune, Sultanieh, etc.

Chapitre VI, — **PLANTES ET ARBUSTES D'AGRÉMENT — FLEURS**

Il est des plantes, des arbustes, des fleurs qui sont plus particulièrement employés pour l'agrément et la décoration des parcs et des jardins. Cette classe comprend des plantes indigènes et exotiques. On pourrait en compter plusieurs milliers, tant en espèces qu'en variétés et sous-variétés. Les arbres sont plantés seuls ou en massif, en groupe. La place que l'on réservera à chaque arbre sera déterminée par son port, son *aspect* et le but à atteindre. Ainsi, les conifères, tels que le pin, le sapin, le cèdre, le thuya, etc., sont recherchés à cause de leur verdure persistante ; leur feuillage est épais et verdoyant, alors que les arbres à feuilles caduques sont entièrement dépouillés de feuilles pendant l'hiver. Ils produisent un très bel effet plantés par groupe de 5, 10, 15 arbres de même espèce.

D'autres arbres, tels que le robinier (faux acacia), le frêne, le vernis du Japon, le sorbier, composent par leur rapprochement des groupes harmonieusement assortis, à cause de l'analogie de leurs formes.

L'épicéa, l'araucaria, le cèdre dont les branches retombent gracieusement, seront d'un heureux effet plantés isolément sur les pelouses. Quelquefois, pour jouir des contrastes des feuillages, on plantera des bouleaux à tige blanche dans des massifs de conifères sombres.

On obtiendra le même résultat en mélangeant les hêtres ordinaires, à feuillage pourpre, avec des tilleuls argentés. Les arbres à feuillage divisé, ceux de couleur tendre ou argentée, ceux à branches minces ou retombantes, tels que l'acacia, l'ailante, le saule, le bouleau, le mélèze, forment d'heureuses oppositions avec les arbres au port droit, au feuillage sombre, comme l'if ou le cèdre, par exemple.

Quant aux arbres et arbrisseaux remarquables par leurs fleurs et leurs fruits, on devra leur réserver de préférence les massifs placés dans le voisinage des habitations. Enfin, certains arbustes sont utilisés de préférence pour recouvrir des treillages, ce sont le lierre, le rosier de Bengale, le chèvrefeuille, la glycine ou d'autres plantes grimpantes.

Les *fleurs* sont cultivées en plates-bandes aux alentours

des habitations; en corbeilles ou en massif dans les pelouses. Elles doivent être rangées dans l'ordre de leur grandeur, les plus élevées occupant le milieu du massif ou de la plate-bande.

Pour mélanger agréablement les nuances, la plantation sera faite par rangées circulaires quand les corbeilles auront une certaine étendue. On les plantera en groupe dans les petits massifs.

Voici dans quel ordre doivent se répartir les divers végétaux employés pour la décoration ou l'ornement des jardins, suivant les différents buts à atteindre :

1° *Plantes pour grands massifs.* — Arundo donax ou canne de Provence, canna indica ou balisier, dahlia, iris, mauve, phlox, yucca, etc.

2° *Plantes vivaces pour rocailles.* — Anémone du Japon, gueule de loup, campanule, centranthe, giroflée des murailles, bruyère, renoncule, etc.

3° *Plantes à feuilles ornementales.* — Acanthe, amarante, arum, balisier, ricin, etc.

4° *Plantes bulbeuses pour bordures.* — Amaryllis jaune, safran printanier, colchique d'automne, jacinthe, narcisse, scille et tulipe, etc.

5° *Plantes vivaces pour bordures.* — Anthemis noble, œillet (variété), phlox, primevère, violette, etc.

6° *Plantes annuelles pour bordures.* — Nigelle de Damas, silène arméria, etc.

7° *Plantes grimpantes.* — Pois de senteur, liseron, clématite, bignone, lierre, jasmin, chèvrefeuille, passiflore, rose bank, glycine, salsepareille, vigne, etc.

8° *Plantes pour orner les bassins et les pièces d'eau.* — Plantain d'eau, papyrus, queue de cheval ou prêle, iris (variété), nénuphar, renoncule aquatique, arundo, salicaire, myosotis, menthe aquatique, etc.

9° *Plantes pour orner les lieux ombragés.* — Anémone, arum (variété), ancolie, phlox (variété), pivoine, primevère, saxifrage, pervenche, violette, etc.

10° *Plantes pour lieux ombragés et rocailles humides.*— Fougères (plusieurs variétés).

11° *Plantes à fleurs odorantes.*— Giroflée, muguet de mai, héliotrope, iris (variété), lis (variété), narcisse, réséda, violette.

12° *Plantes et arbrisseaux de serre tempérée ou d'orangerie* (propres à orner les jardins dans la belle saison, soit en pots, soit en terre).— Bouvardia, calcéolaire cinéaire, fuschia, héliotrope, géranium, pétunia, primevère de Chine, verveine, etc.

13° *Arbustes et arbrisseaux pour bosquets.*— Amandier nain, bouleau nain, cerisier nain, bruyère, malvonia, genêt, spirée, arbousier, aubépine, cytise, deutzia, chèvrefeuillle, lilas, etc.

14° *Arbres et arbustes toujours verts.*— Sapin, cèdre, cyprès, houx, genévrier, mélèze, pin, chêne vert, thuya, buis, bruyère arborescente, lierre, jasmin arbuste, laurier noble, troëne, romarin, laurier, yucca, etc.

15° *Arbres et arbrisseaux pour palissades.*— Epine-vinette, buplèvre, buis, charme, hêtre, houx, jasmin, troëne, nerprun, rosier, if, thuya, cyprès, lilas, etc.

16° *Arbres d'ornement.*— Sapin, érable, cèdre, cyprès, frêne, noyer, mélèze, magnolia, acacia, tilleul, marronnier, cytise, sureau.

CULTURE POTAGÈRE

C'est la partie de l'horticulture qui s'occupe de la production des plantes potagères ou légumes.

Ces plantes jouent un rôle important dans l'alimentation de l'homme ; on les divise en plusieurs grandes catégories, savoir :

1° Plantes alimentaires par leurs tiges ou leurs feuilles : choux, épinards, oseille, laitue, chicorée, cresson, poireau, asperge.

2° Plantes alimentaires par leurs racines : pomme de terre, céleri, navet, radis, salsifis, carotte, etc.

3° Plantes alimentaires par leurs graines ou leurs fruits : haricots, pois, fèves, tomates, aubergines, melons, courges, concombres, cornichons, fraisiers, etc.

4° Plantes alimentaires par leurs enveloppes florales : artichaut, chou-fleur.

5° Plantes alimentaires employées comme assaisonnement à raison de leur saveur prononcée, de leur odeur forte, ou de leur parfum : ail, oignon, persil, cerfeuil, ciboulette, estragon, échalotte, etc.

CHAPITRE I

1° Généralités sur l'établissement d'un jardin potager

On donne le nom de jardin potager à l'espace de terrain consacré à la production des légumes. D'une façon générale, tous les terrains sont bons, propices à la culture des légumes. Cependant, les terres franches et les terres humifères non acides sont surtout recherchées. Certaines plantes, telles que l'asperge, par exemple, s'accommodent très bien des terres très légères.

Le terrain choisi sera défoncé à 0^m,60 ou 0^m,70. Ce défoncement devra être exécuté à la bêche qui a l'avantage de ne jamais tasser le terrain. Le sol sera ensuite fumé abondamment.

Ordinairement, le potager comprend un certain nombre de carrés, divisés eux-mêmes en planches de 1 mètre à 1^m,30 de largeur environ et séparées par des sentiers très étroits.

On donne le nom de *plates-bandes* aux bandes de terre qui se trouvent près des allées. Ces plates-bandes ont 0^m,60 à 0^m,80 de largeur.

La partie qui se trouve du côté de l'allée se nomme bordure ; elle est occupée généralement par des cordons de pommiers, par une bordure de fraisiers, d'oseille, de thym, etc. Les plates-bandes qui touchent au mur de clôture sont destinées à la culture des arbres fruitiers en espalier et à divers semis de primeurs.

Parmi les instruments indispensables à l'entretien du potager nous citerons : la *bêche* pour labourer, la *houe* pour enlever la terre gazonnée, une *râtissoire à pousser* pour sarcler entre les lignes, une *serpette* pour biner, un *râteau à dents de fer* pour nettoyer les terrains pierreux, un *râteau à dents de bois* pour niveler les planches et pour recouvrir les graines, une *fourche de fer* pour l'arrachage des racines et l'épandage du fumier, une *brouette* pour les transports, un *plantoir* pour le repiquage, un *cordeau*, des *piquets* pour la plantation, un *arrosoir*, une *pompe* pour donner l'eau nécessaire, etc.

2º Distribution des cultures

Dans le potager, les cultures doivent être distribuées de telle sorte que les carrés en production soient toujours en rapport avec les besoins du propriétaire ou les exigences de la vente des légumes. Autant que possible, les plantes à racines superficielles devront succéder aux plantes à racines pivotantes, c'est-à-dire profondes.

Graines et semis. — Pour être certain d'obtenir des récoltes abondantes, il faut avant tout ne semer que des graines de bonne qualité.

Les semis se font en lignes ou à la volée ; les premiers permettent de donner facilement les sarclages. Les lignes qui doivent recevoir les graines sont ouvertes soit avec le pied, soit avec un petit rayonneur. Les semences sont faiblement recouvertes de terre ; on ne les enterre qu'en proportion de leur volume et de la conservation de la terre ; la profondeur moyenne ne doit pas dépasser 2 centimètres.

Dès que la plante est suffisamment forte pour supporter la transplantation, on la repique dans une terre convenablement préparée.

Pour protéger les plantes contre les intempéries, on se sert de cloches en verre ou de châssis.

Les *châssis* sont formés par des cadres en bois ou en fer, divisés en compartiments et recouverts de vitres mastiquées. Les châssis sont placés sur des espèces de caisses en bois, en fer ou en maçonnerie, appelées bâches.

On se sert aussi, pour protéger directement les plantes contre le froid et contre la chaleur trop intenses, de paillassons. Ces paillassons sont généralement en paille de seigle.

Les couches. — Les couches sont des sols artificiels formés par du terreau ou par du fumier, matières susceptibles de fermentation. La chaleur dégagée par cette fermentation hâte le développement des plantes. Les couches sont ordinairement enfermées dans des châssis.

Brise-vents. — Comme abri contre le vent, on forme des haies d'arbres verts; on choisit, par exemple, des cyprès que l'on plante en lignes perpendiculaires à la direction des vents dominants. Dans la plupart des départements méridionaux, on construit aussi, en vue d'éviter les vents violents du Nord (*mistral*), des rideaux ou abris avec des roseaux ou cannes de Provence que l'on plante très rapprochés les uns des autres.

3° De l'eau

Arrosages. — L'eau est un élément absolument nécessaire à la réussite d'un jardin potager. Sous un climat sec comme celui du Midi, il faut avoir recours souvent aux arrosages.

Les eaux employées pour les arrosages sont : les eaux de pluie, les eaux de source et les eaux de puits.

Les eaux de pluie et celles de source sont ordinairement recueillies dans des bassins ouverts, où elles peuvent s'échauffer sous l'action du soleil.

Les eaux de puits sont élevées à l'aide de pompes ou de norias.

Pour qu'un arrosage soit véritablement efficace, il faut que l'eau déversée sur le sol puisse atteindre l'extrémité des racines ; il faut, comme disent les jardiniers, arroser à fond.

S'il s'agit de jeunes plantes, on se contentera d'arroser souvent, mais très modérément ; on fera de simples bassinages.

Pour diminuer l'évaporation du sol et empêcher le tassement produit par l'eau, il est bon de recouvrir les planches de légumes d'un léger paillis ou de fumier pailleux.

Les plantes doivent être arrosées le soir pendant la chaude saison, et le matin pendant le printemps, afin que l'évaporation n'empêche pas, dans le premier cas, la pénétration de l'eau jusqu'aux racines, et qu'elle enlève, au contraire, dans le second cas, l'excès d'eau qui pourrait être congelée par le refroidissement nocturne.

Chapitre II. — DESCRIPTION DES PLANTES POTAGÈRES

1° Plantes alimentaires par leurs feuilles ou leurs tiges

Choux

Les choux potagers se divisent en plusieurs catégories :

1° *Choux cabus* ou *choux pommés*. — Ces choux ont des feuilles très larges qui se recouvrent et se rejoignent de manière à former une tête ou pomme ;

2° *Les choux verts* sont formés par des feuilles très amples séparées les unes des autres ;

3° *Les choux-fleurs* sont caractérisés par le développement des parties florales qui deviennent comestibles ;

4° *Les choux-raves*, dont la tige est épaisse, charnue et, par suite, employée comme aliment;

5° *Les choux-navets ou rutabagas*, dont la racine est renflée en forme de navet;

6° *Les choux à grosses côtes*, dont les côtes sont épaisses, blanches et charnues ;

7° *Les choux de Bruxelles* (fig. 92) hauts de tiges et qui portent à l'aisselle de leurs feuilles des petites pommes frisées très estimées comme aliment.

Fig. 92.— Chou de Bruxelles.

Les choux cabus ou pommés peuvent être semés de mars en juin, suivant l'époque à laquelle on veut faire la récolte, sachant qu'il faut environ 100 à140 jours pour qu'ils soient bons à cueillir. On les sème d'abord en pépinière, puis on les replante dans une terre bien ameublie, convenablement fumée et copieusement arrosée.

Les choux verts sont cultivés de la même manière.

Fig. 93.— Chou-fleur.

Les choux-fleurs (fig. 93) sont semés le plus souvent

en juin pour être récoltés à la fin de l'hiver ; cependant, on peut les semer à des époques différentes suivant la saison où on veut les obtenir.

Ces diverses variétés de choux aiment en général les terres riches et les terres nouvellement défoncées. Les principaux soins de culture consistent en sarclages, en binages et en buttages.

Les choux-raves sont semés au printemps ou au commencement de l'été ; la récolte se fait environ deux mois après le repiquage.

Les choux de Bruxelles poussent lentement ; pour les récolter en automne et pendant l'hiver, il faut les semer de bonne heure en pépinière une première fois en février ou mars, et une seconde fois en mars ou avril ; on les met en place aux mois de mai et de juin. Ces choux deviennent de toute beauté si on les arrose souvent.

Chicorée

On distingue la *chicorée frisée* dont les feuilles sont découpées et la *chicorée scarole* à feuilles larges. Ces deux variétés se consomment en salade. Semées sur couches et repiquées, elles atteignent leur complet développement en deux mois environ. Par des semis successifs, on peut prolonger la récolte depuis le commencement de l'été jusqu'à l'hiver.

Laitue

Les principales variétés de laitues cultivées sont les *laitues pommées* et les *laitues romaines*.

Sous le rapport de la culture, on distingue les laitues d'hiver, de printemps et d'été.

Les semis peuvent être effectués à des époques variables. Il suffit de se rappeler, à ce sujet, que les salades peuvent être arrachées deux mois après leur semis, sauf pour les laitues d'hiver qui sont semées en août ou septembre pour être récoltées au printemps suivant. Les semis sont toujours pratiqués en pépinière. On repique ensuite les jeunes plantes.

Toutes les variétés de laitues se consomment en salade.

Céleri

Nous ne citerons que le céleri à côtes dont on mange les côtes et les feuilles. On sème le céleri en mars dans un endroit abrité. Aussitôt qu'il a 15 à 20 centim. de hauteur, c'est-à-dire en mai ou en juin, on le repique en lignes. Durant la végétation, on sarcle, on bine de temps en temps et on arrose souvent. Lorsque les pieds de céleri sont bien développés, on les butte jusqu'à l'extrémité des feuilles, après les avoir préalablement liés. En 15 jours, les côtes sont blanches. La récolte a lieu à partir du commencement de l'hiver.

Cardon ou Carde

Le cardon est une espèce d'artichaut cultivé pour les côtes de ses feuilles qui constituent un excellent légume. On le sème en avril ou en mai. Vers le mois de septembre, on commence à les lier et à les entourer de paille sèche pour les faire blanchir ; on peut encore les butter comme les céleris. Ses produits sont consommés pendant l'hiver ; on les conserve en cave jusqu'à cette époque.

Poireau

Le poireau est cultivé pour ses feuilles dont on consomme la partie inférieure. On peut le semer sur couches pendant tout le printemps pour le repiquer en juin. On le récolte 6 à 7 mois environ après le semis.

Oseille

On cultive cette plante pour ses feuilles que l'on mange cuites.

On la multiplie ordinairement par semis. Les feuilles sont récoltées lorsqu'elles ont atteint leur entier développement.

Epinard

Les feuilles d'épinard sont apprêtées comme les feuilles d'oseille.

Les semis doivent se pratiquer à la fin de l'hiver ; on les renouvelle toutes les quinzaines pour obtenir de nombreuses récoltes.

Asperge

L'asperge est cultivée pour ses jeunes tiges ou *turions* produites par ses racines désignées sous le nom de *griffes* (fig. 94).

La variété la plus cultivée est l'*asperge hâtive d'Argen-*

Fig. 94.— Griffe d'asperge.

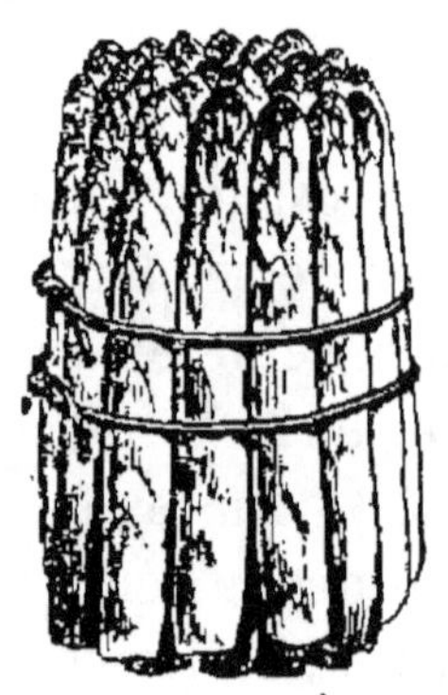

Fig. 95.— Botte d'asperge.

teuil. Cette plante vient dans tous les terrains légers ne renfermant pas un excès d'humidité. Le terrain devra préalablement être défoncé par un labour et fumé abondamment.

La plantation se fait à l'aide de griffes (racines de la plante) que l'on trouve dans le commerce ; les griffes sont placées dans des tranchées à une profondeur de 0^m,18 ; elles doivent être distantes de 0^m,80 à 1 mèt. dans tous les sens.

Pendant les deux premières années, les asperges poussent des rameaux grêles sans utilité, que l'on coupe à l'automne un peu au-dessus du sol. Avant la troisième année, on butte les plantes et on répand sur le terrain une couche de fumier.

A partir de la troisième année, on commence à récolter les jeunes turions que l'on coupe en terre. La récolte se fait depuis le mois de mai jusqu'au mois de juin. A partir de ce moment, on laisse monter les asperges en les fixant contre un tuteur. En automne, on coupe les tiges et on fume. Les soins de culture consistent donc en binages, fumures et arrosages. Ils se répètent chaque année.

Une aspergerie bien établie et bien entretenue peut donner des produits pendant une dizaine d'années.

2° Plantes alimentaires par leurs racines

Betterave

La chair de la racine de la betterave potagère est rouge. On sème sur place en lignes. Comme soins d'entretien, on donne des binages et des arrosages.

Les semis ayant été faits en mars, on peut récolter les betteraves au mois d'août.

La carotte

La carotte des jardins est à chair rouge vermillon, sa racine atteint une longueur de 12 à 15 centim. On peut la semer à partir du mois de février, en ayant recours aux couches et continuer jusqu'en juillet, pour la récolter environ quatre mois après.

Le navet

Le navet, semé au mois d'août, fournit des produits pendant l'hiver ; on peut aussi le semer sur couches, de janvier à mars.

La rave

La rave se cultive de la même manière que le navet.

Le radis

Le radis est cultivé pour sa racine qui est mangée crue. On distingue le *radis de tous les mois* ou *radis rose* à bout blanc et le *radis noir* ou radis d'hiver.

La durée de végétation des radis roses est de 30 jours en moyenne. Aussi est-il bon d'en faire des semis tous les 15 jours pour en récolter presque sans interruption. Afin qu'ils soient tendres et ne deviennent pas creux et de saveur trop piquante, il faut les arroser souvent.

Les semis se font à la volée en pleine terre et sur couché. Le radis noir est semé de mai à juillet, il met environ trois mois pour terminer son développement.

Le salsifis

Le salsifis est une plante dont les racines blanches sont comestibles. On le sème au printemps en lignes, pour l'arracher en octobre ou novembre.

La scorsonère

La scorsonère est une variété de salsifis à racine noire; elle ne donne guère des produits qu'à la seconde année.

Oignon

On divise les oignons en *oignons blancs* et oignons de couleur.

Les premiers sont semés à la fin juillet, dans un petit coin de terre. On les repique, en septembre, sur un terrain bien labouré. Les bulbes peuvent se récolter au printemps.

Les oignons de couleur sont semés en pleine terre, en février ou en mars ; on les arrose si le temps est sec. Vers le mois d'août on les arrache, et on les rentre ensuite dans un endroit aéré où on les conserve jusqu'au moment de la vente. Pour obtenir de très longs oignons, on peut semer sur couche au printemps ; on plante directement en place de petites bulbes que l'on trouve chez les grainiers.

Pomme de terre

La culture de la pomme de terre s'effectue dans les jardins comme en plein champ. Toutefois, dans les jardins potagers, on active beaucoup sa végétation en ne plantant que des pommes de terre munies de germe. Cette plantation a lieu en février ou en mars, et la récolte se fait dans le courant de juin.

3° PLANTES A GRAINES ALIMENTAIRES

Les principales plantes à graines alimentaires sont : le haricot, la fève, la lentille, le pois, le pois-chiche, etc.

Nous avons parlé de la culture de ces plantes dans la partie du cours consacré aux cultures spéciales. (*Plantes légumineuses.*)

4° PLANTES A FRUITS ALIMENTAIRES

Melon

Le melon est un fruit volumineux, à chair aqueuse,

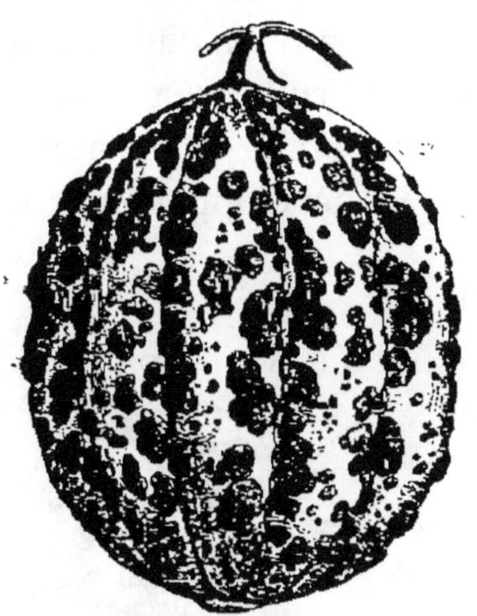

Fig. 96.— Melon Cantaloup.

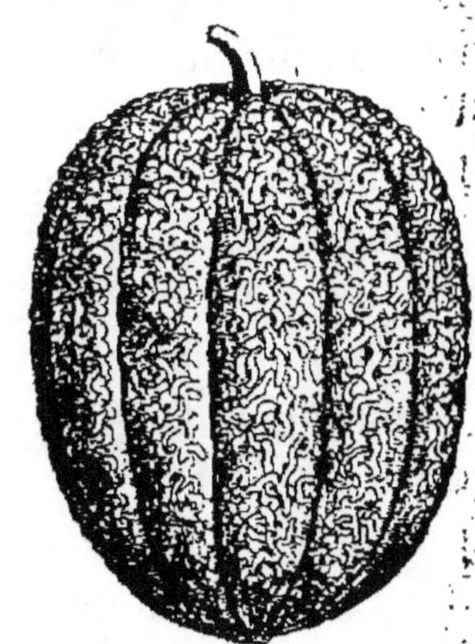

Fig. 97.— Melon de Cavaillon.

parfumée, sucrée ; il est très recherché. Parmi les principales variétés de melons, on cultive :

1° Les *melons cantaloup* (fig. 96) ;

2º Les *melons de poche* ;

3º Les *melons de Cavaillon* (fig. 97), etc.

Ces variétés se distinguent les unes des autres par la forme, la grosseur, la couleur et le goût de leurs fruits. Les melons sont semés en mars ou en avril, sur couche. On les repique au bout d'un mois en pleine terre dans les régions chaudes, en les mettant autant que possible à l'exposition la plus ensoleillée du jardin. Ils mûrissent en juillet ou en août. Leur culture exige de nombreux soins.

Concombres

Ces plantes, récoltées à l'état jeune, constituent les *cornichons* ; récoltées, au contraire, lorsqu'elles ont acquis leur complet développement, elles fournissent les concombres *blancs* ou *verts*. On peut les semer directement en place, au mois de mai ; on les récolte environ 5 mois après le semis.

Courges

Les courges renferment de nombreuses variétés à gros fruits ; la plus cultivée est le *potiron*, affectant la forme d'une sphère déprimée et garnie de grosses côtes à chair jaune et sucrée. On sème en mars, sur couche, ou en mai en pleine terre, et on récolte les fruits en automne. Une grande chaleur, une terre bien fumée et de nombreux arrosages sont nécessaires au développement de ce légume.

Aubergine

C'est une plante méridionale, cultivée pour son fruit, généralement de couleur violacée, de forme allongée et arrondie ; sa pulpe est tendre et savoureuse (fig. 98). On sème ses graines en janvier, sur couche ; on repique les jeunes plantes le mois suivant, dans une bonne terre. Ses fruits sont récoltés vers le mois d'août.

Fig. 98. — Aubergines.

On donne de nombreux sarclages et arrosages et on pince les rameaux.

Tomate

La tomate est un fruit charnu, vulgairement appelé pomme d'amour (fig. 99). Sa couleur et sa forme varient

Fig. 99. — Tomates

avec les nombreuses variétés. Sa couleur est le plus souvent d'un beau rouge ; sa forme est celle d'une sphère aplatie et à côtes proéminentes ; sa peau est lisse.

Comme l'aubergine, c'est une plante méridionale. Pour avoir des fruits de bonne heure, on la sème sur couche, en janvier dans le Midi. Le plant est repiqué, vers le commencement de mai, à une bonne exposition et dans une terre fertile. On enterre profondément les plants et on les arrose souvent; on pince sévèrement les rameaux et on enlève quelques-unes des feuilles qui se développent dans le voisinage des fruits.

La tomate et l'aubergine doivent être palissées contre un tuteur pour que les rameaux soient maintenus. On peut commencer à les récolter fin juillet, et continuer en aôut et septembre. Par la culture en primeur, on peut les obtenir dès le mois de mai.

Fraisier

Le fraisier produit des fruits succulents et très estimés.

On divise les fraises en : *fraises à gros fruits* et en *fraises de tous les mois.*

Parmi les premières, nous ne citerons que les variétés les plus précoces, les plus fertiles et les plus parfumées, telles que la *fraise Victoria* (fig. 100), la *fraise Marguerite*

Fig. 100.— Fraise Victoria.

Fig. 101.—Fraise Marguerite Lebreton.

(fig. 101), la *fraise Tonkin*, la *fraise noble*, la *fraise de France*, etc.

Les fraisiers sont le plus souvent employés à faire les bordures des jardins ou bien ils sont établis en ligne dans des carrés spéciaux.

Pour obtenir des variétés nouvelles, on a recours au semis. Dans la culture ordinaire, on les multiplie en plantant sur planches spéciales de longs rameaux appelés *filets* ou *coulants*. On les arrose souvent pour faciliter l'enracinement.

Les plants obtenus seront mis en place de préférence fin septembre ou octobre et fructifieront l'année suivante, à partir du printemps.

Une plantation de fraisiers peut durer 3 ou 4 ans. Cette culture exige des sarclages et des arrosages.

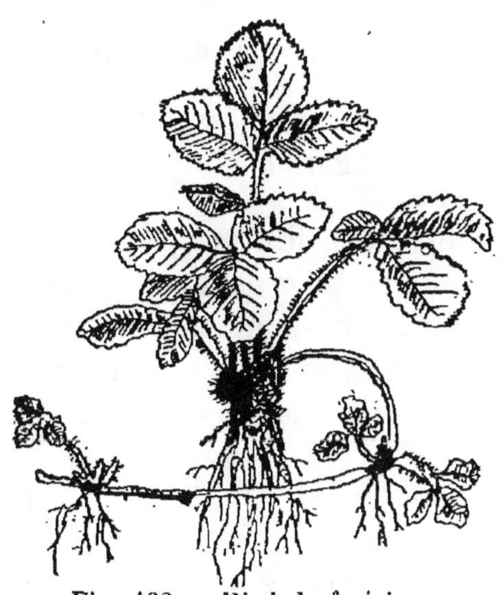

Fig. 102.— Pied de fraisier.

Les fraises de tous les mois se reproduisent le plus souvent par semis ; leur culture est la même que celle des variétés à gros fruits.

5° PLANTES A INFLORESCENCE ALIMENTAIRE

Artichaut

On cultive surtout l'artichaut gros vert de Laon et le violet de Bretagne.

On le multiplie au moyen d'éclats que l'on enlève au pied de vieilles plantes, ou à l'aide d'œilletons ou de rameaux qui poussent sur le pied de la plante.

On plante les artichauts en lignes, à 0^m,80 d'espacement. Mis en terre au printemps, ils commencent à monter en automne. La production n'est importante qu'à partir de la deuxième année. A l'âge de 4 ans, on les arrache.

Pendant l'hiver, on relève toutes les feuilles et on les maintient par un lien de paille, puis on les butte pour les protéger contre le froid.

Après l'hiver, on enlève les buttes, on laboure et on arrose.

Les artichauts sont cueillis vers la fin juin et dans le courant de juillet.

6° CULTURE DE PRIMEURS

La culture maraîchère proprement dite produit surtout des légumes destinés à la vente, en gros dans les grandes villes. Pour cette raison, les jardins maraîchers sont le plus souvent installés à proximité des grands centres. L'écoulement des produits devient ainsi extrêmement facile.

Mais en vue de retirer le plus grand bénéfice possible de la culture potagère, les maraîchers exécutent la plupart de leurs semis sous châssis et sur couches. De cette façon, ils obtiennent des produits hâtifs très recherchés sur les marchés ; ils font ainsi de la culture de primeurs.

La production des *primeurs* est le propre de la culture maraîchère, et on peut soumettre à cette culture toutes les variétés de légumes. Pour arriver au résultat désiré, il faut réunir plusieurs conditions :

1° Se procurer des graines des variétés et races précoces ;

2° Avoir recours aux agents artificiels qui augmentent la chaleur, l'humidité et la fertilité du terrain.

En effet, grâce aux abris, aux cloches, aux couches, aux thermosiphons (1), on active la germination des grains, la floraison des plantes, la maturité des fruits, la quantité et la beauté des produits.

Dans la région méditerranéenne, il suffit de combiner la chaleur naturelle avec la chaleur artificielle, obtenue à l'aide des couches et des châssis, et d'effectuer les semail-

---

(1) Un thermosiphon se compose d'une chaudière installée à poste fixe et de tuyaux mobiles que l'on peut établir dans les châssis à chauffer. On envoie dans les tuyaux de l'eau chaude, la température est constamment élevée et la végétation est plus active.

les de très bonne heure. Si, ensuite, l'humidité ne fait pas défaut, si les arrosages sont fréquents et bien distribués, on arrive à des résultats merveilleux. On force les plantes à se développer quelquefois plusieurs mois avant le temps fixé par la nature. De là le nom de *culture forcée* donnée à cette méthode.

L'emploi des engrais chimiques, concurremment avec le fumier, permet d'obtenir la précocité et influe aussi beaucoup sur la qualité et l'abondance des produits. Les légumes foliacés : salade, épinards, céleri, chou, etc., réclament de préférence des engrais azotés. La potasse et l'acide phosphorique seront surtout indispensables aux plantes légumineuses : pois, haricot, fève, etc.; en un mot à tous les légumes à graines.

Notre région a la spécialité de hâter la maturation des différentes espèces légumières ou fruitières. Au contraire, dans le Nord, on s'applique à retarder les époques de maturité. Le résultat final est le même : on fournit à la consommation des produits rares et par suite chers. On sait, en effet, que les légumes et les fruits venus hors de saison ont une grande valeur.

Dans la culture potagère en grand, les cultures doivent se renouveler souvent sur le même sol, afin de tirer un produit capable de compenser largement les frais énormes d'exploitation.

La surface des jardins maraîchers dépasse rarement un hectare, mais elle est toujours occupée par plusieurs plantes, si bien que les récoltes se succèdent sans interruption. Les produits sont récoltés le jour; ils sont soigneusement lavés, triés et emballés dans des paniers. On les transporte pendant la nuit pour les vendre de grand matin. Pour le commerce d'exportation, on ne doit rechercher que des produits de premier choix, susceptibles de supporter facilement le voyage.

PLANTES MÉDICINALES USUELLES

On entend par *plantes médicinales* des plantes employées pour la guérison de certaines maladies. On compte plus de 250 plantes indigènes auxquelles les gens de la campagne reconnaissent des propriétés médicinales.

1° *Plantes émollientes ou adoucissantes*, c'est-à-dire qui calment la douleur : *Feuilles* d'acanthe, de rose trémière, de bourrache, de mauve, d'olivier, de pariétaire, de pomme de terre, de séneçon, de vipérine, de violette, etc. — *Fleurs* de houblon blanc, de bourrache, de mauve, de violette, etc. — *Fruits* de l'amandier, de l'avoine, de l'orge, du seigle, du maïs, de la courge, etc.

2° *Plantes toniques, astringentes*, qui fortifient : *Feuilles* de potentille, de chèvrefeuille, de néflier, de noyer, de plantain, etc. — *Fruits* du cognassier (coing), du noyer (brou de noix). — *Racines* de fraisier, de rhubarbe. — *Écorces* d'aune, de chêne, de frêne, de hêtre, etc.

3° *Plantes excitantes ou stimulantes ou cordiales : Feuilles* d'absinthe, de céleri sauvage, d'armoise, de citronnelle, de capucine, de cresson de fontaine, de laurier d'Apollon, de lierre, de persil, de poireau, etc. — *Fleurs* d'arnica, de camomille, d'hysope, de lavande, de mélisse, de menthe, etc. — *Fruits* d'angélique, de moutarde, de piment, de radis, de raifort, d'ail, de bulbe d'oignons. — *Bourgeons* de pins, de sapin, etc.

4° *Plantes fébrifuges* ou employées contre la fièvre : absinthe, amandes amères, petite centaurée, chêne, frêne, houx, etc.

5° *Plantes antiscorbutiques*, c'est-à-dire employées contre le scorbut : véronique, capucine, pastel, moutarde, radis, raifort, etc.

6° *Plantes antiscrofuleuses :* frêne, noyer, gentiane.

7° *Plantes sudorifiques et dépuratives* (qui jouissent de la propriété de provoquer la sueur et de purifier le sang) :

Feuilles de fumeterre, de buis, de saponaire, de scabieuse, de pensée sauvage, etc. — *Fleurs* d'hyèble, de sureau, cônes de houblon, etc. — *Fruits* de sureau, etc. — *Racines* de houblon, de patience, de saponaire, etc — *Tiges* de douce-amère, etc.

8° *Plantes diurétiques*, propres à faire évacuer les urines : *Feuilles* d'artichaut, de bruyère, d'arbousier, de digitale, de pissenlit, de saponaire, etc. — *Fleurs* de genêt, queues de cerises. — *Fruits* d'avoine, de bardane, de carotte, de genêt, de genévrier, de moutarde, etc. — *Racines* d'ail, d'arrête-bœuf, d'asperge, de fraisier, de pissenlit, de radis d'été, etc.

9° *Plantes expectorantes*, qui facilitent l'expectoration : *Feuilles* de céleri, de capucine, capillaire de Montpellier, genévrier, etc. — *Racines* d'ail, d'arum, de navet, d'oignon, etc.

10° *Plantes purgatives* : Feuilles d'héllebore, d'euphorbia, de frêne, de genêt à balai, etc.

11° *Plantes vésicantes* ou plantes à vésicatoires: *Feuilles* d'anémone, d'arum, de clématite, d'euphorbe, etc.

12° *Plantes vermifuges* : *Feuilles* d'absinthe, d'armoise, d'artichaut, de serpolet, de valériane, et toutes les plantes amères.

Les plantes à utiliser fraîches ne seront récoltées qu'au moment de s'en servir. Quand elles devront être employées sèches, on les desséchera sur une toile claire ou sous un hangar, ou dans un grenier, toujours par couches minces qu'on remuera de temps en temps. La dessiccation terminée, elles seront enfermées soigneusement dans des boîtes que l'on tiendra en lieu sec.

Les fruits peuvent être desséchés au four, les graines à l'air sec, les écorces au soleil ou au four, les racines au grenier, sur des claies ou au four.

NOTIONS DE MÉTÉOROLOGIE AGRICOLE

La météorologie est une science qui permet de rendre d'utiles services aux agriculteurs, en leur fournissant des indications sur la prévision du temps. Elle comprend l'étude des grands phénomènes de l'atmosphère, tels que les vents, la pluie, la neige, la grêle, etc.

Chapitre I

L'*atmosphère* ou couche d'air qui enveloppe la terre présente une épaisseur de quatorze lieues environ. Elle se compose de deux gaz en mélange : l'oxygène et l'azote. On y trouve également de l'acide carbonique et d'autres gaz en très faible proportion. L'air contient, en outre, en suspension un grand nombre de poussières ou miasmes. L'air est donc le grand véhicule des germes des maladies contagieuses.

Il renferme toujours une certaine quantité d'eau à l'état de vapeur, ce qui le rend plus ou moins humide. L'air, comme tous les corps, est pesant, par conséquent la couche d'air qui constitue l'atmosphère pèse sur tous les corps qui se trouvent à la surface de la terre.

Le *baromètre* est un instrument destiné à indiquer la pression exercée par l'air sur la surface du sol. Il donne des indications sur la prévision du temps. Ainsi, lorsque la pression augmente, le baromètre monte, et c'est un indice de beau temps. Au contraire, lorsque cette même pression diminue, le baromètre descend et annonce le mauvais temps, la pluie.

La *chaleur* est la source de la vie, elle est indispensable à tous les végétaux.

Chaque plante a besoin, pour se développer et mûrir ses fruits, d'une somme de chaleur plus ou moins grande. Exemple: le blé réclame, pour parcourir toutes les phases de son développement, une quantité de chaleur de près de 2000 degrés. Cette chaleur est fournie par le soleil.

Les climats sont caractérisés par une température spéciale et une végétation propre.

Les *thermomètres* sont les intruments destinés à apprécier la température d'un lieu.

Le *froid*. — Lorsque la température s'abaisse, on dit qu'il fait froid. Le froid ralentit l'activité de la vie des végétaux. Quelques-uns sont très sensibles à son action et périssent à la moindre gelée ; d'autres peuvent supporter sans inconvénient des températures très basses.

Le froid est d'autant plus dangereux pour les plantes qu'il est plus humide. C'est ainsi que certaines plantes prospèrent dans la région méditerranéenne où l'hiver est très sec, et périssent dans des contrées dont le froid n'est pas plus intense, mais humide.

Chapitre II

Pluie. — La pluie résulte de la condensation de la vapeur d'eau qui est contenue dans l'atmosphère. Elle fournit à la terre l'eau indispensable à la végétation des plantes. La quantité d'eau qui tombe annuellement est variable suivant les contrées. Ainsi, dans le Midi, cette quantité varie de 60 à 80 cent., selon les départements que l'on considère; dans le Nord, la colonne d'eau qui tombe annuellement est à peine de 50 cent.

On apprécie la hauteur d'eau tombée à chaque pluie à l'aide d'un *pluviomètre*. Cet instrument se compose essentiellement d'un entonnoir de surface déterminée qui recueille l'eau de pluie, cette eau est ensuite mesurée dans un vase gradué.

Neige. — La neige n'est autre chose que de la vapeur d'eau qui s'est congelée dans l'air.

Sous les climats humides et froids, elle tombe en abondance pendant l'hiver. A côté des inconvénients qu'elle entraîne en arrêtant les travaux des champs, elle présente l'immense avantage de protéger certaines plantes contre l'intensité du froid, en même temps qu'elle retient à leur profit une partie de la chaleur de la terre.

Gelée blanche et givre. — La terre se refroidit pendant la nuit en abandonnant, par rayonnemènt, la chaleur qu'elle a emmagasinée pendant le jour. Alors, la vapeur d'eau qui se trouve dans les couches d'air en contact avec le sol ainsi refroidi, se condense, devient de la rosée. Ces gouttelettes de rosée se transforment à leur tour en glace dès que la température descend au-dessous de zéro.

Le givre provient également du refroidissement de la terre et de l'air humide environnant.

Les gelées blanches ou gelées de printemps sont très préjudiciables aux végétaux. Elles sont à redouter surtout dans les milieux bas et humides. On s'en préserve à l'aide d'abris ou de nuages artificiels produits par la combustion de paille mouillée ou de certaines huiles lourdes, du goudron par exemple.

Gelée à glace. — La gelée à glace ou gelée d'hiver se produit lorsque le thermomètre descend au-dessous de zéro. L'eau renfermée dans les tissus des végétaux, en se dilatant par suite de sa transformation en glace, fait éclater les bourgeons et les rameaux.

Vents. — Les vents sont le résultat des courants d'air qui s'établissent dans toutes les directions de l'atmosphère. Les couches d'air chauffées s'élèvent, tandis que les parties moins chaudes ou tout à fait froides descendent pour remonter à leur tour. La direction des vents est indiquée par des girouettes ou par la marche des nuages dans les régions élevées.

Les vents sont froids ou chauds, humides ou secs, selon qu'ils ont passé, avant d'arriver à nous, sur des montagnes refroidies, sur des mers ou des contrées sèches et brûlantes.

La vitesse du vent est variable ; un vent à peine sensible parcourt $0^m,5$ en une seconde ; un vent modéré, 2 mètres ; un vent fort, 10 mètres ; le vent de tempête 22 mètres et au-dessus.

Les vents ont leurs avantages et leurs inconvénients, suivant les cultures et les effets qu'ils produisent.

Dans le Midi, le vent dominant ou vent du nord est désigné sous le nom de *mistral;* il est violent et froid. Les vents du Midi, ordinairement très humides, amènent la pluie.

CHAPITRE III. — CLIMAT MÉDITERRANÉEN OU MÉRIDIONAL

Pour définir clairement le climat méditerranéen, nous emprunterons au *Cours complet* de viticulture de M. Foëx les lignes suivantes :

«Le climat méditerranéen est le plus chaud de la France, il tient le milieu entre les climats marins et continentaux. La quantité annuelle de pluie y est aussi grande que dans le Nord et le Sud-Ouest (651 millim.), mais elle est répartie en un nombre de jours de pluie moindre que partout ailleurs en France (53 seulement). L'eau tombée se partage, pour 100, de la manière suivante, entre les diverses saisons :

Hiver	25
Printemps	24
Eté	11
Automne	40

Il y a, comme on le voit, prédominance des pluies d'automne et insuffisance de celles d'été. On traverse quelquefois, dans cette dernière saison, de très longues périodes de sécheresse, mais il y a de grandes variations d'une année à l'autre, à ce point de vue.

Le vent qui règne le plus fréquemment est celui du Nord-Ouest ou mistral, qui est violent et desséchant.

Par suite de ces circonstances, l'action de la lumière solaire s'exerce très activement. Ainsi qu'on le voit par ce qui précède, le climat méditerranéen est sec malgré les quantités d'eau tombées, à cause du régime spécial des pluies et de la fréquence et de l'intensité du *mistral*.

Le printemps y est tempéré, souvent sec, mais parfois rafraîchi par quelques pluies. Les gelées tardives sont souvent à craindre pendant cette saison.

L'été est sec et chaud ; plusieurs mois s'écoulent souvent sans pluie, ce qui est favorable à la formation de la matière sucrée dans les raisins. Les vents de mer, qui soufflent presque tous les jours de 9 heures du matin à 5 heures du soir, maintiennent dans l'atmosphère une humidité dont les effets compensent, dans une certaine mesure, ceux de la sécheresse et déterminent l'accroissement du volume des raisins.

L'automne est la saison des pluies ; elles succèdent quelquefois brusquement à de longues sécheresses.

L'hiver est généralement peu rigoureux, la température s'abaisse parfois pendant sa durée jusqu'à 10 ou 12 degrés ; mais ce fait se produit rarement et est toujours de courte durée. »

CINQUIÈME PARTIE

ÉTUDE DES ANIMAUX

L'agriculteur est obligé de se servir d'animaux domestiques pour exploiter son sol. Ces animaux sont utilisés de différentes façons. Tantôt ils servent presque exclusivement d'animaux de trait, d'autres fois ils sont destinés à produire une denrée : le lait, la laine, la viande, etc.

Les animaux peuvent être considérés comme des machines qui transforment les aliments en force, en viande, en lait, en laine, en donnant un résidu important qui est le fumier.

L'étude des animaux domestiques ou économie du bétail ou industrie animale comporte les divisions que voici :

1° Alimentation.
2° Espèces animales.
3° Reproduction ; élevage ; méthodes d'amélioration.
4° Produits des animaux.
5° Habitations des animaux.
6° Animaux de basse-cour.
7° Hygiène.
8° Animaux utiles non domestiques.
9° Animaux nuisibles.

Chapitre I. — **ALIMENTATION**

L'alimentation a pour but de pourvoir aux dépenses de toute sorte faites par les animaux.

Les substances qui entrent dans l'alimentation des animaux domestiques peuvent être classées comme il suit :

1° Fourrages secs	1° Foin sec de prairie naturelle ou artificielle. 2° Tiges et feuilles de certaines plantes cultivées pour leurs graines, des légumineuses par ex. 3° Pailles, balles des céréales, etc.
2° Fourrages verts	1° Fourrage des prairies naturelles. 2° — des prairies artificielles (luzerne, trèfle, sainfoin, vesce). 3° Céréales fauchées en vert (orge).
3° Grains	D'avoine, d'orge, de maïs, de sorgho, etc.
4° Racines fourragères.	De betterave, de carotte. de navet, de pomme de terre.
5° Résidus divers.	Marc de raisins, tourteaux, pulpes de sucrerie, drèches de brasserie, de distillerie.

Les *fourrages secs* renferment 15 à 18 p. 100 d'eau et 82 à 85 p. 100 de matière sèche, tandis que les fourrages verts contiennent 70 à 80 p. 100 d'eau et 20 à 30 p. 100 de substances utiles. D'où on en conclut qu'un animal devra consommer quatre fois plus de fourrage vert que de fourrage sec.

Le foin de bonne qualité doit avoir des tiges fines, flexibles, bien garnies de feuilles ; sa couleur doit être verte et son odeur agréable.

Le fourrage mal conservé, c'est-à-dire avarié par un excès d'humidité ou par la fermentation se reconnaît à sa couleur grisâtre et à son odeur de moisi caractéristique. Il ne peut être consommé que si l'on en masque le goût par des condiments, à l'aide du sel, par exemple.

Boissons. — L'eau potable est le seul liquide employé pour la boisson des animaux. Sa température doit varier de 15 à 18 degrés. L'eau froide peut occasionner, en hiver, de graves accidents, surtout lorsque les animaux sont en sueur. L'eau chaude n'est pas facilement acceptée en été. On devra donc veiller à ce que l'eau soit fraîche en été et relativement chaude en hiver.

Condiments. — Les condiments ou assaisonnements sont des substances que l'on mêle aux aliments, en petite quantité, pour les rendre plus excitants, plus appétissants.

Le sel marin est considéré comme le principal condiment. Son action favorable se fait sentir lorsqu'on le donne à petite dose.

Préparation des aliments. — La meilleure préparation pour les animaux en général consiste en un nettoyage complet, destiné à enlever la terre et les corps étrangers.

L'avoine est concassée pour les chevaux vieux, mais jamais moulue. Les racines sont toujours divisées en cossettes et souvent mélangées avec des balles et des pailles. Les pailles sont coupées à l'aide du hache-paille.

Les tourteaux sont broyés au concasseur et mis à macérer dans l'eau. On fait des barbotages avec les sons, les farines et les tourteaux, de manière à constituer des soupes très goûtées des animaux.

Enfin, on fait cuire les pommes de terre pour les cochons.

Régimes. — Les divers régimes auxquels on soumet les animaux sont les suivants :

1° *Régime du pâturage.* — a. Pâturages naturels ou terrains de parcours. — b. Pâturages verts ou artificiels créés spécialement pour les animaux.

Nous signalerons, à ce sujet, le *système de la transhumance*, qui consiste à déplacer les animaux, surtout les moutons, pour remédier aux conséquences des intempéries et à la pénurie des fourrages. On les envoie, de la plaine, passer l'été dans la montagne (estivage) et, inversement, de la montagne on les mène hiverner dans la plaine.

2° *Régime de la stabulation permanente*, qui consiste dans la nourriture complète des animaux à l'étable. Ce système est pratiqué pour tous les animaux de trait, pour les bœufs à l'engrais, etc.

3° *Régime mixte*, dans lesquels les animaux sont nourris tantôt à l'étable, tantôt au champ.

RATIONNEMENT. — Rationner un animal, c'est déterminer la quantité d'aliments qui lui est nécessaire en 24 heures.

La ration devra être donnée sous la forme la plus acceptable, la plus succulente, régulièrement, mais sans gaspillage.

Elle se composera des aliments que nous avons énumérés. Ces aliments seront distribués isolément ou en mélange. La proportion de chacun d'eux dépendra du résultat à produire.

Distribution des aliments et des boissons. — On doit donner trois repas par jour : le premier le matin ; le deuxième à midi ; et le troisième le soir.

Les heures de distribution doivent toujours être les mêmes.

En ce qui concerne les boissons, les animaux seront conduits à l'abreuvoir, qui devra toujours être propre, à heures régulières et après l'absorption d'une partie de la ration.

Chapitre II. — ESPÈCES ANIMALES

1° ESPÈCE CHEVALINE

Parmi les animaux de l'espèce chevaline, on distingue le cheval, le mulet et l'âne.

Du cheval.

Le cheval est considéré, à juste raison comme le type le plus parfait des moteurs animés.

Les chevaux peuvent être divisés en plusieurs grandes catégories, d'après les services qu'on peut en retirer. Ainsi on distingue :

1° Cheval de *selle ;*

2° Cheval de *bât* ou bête de somme ;

3° Cheval d'*attelage* ou cheval de luxe ;

4° Cheval de *trait léger*, traînant de lourds véhicules à des allures vives ;

5° Cheval de *gros trait*, traînant des véhicules chargés à l'allure du pas ;

Le cheval de labour entre dans la catégorie des chevaux de gros trait. Il est intéressant de connaître les différentes parties dont se compose le corps du cheval.

Les voici (fig. 134) :

1° *Avant-main* ou *train antérieur*, qui comprend : 1, la tête ; 2, le front ; 3, le toupet ; 4, la nuque ; 5, les oreilles ; 8, les salières ; 9, les tempes ; 10, les yeux ; 14, les joues ; 16, le chanfrein ; 17, les naseaux ; 18, le bout du nez ; 19, la barbe ; 20, le menton ; 21, la bouche ; 31, les carotides ; 32, l'encolure ; 33, le cou ; 35, la jugulaire ; 36, la crinière ; 37, le garot ; 40, l'épaule ; 41, la pointe de l'épaule ; 42, le bras ; 43, le coude ; 44, l'avant-bras ; 46, le genou ;

47, la châtaigne ; 48, le canon ; 50, le boulet ; 51 le patu-
ron ; 52, le fanon ;

2° Le *corps*, qui comprend : 55, le dos ; 53, les reins ;

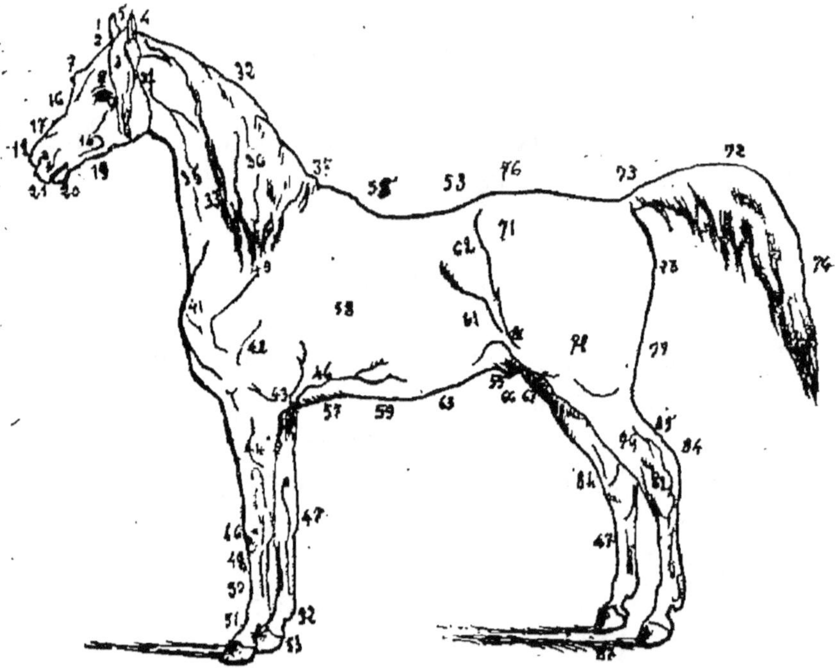

Fig. 103.— Régions du corps du cheval.

57, le passage des sangles ; 58, les côtes ; 59, le ventre ;
61, le flanc ; 62, le creux du flanc ; 63, l'ombilic ; Sup.

3° L'*arrière-main* ou *train postérieur*, qui comprend :
70, la croupe ; 71, les hanches ; 72, la queue ; la fesse ; 74,
les crins de la queue ; 75, l'anus ; 78, là cuisse ; 79, la
jambe ; 82, le jarret ; 84, le pli ; 85, le tendon ; 86, le
pied ; 87, le sabot.

CHOIX DU CHEVAL.— Quand on achète un cheval, il faut
l'examiner avec attention pour apprécier ses qualités ou
ses défauts. Au premier rang des qualités absolues se
place la bonne conformation et le bon état des sabots ou
des pieds.

Après cet examen, vient celui des membres, et des
articulations.

Les jambes doivent être saines, exemptes d'excroissances osseuses ou molles, appelées *tares*.

Les dents sont aussi examinées afin de connaître l'âge
des animaux et de voir si elles peuvent effectuer une bonne
mastication.

La mâchoire des chevaux est composée de 24 molaires,
4 crochets et 12 incisives. Chez la jument, les crochets
n'existent pas. Ces dents sont implantées dans le haut et
dans le bas de la bouche.

Les dents du cheval se divisent en *dents de lait* et en
dents permanentes.

L'examen des incisives inférieures fixe sur l'âge des
animaux. Elles comprennent deux pinces, deux mitoyennes et deux coins.

Les pinces occupent le milieu, de chaque côté se trouvent les mitoyennes ; enfin, à chaque extrémité sont
placés les coins.

Dents de lait.
- A 10 jours, apparition des pinces.
- A 30 jours, apparition des mitoyennes.
- A 10 mois, apparition des coins.

Dents permanentes
- A 3 ans, sortie complète des pinces de remplacement.
- A 4 ans, — des mitoyennes de remplacement.
- A 5 ans, — des coins de remplacement.

A partir de cinq ans, on se borne à déterminer l'âge
d'après l'usure et la forme des dents.

Après la bouche, on regarde les yeux avec précaution.
Pour examiner les mouvements de la pupille, on fait passer brusquement le cheval de l'obscurité à la lumière et
réciproquement.

Il ne faut pas, dans le choix d'un cheval, négliger de faire
tourner la bête, de la faire reculer, de manière à s'assurer
si elle est capable d'exécuter ces mouvements avec
facilité.

Enfin, on juge le cheval aux différentes allures, c'est-à-
dire au pas, au trot ou au galop.

Les animaux de trait, employés à la culture, ne doivent
pas être choisis parmi les chevaux trop vifs, qui ont l'in-

convénient de s'user plus vite que les autres, sans fournir plus de travail utile. Ils doivent avoir un bon caractère, n'être ni méchants, ni ombrageux, mais dociles et obéissants.

Au point de vue du choix des animaux, l'étude de la robe est sans intérêt. Cependant, il est bon de connaître les expressions employées pour les désigner, afin de pouvoir rédiger ou interpréter un signalement.

On distingue :

1° Les robes simples.
- Blanc.
- Noir.
- Alezan.— Caractérisé par une teinte rouge ou jaune.

2° Robes composées.
- *Robes baies* composées de poils alezan rouges avec les membres et les crins de l'encolure et de la queue de nuance plus foncée, noirs ou bruns.
- *Robes pies* formées de plaques blanches et de plaques noires ou rouges.
- *Robe grise* quand le blanc est confusément mélangé au noir.
- *Robe rouan* présentant à la fois des poils noirs, des poils blancs et des poils rouges.

On dit que le cheval est *marqué en tête*, lorsqu'il a une plaque blanche sur le front ; cette plaque peut avoir la forme d'une étoile ou d'une pelote.

On appelle *balzanes* les taches blanches de l'extrémité inférieure des membres.

Les variétés chevalines les plus répandues en France sont les suivantes : variétés *boulonnaise*, *bretonne*, *camargue*, *tarbaise*, *percheronne*, *poitevine*, *anglo-arabe* et *anglonormande*, etc.

Elles appartiennent à des races différentes qui se rattachent elles-mêmes à deux types principaux : type occidental et type oriental.

En France, on se sert, pour la production des chevaux, des étalons de l'Etat et de ceux des particuliers.

Il existe des haras, des dépôts, des stations d'étalons où l'on envoie les juments pour les faire saillir.

Le jeune cheval doit être dressé ; il faut l'habituer progressivement à marcher et puis à prendre des allures de plus en plus vives. On l'attellera, à deux ans environ, à un chariot très léger pour l'habituer au tirage. A partir de trois ans, on peut déjà l'utiliser pour les travaux des champs.

Le cheval n'est utile que par son travail ; la quantité de travail qu'on peut lui demander varie avec sa force et sa résistance et aussi avec l'alimentation qui lui est donnée. Il est nécessaire de l'amener insensiblement à faire le travail auquel il est destiné. Cette préparation constitue *l'entraînement*.

La nourriture doit être proportionnée à la dépense éprouvée par l'organisme pour exécuter le travail exigé.

On doit éviter, pour les chevaux, le repos et le séjour trop longs à l'écurie, préjudiciables à leur santé et à leur vigueur. D'autre part, l'excès de travail les use rapidement et les expose à de graves maladies.

2° ESPÈCE BOVINE

Les bêtes bovines rendent des services multiples à l'agriculture. Elles sont utilisées comme moteurs et exploitées en vue de la production de la viande ou du lait.

PRINCIPALES RACES. — Dans les grands centres de la région, on trouve les races tarentaise, Schwitz et hollandaise, que l'on utilise spécialement pour la production du lait.

Les races *tarentaise* et *Schwitz* appartiennent au groupe des races alpines. Elles sont très appréciées dans le Sud et le Sud-Est comme vaches laitières.

On évalue de 15 à 18 litres par jour la quantité moyenne de lait qu'elles produisent.

Lorsqu'on emploie la tarentaise pour le travail, ses facultés laitières diminuent.

La race *hollandaise*, originaire du Nord, est répandue sur tous les points de la France. Elle produit, dans le

Midi, jusqu'à 20 et 22 litres de lait par jour. Ce lait est riche en beurre.

Indépendamment de ces races, on utilise aussi les races de la région en vue de la production du lait. C'est ainsi qu'on rencontre la race *garonnaise* dans la Haute-Garonne et le Tarn ; la race d'*Aubrac* dans l'Aveyron, le Tarn, la Lozère, etc.

Ces vaches, nourries dans les pâturages, rendent annuellement 1200 à 1400 litres de lait. Ce lait est le plus souvent employé à la fabrication d'un fromage spécial appelé *fourme*.

La race d'Aubrac est incontestablement la plus importante de la région. Le bœuf est une excellente bête de labour. Dans les parties montagneuses, cette race a donné lieu à une infinité de variétés. Là où les fourrages sont abondants, elle est de grande taille ; elle est moins perfectionnée dans les parties où la production fourragère est moins abondante.

Les races *camargue*, *algérienne*, *corse*, n'ont aucune valeur au point de vue de la production du lait.

La race camargue, élevée à l'état sauvage dans l'île du même nom, n'est guère utilisée que pour les *courses de taureaux* qui ont lieu dans quelques départements méridionaux.

Les qualités à rechercher chez les bovidés sont variables avec le mode d'emploi auquel on les destine.

Parmi les principaux caractères qui peuvent permettre de reconnaître les qualités des vaches laitières, nous citerons les suivants :

Les mamelles doivent toujours être de grandes dimensions et avoir des trayons régulièrement espacés et au nombre de 4 ; quand il y en 6, c'est un bon indice.

La peau des mamelles doit être souple, fine, onctueuse au toucher et fortement plissée après la traite.

On trouve sous le ventre deux veines volumineuses qui partent des mamelles pour aller aboutir à deux petites ouvertures appelées «portes du lait». Ces ouvertures doivent laisser pénétrer facilement l'extrémité du doigt. En arrière des mamelles se trouvent des poils dirigés de bas en haut, c'est-à-dire en sens inverse des poils du corps. Ils

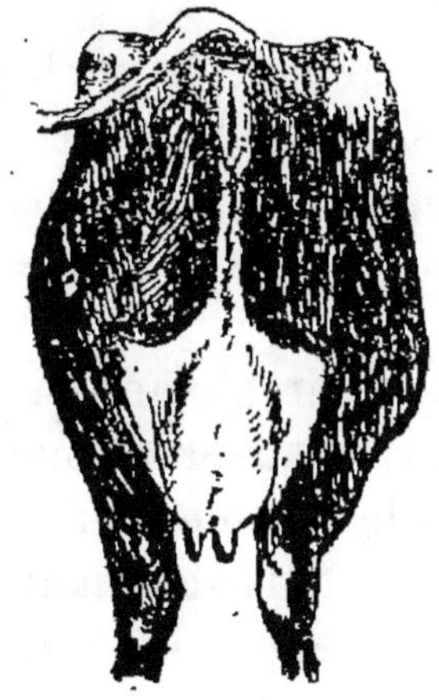

Fig. 104. – Ecusson.

forment par leur réunion une sorte de figure désignée sous le nom d'*écusson* (fig. 104). Plus cette figure est étendue au-dessus des mamelles et sur les cuisses, plus la vache peut être considérée comme bonne laitière.

Les bœufs destinés au travail doivent être bien conformés, avoir des articulations grosses, une poitrine ample, le dos et les reins larges. On choisira les individus robustes, vifs, appartenant à des races rustiques, habitués aux variations de température.

La connaissance de l'âge du bœuf est d'une grande importance.

Comme pour le cheval, l'étude de l'âge des bêtes bovines est basée : 1° sur l'apparition et l'usure des dents de lait ; 2° sur l'apparition et l'usure des dents de remplacement. L'examen seul des 8 incisives de la mâchoire supérieure sert à la connaissance de l'âge.

On peut encore évaluer l'âge des bovidés d'après l'inspection de leurs cornes ; le nombre des sillons qui séparent les cercles des cornes est censé indiquer l'âge.

Les bêtes bovines sont nourries pendant l'été au pâturage ou à l'étable. En hiver on les nourrit le plus souvent à l'étable.

Lorsque les bovidés ne peuvent plus être utilisés pour la production du lait ou les travaux des champs, on les engraisse pour les vendre à la boucherie.

3° ESPÈCE OVINE

Les ovidés sont à peu près les seuls animaux exploités dans le Midi dans un but économique.

En effet, la pauvreté des pâturages, représentés par les terres de guarrigues, sèches et arides, s'oppose à l'élevage avantageux des bêtes bovines, qui demandent des herbages abondants ou bien la stabulation permanente, généralement peu pratiquée chez nous.

Les moutons, au contraire, utilisent admirablement ces situations. On les fait pâturer en hiver, pendant la journée, dans les garrigues, et, en été, on les envoie dans la montagne où ils trouvent une nourriture plus abondante et une température plus fraîche ; c'est là ce qu'on appelle la *transhumance*.

Les principales variétés que l'on élève dans la région sont celles du Larzac, du Lauraguais, des Causses, des Alpes, de la Provence et de l'Algérie.

La *variété du Larzac* est spécialement exploitée en vue

Fig. 105. — Brebis du Larzac.

de la production du lait qui sert à la fabrication du fromage de Roquefort.

La brebis Larzac, qui peut être citée comme type de la *brebis laitière*, a des mamelles volumineuses, recouvertes d'une peau fine, onctueuse. Les trayons généralement au nombre de 2 sont bien développés.

La *variété du Lauraguais* est robuste et sobre, elle se contente des pâturages les plus maigres. Elle atteint un poids de 35 à 40 kilogr. et donne à chaque tonte 2 à 3 kilogr. de laine. Elle fournit également un peu de lait.

La *variété Caussinarde* est exploitée surtout en vue de la production des agneaux de lait.

La *variété de Provence* comprend les mérinos d'Arles et les mérinos de la Grau. Le poids de ces animaux ne dépasse guère 40 kilogr. Pendant l'été, on les envoie transhumer dans les Alpes.

La *variété des Alpes* utilise admirablement les pâturages accidentés; elle est de haute taille.

Les *variétés d'Algérie* comprennent les moutons *algériens* ou *barbarins* à queue large et graisseuse; leur tête et leurs pattes sont ordinairement de couleur rousse. Les brebis barbarines produisent de 600 à 1,200 gram. de lait par jour et elles donnent en outre de très beaux agneaux.

Les moutons algériens, grâce à leur tempérament robuste et réfractaire aux maladies contagieuses, se sont bien vite acclimatés dans les départements méridionaux. Malheureusement, ils nous ont apporté une maladie contagieuse, la *clavelée*, très bénigne chez eux, mais à laquelle nos moutons sont très sensibles.

EXPLOITATION DES MOUTONS. — Les différentes races de l'espèce ovine sont exploitées, suivant leurs aptitudes, pour la production de la viande, de la laine, du lait et des agneaux de lait.

On a calculé qu'une brebis produit environ 20 fr. de lait ou de fromage, un agneau valant de 5 à 8 fr., et 5 fr. de laine, soit au total 30 à 35 fr. par an. Pendant la transhumance, c'est-à-dire dans la montagne, les brebis sont fécondées. Les agneaux naissent généralement à partir de novembre. Ces jeunes animaux sont poussés pour la vente ; on laisse à leur disposition tout le lait de la mère, et, grâce à cette nourriture choisie, ils arrivent à peser 9 à 12 kilogr. ; ils triplent presque de poids en trente ou trente cinq jours.

Leur prix est en moyenne de 0,90 c. le kilo.

Lorsqu'on fait de l'élevage, les agneaux sont conservés dans la ferme et envoyés au pâturage.

Dans l'espoir d'obtenir rapidement de beaux agneaux, on a essayé de croiser nos brebis laitières avec des races anglaises (*Southdown, Shropshiredown*, etc.), renommées dans le Nord pour leur précocité et leur aptitude à l'engraissement. Malheureusement, ces variétés ne sont pas assez rustiques pour s'accommoder de notre climat chaud et se contenter de nos maigres pâturages.

Tonte. — Dans le Midi, on pratique la tonte quinze ou vingt jours avant le départ pour la montagne. Pour l'exécution de cette opération annuelle, on se sert de ciseaux appelés *forces* ou de tondeuses spéciales. La toison des races méridionales pèse 2 kilogr. en moyenne.

Les moutons mérinos sont spécialement exploités dans certaines régions pour la production de la laine.

Le mouton est un animal précieux qui donne de bons résultats dans les situations les plus diverses et les plus pauvres, quand on sait tirer un parti utile, pratique et économique de ses nombreux produits.

4° ESPÈCE CAPRINE

Nous citerons pour mémoire l'existence de la race caprine représentée par la chèvre.

La chèvre est une excellente bête laitière permettant d'utiliser les pâturages très accidentés où aucun animal domestique ne peut aller, mais elle est l'ennemi des arbres qu'elle broute. Elle produit 2, 3, 4 chevreaux par an, et de 1 à 5 litres de lait par jour. Quelquefois elle est vendue à la boucherie après avoir été engraissée.

5° ESPÈCE PORCINE

Le porc est un animal exclusivement comestible. Quelquefois, dans certains milieux, il est aussi employé pour la recherche des truffes. En raison des nombreux produits qu'il fournit à l'alimentation : chair, graisse, etc. son rendement net atteint 80 p. 100 de son poids.

La qualité et la quantité des produits dépendent des soins d'entretien, de la nourriture, etc.

Ainsi, les cochons anglais (Yorkshires, Berkshires) rendent beaucoup plus de chair et plus de viande que les races françaises. Par contre, leur chair manque de saveur et leur lard ne prend pas bien le sel.

Les races anglaises ont le corps presque cylindrique porté par des membres courts et grêles ; leur boutoir ou groin est considérablement raccourci ; leurs oreilles sont petites. En un mot ce sont presque de véritables cylindres de graisse et de viande.

Le croisement des races ordinaires avec les races améliorées produit des sujets intermédiaires plus précoces, chez lesquels la faculté à l'engraissement est développée.

Les truies sont très fécondes ; habituellement, elles peuvent produire deux fois par an de 4 à 12 porcelets chaque fois.

On nourrit généralement les porcs avec des pommes de terre cuites, des châtaignes, des graines concassées, etc. Les aliments doivent être distribués en trois repas par jour.

Chapitre III. — REPRODUCTION. — ÉLEVAGE. — MÉTHODES D'AMÉLIORATION DES RACES

REPRODUCTION ET ÉLEVAGE. — On donne le nom de *reproduction* à l'union de deux individus (mâle et femelle) dans le but d'obtenir un ou plusieurs animaux de même espèce.

Les jeunes animaux reçoivent d'abord une alimentation lactée. Ils prennent le lait de leur mère pendant un temps qui varie suivant les espèces. A l'allaitement succède la période de *sevrage* qui consiste à remplacer le lait par une nourriture substantielle. On se rapprochera alors de plus en plus de l'alimentation naturelle de l'animal pendant le cours de son existence. A partir de cette période, les animaux sont soumis à des soins particuliers et sont entretenus en vue du produit qu'ils sont appelés à fournir. C'est cette période qui est désignée sous le nom d'*élevage*.

Les chevaux sont élevés pour produire du travail ; les bovidés pour produire de la viande, du lait et du travail ; les ovidés pour produire de la laine et du lait. Les porcs pour produire spécialement de la viande.

DE L'IMPORTANCE DES REPRODUCTEURS. — On devra choisir des reproducteurs dont l'origine soit bien établie dont la famille ou la souche ne soit pas affectée de vices particuliers. On repoussera ceux provenant des contrées malsaines où règnent certaines maladies contagieuses; on éloignera également ceux dont le régime a été mauvais.

On choisira les reproducteurs parmi les animaux ayant la meilleure constitution et une conformation en rapport avec le produit à obtenir.

La considération de la taille est également importante.

Pour la reproduction des moutons, on recherchera des béliers de 18 mois à 5 ans ; les porcs pourront être employés utilement comme reproducteurs de 6 à 8 mois ; le bœuf à partir de 2 ans, le cheval dès l'âge de 5 ans.

Pour l'*espèce chevaline*, on accouplera des étalons et des juments ayant une conformation répondant aux services auxquels leurs produits sont destinés ; on recherchera l'ampleur de la poitrine, la solidité des membres, le développement des muscles, la bonté du tempérament, etc.

C'est au printemps que l'accouplement doit se faire. Onze mois après, la mise bas a lieu. Le nouveau sujet est allaité pendant 6 mois environ ; au bout de ce temps, il est sevré et nourri au vert de préférence. Les *Poulains* qui sont destinés aux travaux des champs peuvent être employés à partir de la troisième année.

Pour l'*espèce bovine*, on choisit avec soin les taureaux destinés à la monte. Environ neuf mois après la saillie, la vache met bas un veau. Durant les premiers mois, l'allaitement est le seul moyen de subsistance du jeune animal qui est ensuite sevré et envoyé au pâturage.

En ce qui concerne l'*espèce ovine*, les béliers doivent être pleins de santé et très vigoureux ; on devra faire saillir toutes les brebis dans le même mois. Cinq mois après, l'agnellement se produit.

Quelques heures après sa naissance, l'agneau commence à téter. Une ou deux semaines après la mise bas, on peut sortir les brebis quelques heures par jour, en laissant les agneaux à la bergerie. Au bout de trois à quatre mois, il est temps de penser au sevrage.

Chez les *porcs*, on recherchera des verrats et des truies bien disposés à prendre la graisse, ayant une charpente osseuse peu volumineuse, moins développée que les muscles ; une poitrine large, des épaules bien écartées, une peau fine. On préférera les animaux à petite tête, à cou peu allongé et à train de derrière très développé ; une truie, ainsi conformée, donnera naissance à de beaux et bons élèves. La truie met bas 114 jours après l'accouplement. Les porcelets, au nombre de dix environ, tettent leur mère chacun à une mamelle. Au bout de six semaines ou deux mois, on les sépare complètement de leur mère. Dans les premiers temps, on leur donne quatre à cinq repas par jour, soit du petit-lait, soit des bouillies de son ou de légumes. A l'âge de 6 mois, ils peuvent être soumis au régime ordinaire des cochons adultes.

PRINCIPES D'AMÉLIORATION. — Sous l'influence du climat, du régime alimentaire, de la gymnastique de certains organes, du milieu, du sol, etc., les caractères du type primitif, c'est-à-dire de la race pure, subissent des changements, des améliorations importantes. C'est ainsi que des variétés nouvelles sont créées.

L'agriculteur doit essayer de développer les qualités ou de faire disparaître les défauts.

Par exemple, en unissant deux animaux de race différente, possédant chacun des qualités particulières, on obtient un produit ou *métis* dont les aptitudes bonnes ou mauvaises ressemblent à celles des parents. C'est ce qu'on appelle faire un *croisement*.

Lorsque, au contraire, on unit deux animaux de la même race que l'on choisit pour leurs qualités avantageuses on fait de *la sélection*. Cette dernière méthode est très employée quand on veut améliorer une race.

On développe ainsi les qualités fixes susceptibles de se transmettre par *hérédité* de génération en génération.

Le régime alimentaire a une grande influence sur le perfectionnement des qualités du bétail. C'est l'alimentation qui fait la conformation, l'aptitude de chaque animal. Ainsi, grâce à une bonne nourriture, on développe chez les animaux une qualité importante, la *précocité*, qui leur permet de parvenir à l'adolescence avant le temps fixé par les lois naturelles.

L'adolescence ou âge adulte est caractérisé par l'évolution des dents qui correspond à l'achèvement du squelette tout entier et des organes qui s'y rattachent.

Chapitre IV. — **PRODUITS DES ANIMAUX**

Les animaux domestiques produisent du lait, de la viande, de la force, de la laine et du fumier. Nous allons fournir quelques développements sur chacun de ces produits.

Production du lait. — La production du lait comporte trois sortes d'entreprises différentes:

1° La vente du lait en nature dans les grandes villes ou dans leur voisinage immédiat;

2° L'utilisation du lait pour l'élevage des jeunes;

3° Le traitement du lait en vue de la fabrication du beurre et du fromage, produits qui peuvent mieux que le lait se transporter au loin.

Le lait. — Le lait est composé d'eau et de trois éléments principaux : 1° la *caséine* ou fromage; 2° la *matière grasse* qui constitue le beurre ; 3° la *matière sucrée* ou lactose ou sucre de lait.

Abandonné à lui-même, au bout de 24 heures, le lait se sépare en deux couches. La première, qu'on appelle la *crème*, et qui est presque entièrement formée de matières grasses, surnage ; la seconde a reçu le nom de lait écrémé.

En même temps que cette opération s'opère, il se produit de l'acide lactique par suite d'une fermentation spéciale. L'acidité augmente peu à peu, et, quand elle est parvenue à un certain point, elle fait passer la caséine à l'état solide. La caséine solidifiée s'appelle le *caillé*, et la partie qui reste liquide constitue le *petit-lait*.

L'élévation de température, certaines plantes et certains acides peuvent accélérer la coagulation du lait.

Lorsqu'on se trouve à proximité d'une grande ville, la vente du lait en nature est toujours plus avantageuse que sa conversion en beurre ou en fromages.

La meilleure condition pour que le lait puisse supporter le transport sans altération est qu'il soit, immédiatement après la traite, soumis à un refroidissement rapide. On obtient ce résultat avec des réfrigérants dans lesquels on fait circuler de l'eau froide. En été, on doit d'abord le chauffer, puis le refroidir.

Le lait est transporté dans des vases étamés d'une contenance de 10 à 12 litres.

Enfin, on peut conserver le lait indéfiniment après l'avoir évaporé et additionné de sucre jusqu'à ce qu'il ait pris la consistance d'une masse sirupeuse. On obtient ainsi le *lait concentré* et le *lait condensé* que l'on renferme dans des boîtes fermées hermétiquement.

BEURRE. — Le beurre est la matière grasse du lait. Il s'y trouve sous la forme de globules très petits ; ces globules montent à la surface lorsqu'on abandonne le lait à lui-même et constituent la *crème*.

Si l'on bat le lait, ces mêmes globules, d'abord isolés, se réunissent en masse, c'est le beurre. On prépare le beurre de préférence avec le lait de vache.

FABRICATION. — On extrait le beurre de la crème par un battage énergique. Tantôt on ne bat que la crème, tantôt on opère sur le lait entier non écrémé et aussitôt après la traite.

Le lait, apporté à la laiterie après la traite, est alors passé à travers un tamis garni d'un linge très propre, puis placé dans des vases en poterie de grès. La température doit être maintenue à 14 ou 16° en toute saison.

L'écrémage se fait le lendemain, en été, et après 48 heures, en hiver. On enlève la crème à mesure qu'elle se sépare. On la soumet au *barattage* aussitôt après qu'elle a été recueillie. Cette opération, appelée aussi *battage*, agglomère les globules gras du lait. Pour que le beurre soit réuni en une seule masse, il faut environ 20 ou 25 minutes en été, et quelquefois plus d'une heure en hiver.

Quand le barattage est achevé, on fait écouler le liquide restant ou petit-lait et on malaxe le beurre dans de l'eau fraîche et limpide, afin de le débarrasser des parties étrangères solubles qu'il contient toujours en plus ou moins grande quantité.

Les appareils employés à fabriquer le beurre se nomment *barattes*. La baratte la plus employée dans les campagnes

Fig. 106.— Baratte.

est celle qu'on appelle *baratte à pompe* ou *beurrière*. Elle se compose d'un vase conique en bois dans lequel on introduit la crème. On produit le battage en élevant et en abaissant alternativement un agitateur engagé dans le couvercle et qui plonge dans le liquide. Enfin, on se sert, dans les grandes exploitations, de barattes en forme de tonneau dans lequel on fait tourner un arbre muni de palettes verticales ou horizontales qui fouettent la crème.

Le beurre de bonne qualité a une couleur jaune, généralement.

Pour le conserver, on doit le tenir dans un endroit très frais, dans de l'eau fraîche ou dans un linge mouillé.

FROMAGE. — Le fromage est formé par la caséine du lait.

Dans la plupart des pays, on emploie pour sa fabrication le lait de vache ; dans d'autres, on se sert du lait de chèvre ou du lait de brebis. Il existe de nombreuses variétés de fromages, différant entre elles par la saveur, l'odeur, la consistance et la durée ; c'est ainsi qu'on les divise en deux grands groupes : 1° les *fromages à pâte molle* et les *fromages à pâte dure*.

Nous ne parlerons pas de la fabrication des fromages de Brie, de Hollande, de Gruyère, etc. Nous dirons quelques mots seulement de la préparation du *fromage de Roquefort*.

Le *fromage de Roquefort* est fabriqué avec le lait des brebis de la variété du Larzac principalement, qui paissent sur les hauts plateaux de l'Aveyron. Ces brebis sont ramenées, chaque soir, des pâturages dans des bergeries, et, après une heure de repos, on commence à les traire.

La traite se fait en comprimant d'abord fortement les mamelles, puis en tirant les trayons.

On mélange le lait du soir à celui du lendemain matin et l'on ajoute de la *présure*. Au bout de deux heures, la caséine est coagulée et forme le *caillé*. On brasse le caillé pour séparer le petit-lait d'avec la pâte que l'on met ensuite dans des moules en fer-blanc percés de petits trous.

Les moules ainsi garnis sont maintenus à une température douce et humide jusqu'à ce que tout suintement ait cessé, c'est-à-dire pendant deux ou trois jours. De là on les porte aux caves. Ces caves, pratiquées dans les crevasses des rochers, ont une température qui ne dépasse pas 5 degrés; de plus, elles présentent une multitude de fentes et de crevasses qui livrent passage à des courants d'air rapides et froids. Les fromages sont salés chaque jour, pendant une semaine, puis empilés pour être enfin abandonnés à une fermentation lente. Ils sont à l'abri des altérations par suite de la basse température de l'air.

On calcule que 100 kilog. de lait produisent environ 18 kil. de fromage.

Fruitières. — Les fruitières sont des associations formées pour la fabrication en commun des fromages dont la préparation exige de grandes quantités de lait. On rencontre quelques-unes de ces installations dans les Alpes.

Les cultivateurs associés apportent matin et soir le lait de la traite au chalet de la fruitière. Le fruitier (fromager de l'association) inscrit la quantité reçue et fabrique le fromage avec le mélange de tout le lait. Après la vente, chaque associé reçoit une part du produit proportionnelle au poids de ses fromages ou mieux à la quantité de lait qu'il a apportée à la fruitière.

Production de la viande

La production de la viande s'applique aux animaux de l'espèce bovine et à ceux des espèces ovine et porcine.

Ces animaux, soumis à un régime spécial, produisent de la viande grasse ; ils sont engraissés.

Engraissement des boeufs et des vaches. — Les boeufs et les vaches qui ne meurent pas de maladie finissent leur carrière à l'abattoir.

Les animaux destinés à la boucherie doivent être engraissés de préférence vers l'âge de trois à cinq ans. On choisira, pour ce genre d'exploitation, les meilleures races; mais, dans un bon nombre de cas, on s'arrêtera à celles qui se présentent le plus ordinairement sur les marchés voisins.

L'engraissement d'un bœuf ou d'une vache est d'autant plus profitable que, au moment où commence l'opération, l'animal est en meilleur état d'embonpoint. Les sujets véritablement maigres sont trop coûteux à engraisser ; on devra, autant que possible, se livrer à cette entreprise sur des animaux demi-gras.

Au point de vue des aptitudes à l'engraissement, les praticiens divisent les animaux en deux catégories: les animaux durs et les animaux tendres. Les premiers sont ceux dont la peau ne se laisse pas facilement plisser. On doit leur préférer les animaux tendres, c'est-à-dire ceux qui ont la peau souple, couverte de poils fins et peu serrés, se laissant plisser entre les doigts sans résistance.

L'engraissement des bovidés se pratique selon deux modes très anciennement connus.

Le premier, désigné sous le nom d'engraissement *exten-sif*, se réalise au pâturage ou à l'herbage. Le second, dit engraissement *intensif*, se pratique à l'étable.

L'état d'engraissement se reconnaît aux *maniements* ou masses graisseuses qui se développent à certains endroits du corps et que l'on palpe, que l'on touche avec la main.

L'engraissement à l'étable est le plus généralement pratiqué dans la région.

Les bœufs achetés pour l'exécution des travaux d'automne sont engraissés en hiver. Il en est de même des vaches qui ne donnent pas assez de lait. La préparation de l'animal pour la boucherie ne doit pas dépasser 90 à 100 jours.

On doit commencer l'engraissement avec des aliments grossiers et le terminer avec des aliments féculents et gras.

Une bonne ration à conseiller est la suivante :

Betterave.	25 kilg.
Paille hachée.	4 —
Foin.	4 —
Tourteau de colza.	2 —

Dès que l'animal est prêt, il faut le conduire sur le marché.

ENGRAISSEMENT DES VEAUX. — Dans certaines régions, on se livre beaucoup à la production de la viande de veau. Ces animaux sont nourris par leur mère durant un mois à 6 semaines, puis livrés à la boucherie. D'autres fois, les veaux sont mis à l'engrais dans des cases étroites où on les nourrit exclusivement de lait.

Pour 10 litres de lait par jour, on obtient 1,200 grammes d'augmentation de poids vif ; pour 20 litres, 2,400 gr.

Grâce à ce régime très nutritif, on obtient, au bout de 2 ou 3 mois, des veaux qui pèsent alors de 120 à 140 kil

ENGRAISSEMENT DES MOUTONS. — Pour engraisser les moutons, on peut avoir recours soit au pâturage, soit à la nourriture à l'étable. Certains propriétaires engraissent leur troupeau, avant de le livrer à la boucherie, en donnant par tête et par jour 5 à 6 kilogr. de marc de raisin distillé, et 600 gr. de foin grossier. On peut ainsi utiliser le marc et fabriquer en même temps du bon fumier.

ENGRAISSEMENT DES PORCS. — Les porcs anglais, généralement très précoces, sont engraissés dès l'âge de 8 à 10 mois. Les cochons de race française, d'une précocité beaucoup moindre, ne le sont qu'à partir de l'âge de 15 à 18 mois. Après l'engraissement, ils pèsent jusqu'à 200 et 250 kilogr.

On installe les cochons dans des loges, on les soumet à une alimentation féculente qui a pour base les pommes de terre et le maïs. Quand l'augmentation de poids n'est plus en rapport avec la quantité d'aliments distribués, on doit vendre ou abattre les animaux.

Production de la force

La force motrice est produite par des moteurs animés et par des moteurs inanimés. Les premiers sont l'homme et certains animaux domestiques. Les moteurs inanimés comprennent la pesanteur, le vent, l'eau, la vapeur et l'électricité. Pour la plupart des travaux agricoles, principalement pour les travaux de traction, les moteurs animés sont les plus économiques.

Les animaux de trait appartiennent à deux grands groupes : les équidés, qui comprennent le cheval, le mulet et l'âne, et les bovidés, c'est-à-dire le bœuf et la vache.

Le cheval est de tous les moteurs animés celui qui présente le plus d'avantages ; il a pour lui la force, la vitesse, la solidité du pied, la longue durée de son existence. Un bon cheval de trait peut travailler 10 heures, à la vitesse de $0^m,90$ à 1 mètre par seconde, avec un effort de traction compris entre 30 et 50 kilogr. suivant qu'il est de trait léger ou de gros trait.

Les chevaux de travail seront forts et pourvus de membres musculeux ; ils auront la démarche prompte, le pas allongé. Ils doivent être dociles et exécuter avec facilité les différents mouvements et déplacements auxquels ils seront soumis.

Le mulet est employé dans le Midi comme animal de trait, parce qu'il résiste bien à la chaleur. Il est aussi fort que le cheval et va aussi vite que lui au pas. Il est très rustique, très sobre, a le pied très solide et vit très longtemps. Il fournit un travail mécanique égal à celui du cheval pendant le même temps.

Le bœuf rend de grands services comme animal de trait dans certains pays. Il a des qualités sérieuses pour les travaux qui exigent beaucoup de patience. Le bœuf attelé marche généralement à la vitesse de $0^m,75$ à $0^m,95$ par seconde ; il produit un effort total inférieur à celui du cheval.

C'est vers la fin de la troisième année et surtout dès la quatrième année qu'on peut employer le bœuf comme animal de trait.

On attelle les bêtes bovines au collier et au joug. Avec le collier, les animaux marchent d'un meilleur pas, mais déploient moins de force qu'avec le joug. On emploie le joug simple et le joug double. Ce dernier est le plus utilisé.

Pour employer les bœufs avec profit, il est indispensable de les ferrer ; il faut un fer pour chaque onglon.

La vache et l'âne sont surtout les animaux de trait de la petite culture ; ils sont en général employés pour les charrois ; les vaches servent aussi quelquefois pour les labours.

Soins et alimentation des animaux de trait. — Les animaux, en général, entre leurs heures de travail, jouissent d'un certain temps de repos, pendant lequel ils réparent par l'alimentation les pertes éprouvées. Pendant ce temps également, on leur prodigue des soins de propreté, absolument nécessaires à l'exercice de leurs fonctions et à la conservation de leur santé.

L'alimentation ordinaire du cheval de trait a pour base la paille, le foin, la luzerne, le son et principalement l'avoine.

La ration à donner varie avec l'importance du travail fourni ; généralement, on donne par jour : 8 à 10 kilos de foin et 6 à 8 litres d'avoine; pendant l'été, on peut ajouter à cette ration des racines fourragères et des farineux.

Le cheval de trait doit faire trois repas : un le matin, le second à midi et le troisième le soir.

On donnera aux bœufs une bonne nourriture additionnée quelquefois de grains.

On devra les laisser reposer pendant les heures les plus chaudes de la journée.

On leur donnera des boissons abondantes. Le bœuf peut maintenir ses forces en consommant des fourrages verts.

Production du fumier

En pratique, on calcule le poids du fumier produit en ajoutant au poids des fourrages consommés le poids de la litière, et multipliant ce total par 2. On a alors la formule suivante :

$$\text{Poids du fumier} = (\text{Foin} + \text{paille}) \times 2$$

On dit encore que la quantité de fumier produite dans l'année est égale à 25 ou 30 fois le poids des animaux.

Chapitre V. — **HABITATIONS DES ANIMAUX**

Les bâtiments qui servent à loger les animaux portent différents noms suivant l'espèce animale qui les habite.

Ainsi les chevaux sont logés dans l'*écurie* ; les bœufs et les vaches dans l'*étable* ; les moutons dans la *bergerie* ; les porcs dans la *porcherie*, etc.

Les habitations servent à garantir les animaux de la pluie, du vent, du froid. Elles ont, en outre, l'avantage de faciliter la distribution de la nourriture et la production des engrais.

Les logements doivent être construits dans des milieux sains, exempts d'une trop grande humidité. Les ouvertures seront placées au nord ou au nord-est, et on les multipliera autant que possible afin de faciliter l'aération complète du local.

L'espace nécessaire pour chaque animal varie comme il suit :

Pour un cheval moyen, 1,75 de largeur sur 2,50 de longueur.
Pour un bœuf, 1,35 de largeur sur 2,40 de longueur.
Pour une vache, 1,25 de largeur sur 2,20 de longueur.
Pour un mouton, 75 décimètres à 1 mètre carré.

On devra également tenir compte des surfaces nécessaires pour le service.

Les chevaux sont ordinairement séparés par des planches suspendues à l'aide de cordes (bat-flancs) ou par des planches fixes.

Les aliments sont distribués dans des mangeoires ou *crèches* et dans des *râteliers*. La hauteur des râteliers et des crèches varie avec la taille des animaux.

La température moyenne des logements ne doit pas dépasser 15 à 20°. Le sol doit être pavé, cimenté ou foulé fortement. Il est légèrement incliné de manière que les urines puissent s'écouler dans une rigole qui les conduit au dehors.

Dans les bergeries, le nombre de râteliers fixes ou mobiles et celui des auges doit être suffisant pour que tous les moutons puissent se nourrir en même temps.

Les râteliers mobiles peuvent s'élever à mesure que la couche de fumier augmente.

Dans les porcheries, chaque animal est logé séparément dans une case garnie d'une auge fixe et derrière laquelle se trouve une petite cour fermée.

Chapitre VI. — ANIMAUX DE BASSE-COUR

Les produits fournis par les animaux de basse-cour entrent pour une somme relativement considérable dans les revenus de la petite ferme. En outre, le fumier qu'ils donnent, appelé colombine, est très riche.

Les animaux de basse-cour sont : les lapins, les poules, les dindons, les oies, les canards, les pintades et les pigeons.

Lapins

Le genre *lièvre* renferme deux catégories principales : celle des lièvres proprement dits et celle des lapins.

L'élevage du lapin domestique est une source de revenus précieux.

Les variétés de lapins domestiques sont nombreuses. Les lapins sont élevés en clapier, c'est-à-dire dans des loges ou cases généralement abritées par un toit ou sous un hangar. Ces cases doivent être spacieuses.

Les lapins doivent être nourris abondamment. Pour éviter le gaspillage des herbes distribuées, on place dans chaque case un râtelier. A côté, doit se trouver un récipient pour l'eau.

L'accouplement se fait en moyenne trois ou quatre fois par an, à partir du huitième mois environ ; la mise bas a lieu trente jours après. Les femelles donnent ordinairement naissance à 6 lapereaux.

On sèvre les lapereaux au bout de 40 jours et on les place dans des cases spéciales, en séparant les mâles d'avec les femelles. On les vend au bout de 5 à 6 mois.

Les sujets les mieux conformés sont conservés pour la reproduction. Au même âge, on peut les engraisser en les plaçant séparément dans des cases étroites, peu éclairées, où on leur distribue une ration abondante. Après 30 jours de ce régime, ils sont bons à vendre.

On doit veiller avec attention aux soins de *propreté* et à la qualité de la nourriture.

Poules

Les poules sont recherchées pour leur viande et pour leurs œufs.

Elles comprennent un grand nombre de races, parmi lesquelles nous signalerons celles de *Houdan*, de *Hambourg*, de la *Bresse*, de la *Flèche*, du *Mans*, de *Crévecœur*, etc.

Les poules que l'on rencontre le plus souvent dans les basses-cours appartiennent à la *race commune*, beaucoup plus rustique, plus facile à nourrir, mais moins productive que les races que nous venons de citer.

Les poules sont mises à l'abri des intempéries dans un local appelé *poulailler*.

Le poulailler comprend :

1° Des *juchoirs* ou espèces d'échelles sur lesquelles les oiseaux de basse-cour se perchent la nuit ;

2° Des *pondoirs* ou paniers garnis de paille, qui sont

appliqués contre les murs, dans lesquels les poules pondent leurs œufs.

Le poids d'un œuf varie entre 50 et 80 grammes, selon la race.

La présence d'un ou plusieurs œufs dans un nid invite les poules à pondre. C'est pour cela qu'il est d'usage de placer dans les pondoirs des œufs postiches ou des œufs gâtés.

Les œufs destinés à être couvés sont choisis parmi les plus beaux et les plus nouvellement pondus après l'accouplement. Une poule peut couver facilement de 12 à 15 œufs.

Les bonnes poules couveuses sont de mœurs douces ; quand elles veulent couver elles gloussent.

Pendant 20 jours environ que dure l'incubation, la poule ne prend qu'un repas par jour, de grand matin.

Les poules couveuses sont quelquefois mises à part dans une petite pièce spéciale dite *couvoir*.

On peut provoquer l'éclosion des œufs en se servant de couveuses artificielles.

Les jeunes poussins sont l'objet de soins nombreux ; leur première nourriture consiste en un mélange de mie de pain et de lait ; ou bien de farine de maïs ou d'orge pétrie avec de l'eau. Ils vivent, au début, sous la surveillance de leur mère ; puis ils entrent dans la vie commune.

Les poules se nourrissent de graines oubliées ou perdues dans la cour. On leur donne, en supplément, des graines d'orge, de maïs, des criblures de céréales, environ 40 à 60 gr. par tête ; cette distribution se fait le matin et le soir.

Pour l'engraissement des volailles, pratiqué dans certaines régions, on a recours à une nourriture plus substantielle et plus abondante ; on fait manger aux poules, par exemple, des pâtées de farine. On obtient, de cette façon, des poulardes et des chapons très renommés, à cause de la finesse de leur chair et de leur graisse.

Les maladies des poules sont les suivantes : la pépie, la tumeur du croupion, la diarrhée, la constipation, le catarrhe, la goutte, la mie, le choléra des poules, etc.

Toutes ces maladies sont évitées en multipliant les soins de propreté.

Dindons

Les dindons sont élevés uniquement pour leur chair.

Les dindons noirs, étant plus robustes que les dindons blancs, doivent être préférés.

Les dindons mangent avec la même avidité les substances végétales et animales.

Ils aiment le grand air, la liberté. La nuit, ils se réfugient sous les hangars.

Les dindes pondent au printemps des œufs peu estimés. Une partie de ces œufs, 15 ou 20, sont mis à couver. Les dindes sont très bonnes couveuses. Au bout de 30 jours environ, les dindonneaux naissent. Ces derniers sont élevés avec précaution. Dès l'âge de 4 à 6 mois, on les engraisse avec de l'avoine, de l'orge, ou des graines de maïs, ou bien avec des pâtées de farine ou des noix.

La durée de l'engraissement est d'un mois en moyenne.

Oies

Les oies sont élevées pour leur chair, leur foie, leur graisse, leur duvet, etc. Celles appartenant à la grosse espèce, telles que les oies de Toulouse, de Strasbourg, fournissent d'excellents produits.

L'oie est bonne pondeuse ; avant de couver, elle peut produire jusqu'à 30 ou 40 œufs. Les œufs sont donnés à couver aux poules ou aux dindes. L'incubation dure une trentaine de jours. Après l'éclosion, on donne aux oisons une pâtée de farine d'orge ou de maïs. Les oies ne sont pas difficiles à nourrir ; au pâturage, elles vivent de ce qu'elles trouvent, herbes ou graines.

Vers l'âge de 4 ou 5 mois, on les plume sous le ventre pour obtenir le duvet. A 8 ou 10 mois, après les avoir engraissées, on les tue pour la vente.

On les engraisse suivant les règles générales, c'est-à-dire en les plaçant dans l'obscurité, en les isolant et en les gavant de graine de maïs ou de légumes farineux. Le poids d'une oie prête à engraisser est de 4 kilogr.; après avoir consommé 40 litres de maïs, elle arrive au poids de 8 kilogr.; elle se vend alors 8 à 10 fr.

Les principales maladies auxquelles les oies sont sujettes sont la *fourbure* et le choléra des oies.

Canards

Les canards sont recherchés pour leur chair, leur foie et leur duvet.

L'élevage du canard n'est possible que lorsqu'on est à portée d'une rivière, d'une mare ou d'un bassin quelconque.

Pendant la nuit, il s'abrite dans un coin de la ferme.

Les œufs de cane sont couvés le plus ordinairement par des poules.

Les canetons demandent beaucoup de soins et de surveillance pendant quelques jours. On les nourrit avec une pâtée. Quinze jours après l'éclosion, on les met en liberté. Vers l'âge de 6 mois, on engraisse ceux destinés à la vente. L'engraissement se fait avec des pâtons de farine d'orge, par exemple.

Pintades

Les pintades ont une chair fine très estimée; elles produisent, en outre, des œufs très recherchés. Leur élevage est assez difficile. Les pintades aiment la liberté.

Pigeons

Les produits des pigeons consistent surtout en pigeonneaux. La nourriture habituelle des pigeons se compose de graines de vesces, d'orge, d'avoine, etc.

Les pigeons de volière font à peu près 10 pontes par an et commencent à pondre vers l'âge de 6 mois. Chaque ponte est ordinairement de deux œufs. Les pigeons vivent par couple ; ils se marient. Le mâle et la femelle couvent à leur tour. L'incubation dure 17 jours.

L'éducation des pigeonneaux est à la charge des parents.

Le peuplement du colombier se fait en mai et en août ; on se procure un certain nombre de pigeons, on les enferme en ayant soin de leur fournir la nourriture et l'eau nécessaires pendant 10 à 15 jours. Au bout de ce temps, on leur rend leur liberté.

C'est le matin et le soir qu'il convient d'appeler les pigeons, en sifflant, pour leur jeter de la graine.

Les pigeonneaux sont portés sur le marché à l'âge d'un mois.

Chapitre VII. — HYGIÈNE

L'hygiène a pour but la conservation en bon état de la *machine* animale ; elle permet de maintenir le bétail toujours en bon état. Ce résultat est atteint soit par une alimentation convenable, soit par des soins généraux de propreté. Parmi les principaux soins de propreté, nous citerons le pansage, le tondage et les bains.

Pansage. — Une bonne habitude à prendre consiste à panser les animaux régulièrement chaque jour. On passe successivement sur leur corps l'*étrille*, la *brosse*, le *bouchon de paille*, l'*éponge* et surtout de *l'eau* pour débarrasser la surface de la peau des matières dont elle peut être souillée.

Le pansage, pratiqué habituellement pour les chevaux, ne doit pas être négligé pour les autres animaux de trait. Les animaux soumis à l'engraissement et les vaches laitières se trouvent très bien de cette opération qui réagit favorablement sur tous les organes et facilite les fonctions de la peau (transpiration, respiration, etc.).

Tondage. — Cette opération consiste à couper les poils des animaux à des intervalles plus ou moins rapprochés. Le tondage se pratique généralement à l'entrée de l'hiver. Lorsqu'il s'agit de moutons, cette opération est désignée sous le nom de tonte.

Cette pratique facilite le pansement et entretient la peau dans un état de propreté satisfaisant.

Les *bains*, les lavages à grande eau, débarrassent parfaitement la surface du corps des poussières qui s'y accumulent. C'est principalement aux chevaux qu'ils sont utiles.

Nous ajouterons qu'il sera avantageux d'employer des harnais à la fois solides et légers, entretenus proprement et s'ajustant parfaitement aux parties du corps sur lesquelles ils doivent porter. Trop grands ou trop petits, ils sont exposés à blesser la peau.

L'animal doit être propre, soigné rationnellement, et vivre dans un local bien tenu. L'air vicié par le séjour des animaux doit être renouvelé souvent à l'aide d'ouvertures suffisantes.

Ainsi soignés, les animaux se portent toujours bien. Si les soins laissent à désirer, l'animal contracte des maladies.

Parmi les maladies communes à la plupart de nos animaux domestiques, nous citerons :

1° MALADIES INTERNES. — Les *coliques*, la *météorisation*, la *diarrhée*, la *toux*, le *jetage*, le *cornage*.

2° MALADIES EXTERNES. — Les *contusions* et les *plaies*, les *boiteries*, la *fourbure des pieds*, les *maladies de la peau*, la *gale*.

Les maladies particulières sont spéciales à chaque espèce animale. Nous nous contenterons seulement de les énumérer.

Pour le cheval, l'âne et le mulet. — Eaux aux jambes, tares ou excroissances, crapauds. Constipation des jeunes animaux.

Pour l'espèce bovine. — Fièvre aphteuse (cocotte), péripneumonie contagieuse.

Pour l'espèce ovine. — Météorisation, gale, piétin ou maladie du pied, fourchet, tournis, clavelée (petite vérole), cachexie aqueuse, sang de rate, charbon symptomatique, muguet.

Pour l'espèce porcine. — Fièvre aphteuse, angine, inflammation intestinale, charbon de la langue, soie ou soyon, ladrerie, rouget.

Police sanitaire des animaux

Certaines maladies dites *contagieuses* se propagent d'un animal à un ou plusieurs animaux de la même race ou de race différente. Dans ce cas, ces maladies, par la mortalité qu'elles provoquent, peuvent occasionner des pertes immenses pour l'agriculteur.

Le plus souvent elles sont dues à la présence de germes, de microbes, qui se multiplient à l'infini dans l'organisme. Elles résistent généralement aux remèdes connus.

Les maladies réputées contagieuses par la loi sur la police sanitaire des animaux sont les suivantes :

La *peste bovine* et la *péripneumonie* ou inflammation des organes respiratoires chez les races bovines.

La *gale*, la *clavelée* ou petite vérole des moutons et des chèvres,

La *fièvre aphteuse* pour les races bovine, ovine, porcine et caprine.

La *morve*, le *farcin* et la *dourine* pour les races chevaline et asine.

La *rage* et le *charbon* pour toutes les races.

Les propriétaires d'animaux atteints d'une de ces maladies doivent en faire, sans délai, la déclaration au maire de la commune, sous peine d'encourir des peines graves. En même temps, les animaux doivent être séquestrés et ne sortir, sous aucun prétexte, avant qu'ils n'aient été visités par un vétérinaire préposé par l'administration. Généralement, les animaux malades sont abattus; dans quelques cas, des indemnités sont accordées aux propriétaires. Les cadavres des animaux abattus ou morts sont brûlés, enfouis ou détruits.

La vente des animaux atteints de maladies contagieuses est sévèrement interdite. Enfin, les propriétaires sont tenus de désinfecter les écuries, les étables, et même les objets ayant servi à ces animaux. Pour cette désinfection, on emploie des lavages avec des solutions d'acide phénique, de chlorure ou de sulfate de zinc; les fumigations au soufre sont également efficaces.

Les vices rédhibitoires sont des maladies non apparentes, mais très graves lorsqu'elles se manifestent. Elles entraînent la résiliation de la vente lorsqu'elles sont constatées dans un délai déterminé,

Les vices rédhibitoires sont les suivants:

1° *Pour l'espèce chevaline.* — Une maladie périodique: fluxion périodique des yeux. — Deux maladies contagieuses: morve, farcin. — Deux maladies des organes respiratoires: emphysème pulmonaire, cornage chronique. — Deux maladies du système nerveux: tic avec ou sans usure des dents, immobilité. — Une maladie intermittente: boiterie intermittente.

Pour toutes ces maladies, le délai de résiliation de la vente est de 9 jours, excepté pour la fluxion périodique, pour laquelle on accorde un délai de 30 jours.

2° *Pour l'espèce ovine.* — La clavelée ; un seul animal atteint suffit pour faire annuler la vente de tout le troupeau.

3° *Pour l'espèce porcine.* — La ladrerie.

Pour l'espèce bovine il n'existe pas de vices rédhibitoires.

L'acheteur qui est prévenu de l'apparition d'une de ces maladies avant l'expiration du délai fixé doit provoquer la nomination, par le juge de paix, d'experts chargés de dresser procès-verbal.

D'une façon générale, on reconnaît qu'un animal est malade lorsqu'il est triste, inquiet, sans appétit. Son poil est généralement sec, terne, hérissé. Quelquefois, sa peau est chaude. L'animal se couche, se déplace difficilement. Le mufle chez les bœufs est sec.

Toutes les fois que l'agriculteur se trouvera en présence d'un animal malade, il devra immédiatement le séparer des autres animaux et le tenir au chaud en attendant l'arrivée du vétérinaire.

CHAPITRE VIII. — **ANIMAUX UTILES NON DOMESTIQUES**

A. SÉRICICULTURE

Beaucoup d'insectes produisent des fils de soie, mais c'est la chenille qui se nourrit des feuilles du mûrier qui produit la soie la meilleure, celle que l'on utilise. On peut citer ensuite, comme donnant également de la soie dont on avait essayé de tirer profit, la chenille du chêne et celle de l'ailante.

Le ver à soie est cultivé en France depuis l'an 1300. Vers le commencement du XIXme siècle, cette culture produisait de 20 à 25 millions de kilogrammes de cocons. Aujourd'hui, la récolte est réduite à 6 ou 8 millions.

Parmi les départements où l'élevage du ver à soie est le plus répandu, nous citerons le Gard, l'Ardèche, la Drôme et le Vaucluse ; les autres départements méridionaux doivent être placés en seconde ligne.

Depuis 1840, le nombre d'éleveurs et la quantité de graines mises en incubation ont diminué considérablement, à cause du prix de vente de la soie qui, depuis l'apparition des soies d'Orient, est allé sans cesse en s'abaissant. En outre, les frais d'élevage ont augmenté et l'apparition de certaines maladies a réduit les rendements.

Ce sont ces causes, à la fois d'ordre économique et technique, qui ont fait perdre à la sériciculture son importance d'autrefois. Le mûrier n'est pas l'arbre d'or d'il y a un demi-siècle. Néanmoins, l'industrie séricicole occupe encore beaucoup d'ouvriers ; elle est restée très intéressante et même, pour certaines régions, elle constitue l'unique ressource des populations. Mais il importe que l'élevage des vers à soie soit conduit selon les règles que nous allons faire connaître.

DU VER A SOIE

Le ver à soie passe, durant sa vie, par trois transformations successives : *larve* ou *chenille* d'abord (fig. 106) ; il forme, aux derniers jours de son existence, une enveloppe soyeuse appelée *cocon* dans laquelle il devient *chrysalide* et d'où il sort peu de temps après à l'état de *papillon*.

Pendant sa vie de larve, il passe successivement par plusieurs âges ou phases d'existence marquées par un changement de peau appelé *mue*. Pendant ces mues ou

maladies, au nombre de quatre, le ver reste cemplète-
ment immobile et refuse toute nourriture.

Sous forme de chrysalide (fig. 107), le ver n'est plus
reconnaissable ; il est rouge, court
et immobile. La chrysalide reste
enfermée pendant 15 ou 20 jours
dans le cocon. Au bout de ce
temps, elle sort de sa coque soyeuse
à l'état de papillon.

Les papillons s'accouplent et le
papillon femelle pond de 6 à 700
œufs, desquels sortiront, l'année
suivante, de petites chenilles ou
vers.

Ces premières notions sur la vie
du ver à soie étant données, nous
allons étudier les règles pratiques
de son élevage.

DÉSINFECTION DU LOCAL ET DU
MATÉRIEL. — Il faut d'abord bien
nettoyer le local ou magnanerie

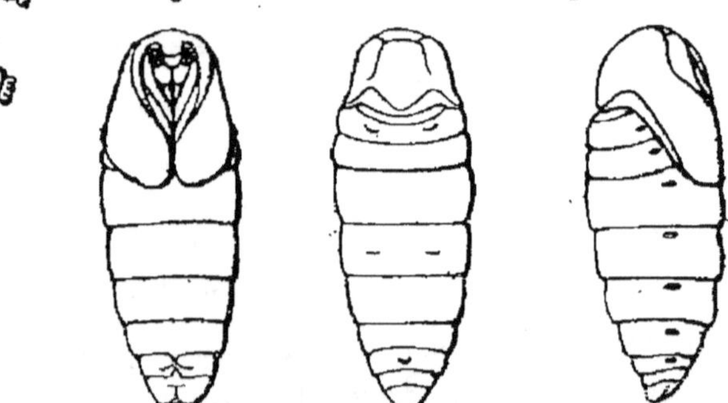

Fig. 106 — Ver à soie sor-
tant de la 4ᵐᵉ mue —
grossissement linéaire :
3.

Fig. 107. — Chrysalide (grandeur naturelle) —
A : vu de face — B : vu de dos — C : vu de
profil.

où aura lieu l'élevage, ainsi que tous les ustensiles
devant servir à l'éducation des vers à soie.

Le local sera blanchi avec un lait de chaux très fort, et le matériel lavé avec le même liquide ou avec une solution de sulfate de fer ou de cuivre. Puis on désinfectera la magnanerie en brûlant du soufre dans son intérieur. Le mobilier devra être aussi soumis aux fumigations de soufre. Le sol sera lavé énergiquement.

MISE EN INCUBATION ET ÉCLOSION DE LA GRAINE. — Une quinzaine de jours avant la mise en incubation, on retire

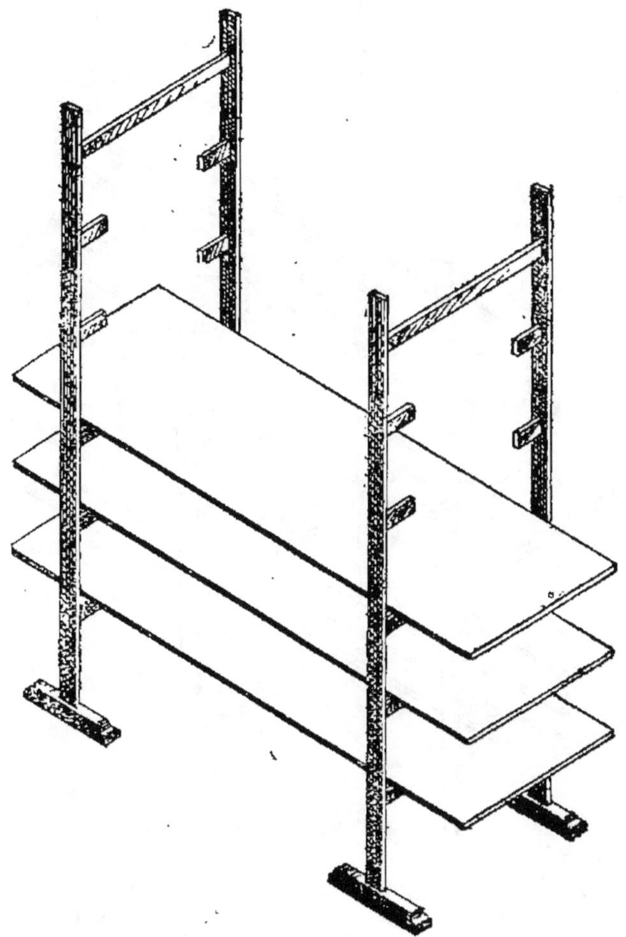

Fig. 108.— Etagère pour six claies de 2ᵐ40 sur 0ᵐ75 (trois claies seulement sont figurées).

la graine de l'endroit froid où elle a passé l'hiver et on la porte dans une chambre exposée au midi. Lorsque le

mûrier commence à pousser et que les feuilles sont apparentes, on met les graines dans la couveuse.

Les couveuses se composent de deux caisses en fer

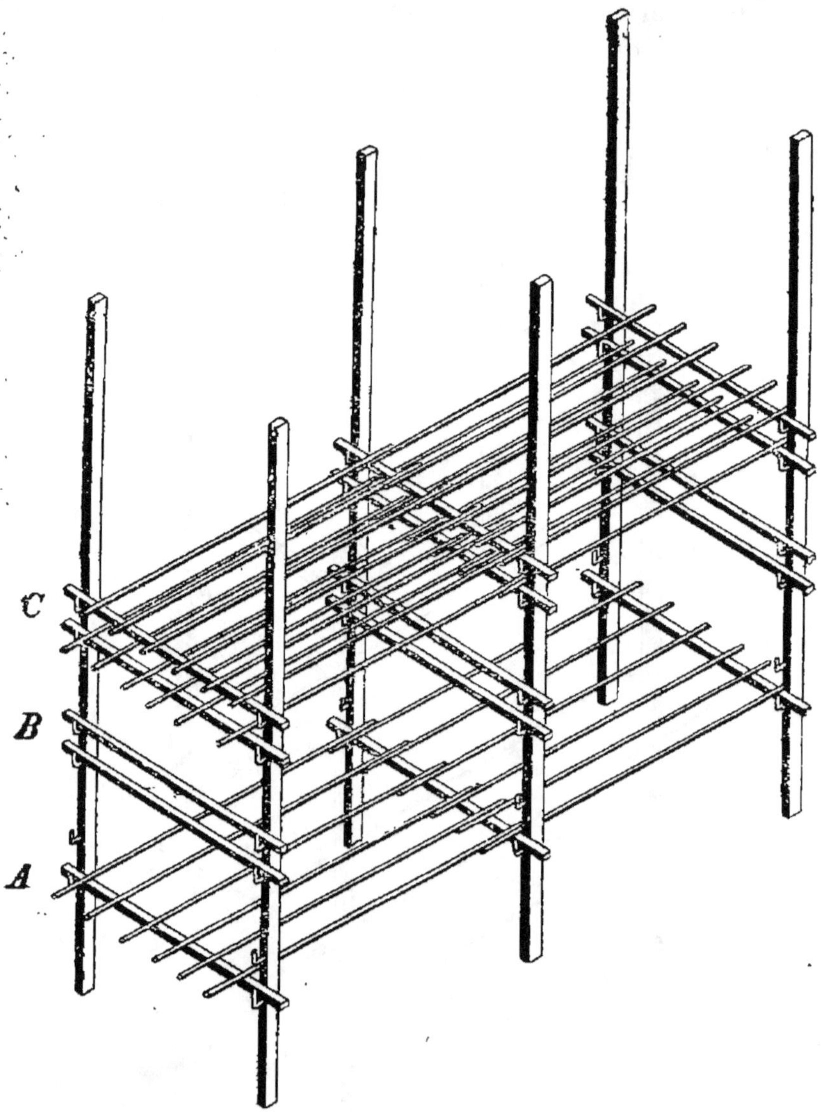

Fig. 109.— Bâti à trois étages pour l'élevage des vers à soie.— A : pre-
mier plan du premier étage — B : traverse pour le deuxième étage
— C : troisième étage avec toutes ses lattes et traverses (système
Cavallo),

d'inégale grandeur, s'emboîtant l'une dans l'autre et entre
esquelles on met de l'eau que l'on chauffe au moyen

d'une veilleuse. C'est vers les 15 ou 20 avril que l'on doit songer à faire éclore la graine.

A défaut de couveuse, on se sert de chambres chaudes ou bien de boîtes assez larges que l'on place sur une bouillote contenant de l'eau chaude. On amène ainsi progressivement les graines jusqu'à la température de 25°. Quand les œufs ont été maintenus pendant un ou deux jours à 25°, ils perdent leur couleur jaune et blanchissent ; alors l'éclosion est proche. On les recouvre d'un morceau de tulle ou d'une feuille de papier percée de petits trous. Quand les vers naissent, on met, par dessus le tulle ou le papier, des feuilles de mûrier sur lesquelles les petites larves se rassemblent.

Une once de graines (25 gr.) donne 17 gr. de vers, 5 gr. de coques et 3 gr. d'eau. Pour que tous les vers d'une même claie soient égaux, c'est-à-dire du même âge et par conséquent de la même grosseur, il faut : 1° *ne pas mêler la levée du jour avec celle du lendemain* ; 2° *tenir à la même température tous les vers d'une même levée* ; 3° *distribuer également la feuille.*

Premier âge. — Les vers d'une même levée sont placés sur des claies qui reposent sur des étagères superposées par un espace de 40 à 50 c. Les claies sont aussi longues que l'on veut (fig. 108, 109, 110) ; leur largeur ne doit pas dépasser 75 centimètres, elles

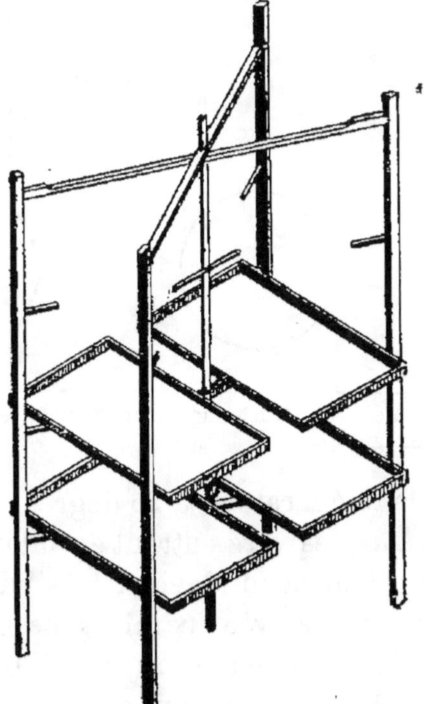

Fig. 110. — Etagère pour huit paniers de 0m80 sur 0m54 (quatre paniers seulement sont figurés).

doivent être recouvertes de feuilles de papier. La feuil l
de mûrier, préalablement mondée, c'est-à-dire privée
des branches et des fruits, doit être coupée menue et
distribuée, en moyenne, 6 fois par 24 heures, à intervelles

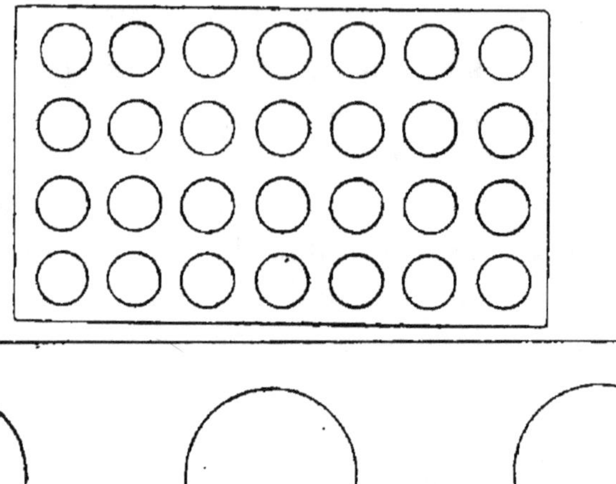

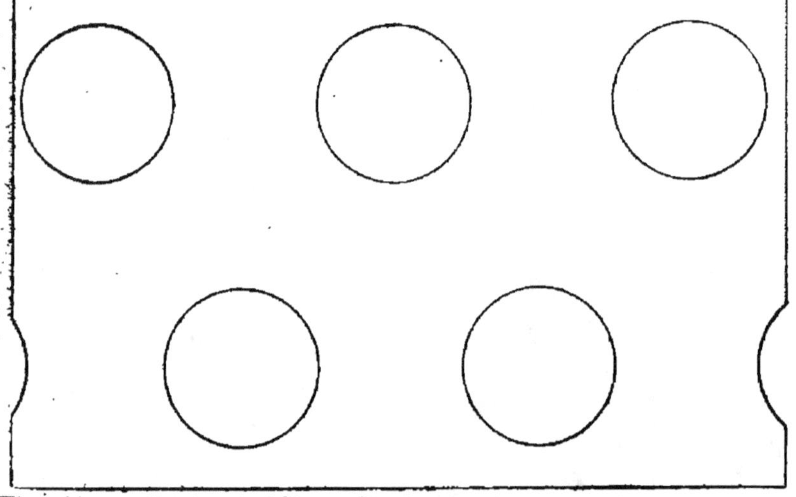

Fig. 111.— Papier à déliter. (Vraie grandeur pour le premier et le
dernier âge).

égaux. Si l'on a maintenu la température à 25 degrés, 5
ou 6 jours après leur naissance les vers entrent en mue;
ils restent alors immobiles ; leur peau devient très luisante ; leur tête, noire, un peu relevée, paraît grosse.
Pendant ce sommeil, on donne de légers repas et l'on
cesse complètement de distribuer de la feuille pendant
24 heures, dès que l'on voit quelques vers éveillés.

Une once de graines doit occuper, au moment de la mue,
3 mètres carrés de surface; elle a consommé, dans le
premier âge, 5 à 6 kil. de feuille.

— 316 —

Deuxième âge. — Dès que les vers ont mué, on étend sur eux du papier percé (fig. 111), sur lequel on met de la feuille, les vers montent sur les feuilles et on délite, on les change de place. Pendant cet âge, on donne trois ou quatre repas de feuille mondée par jour. Environ 4 ou 5 jours après la sortie de la première mue, la seconde s'opère dans les mêmes conditions. Durant cette période, une once de graines mange environ 20 kil. de feuille. Jusqu'à la fin de l'éducation, le thermomètre doit indiquer 22 à 23° centigrades en moyenne. L'espacement à donner aux vers pendant le deuxième âge doit être de 7 mètres carrés par once de 25 gram.

Troisième âge. — Le troisième âge suit la seconde mue; il dure à peu près 6 jours. Les vers, augmentant de volume pendant cet âge, doivent occuper une surface de 25 mètres carrés. On leur donne cinq repas par jour, ce qui correspond, jusqu'au quatrième âge, à une consommation de 30 kil. de feuille par once.

Quatrième âge. — Durant cette période, les soins à donner sont les mêmes que ceux des âges précédents. La chaleur doit être régulière, l'air souvent renouvelé, les délitages multipliés et toujours faits avec beaucoup de soins.

Les vers, triplant de volume pendant cet âge, doivent occuper un espace de 20 à 30 mètres carrés. La quantité de feuille consommée atteint 90 kil.

Cinquième âge. — Durant cet âge, le ver à soie consomme cinq fois plus de nourriture que dans les âges précédents, c'est-à-dire environ 570 kil.; les repas devront donc être très copieux.

Les dix jours du cinquième âge étant les plus dangereux de la vie du ver, on devra alors multiplier les soins de propreté ; les délitages se feront tous les deux ou trois jours et tous les vers qui paraîtront malades seront enlevés soigneusement. Les vers seront espacés le plus possible, la surface occupée par une once sera environ de 40 à 60 mètres carrés,

Dans les 4me et 5me âges, les vers, un peu avant leur mue,

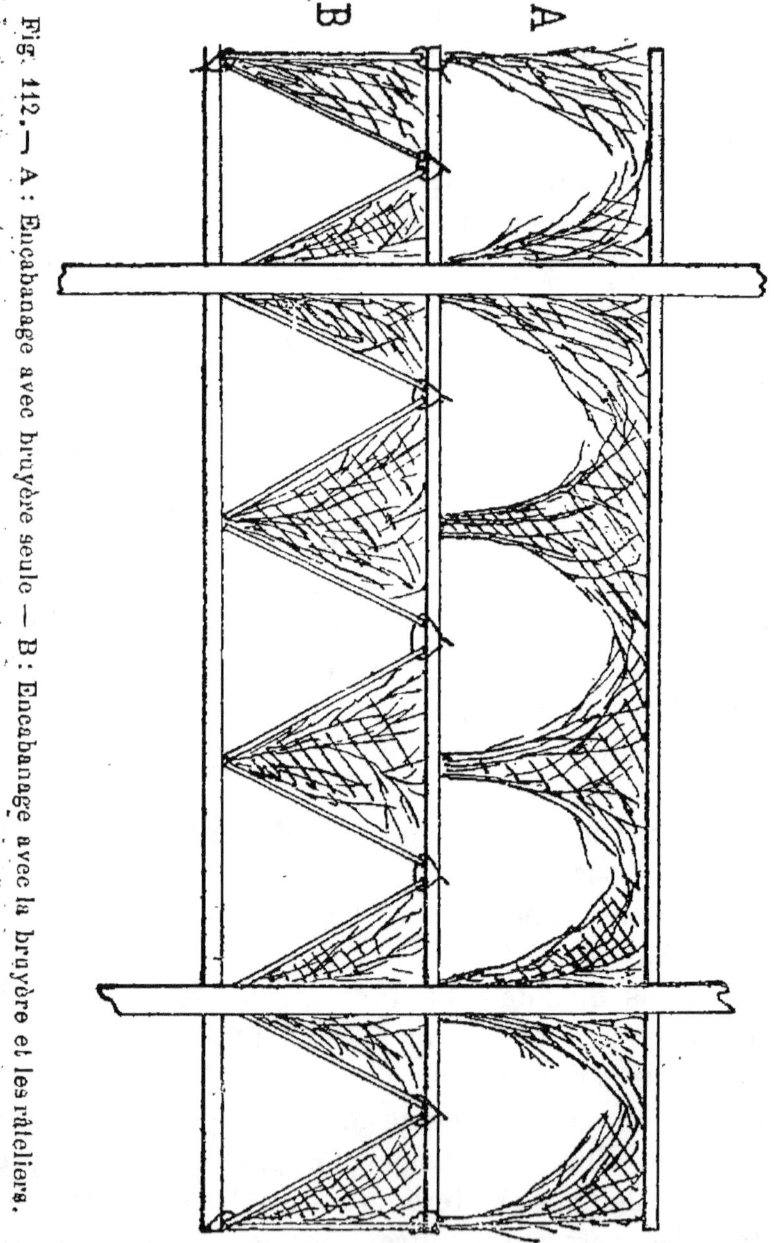

Fig. 112. — A : Encabanage avec bruyère seule — B : Encabanage avec la bruyère et les râteliers.

deviennent plus voraces ; cette période de plus grand appétit, qui dure environ 24 heures, se nomme *fraize* pendant le 4me âge Dans le 5me âge, ce phénomène dure 48 heures environ; on le nomme *grande fraize.*

Dans les derniers âges, on peut se dispenser de monder la feuille.

Depuis le premier âge jusqu'à la montée, il est utile d'allumer du feu dans la magnanerie pour maintenir la température régulière et obtenir en même temps un rénouvellement constant de l'air. On chauffe uniquement en vue de réduire le temps de l'élevage. La vie de la larve est plus active.

Encabanage et montée des vers. — Lorsque les vers cessent de manger, lorsqu'ils lèvent la tête et paraissent chercher des branchages, c'est le moment d'encabaner (fig. 112). Pour cela, on dispose autour des claies des rameaux de bruyère. Les vers grimpent dans les cabanes pour tisser les cocons dans lesquels ils s'enferment. Les cabanes doivent être assez spacieuses pour que l'air circule librement et pour éviter que plusieurs vers construisent, faute de place, un seul cocon appelé *double.*

Lorsque la montée est à peu près terminée, on réunit ensemble les vers retardataires, que l'on pousse activement dans un endroit à part; on enlève ensuite les litières de toutes les claies, à cause de l'humidité qui s'en dégage.

Décoconnage. — Quand tous les cocons sont terminés, on défait les cabanes et on détache les cocons en ayant soin de séparer les cocons faibles et tachés; cette opération constitue le *déramage.* On les prend ensuite un à un et on les débarrasse de la bourre qui les entoure; on les *débave.* Il faut avoir bien soin, en décoconnant, de séparer les cocons de qualité et de couleurs différentes (blancs ou jaunes).

Lorsque les cocons sont débavés et triés, il ne reste plus qu'à les porter à la filature ou au marché, parce qu'à partir du neuvième jour après la montée, leur poids diminue progressivement.

Un kilogr. de cocons pour la filature (5 à 600) se vend

actuellement de 3 fr. 50 à 5 fr.; lorsque ces cocons sont vendus pour le grainage, leur prix atteint facilement 5 francs le kilogr.

MALADIES DES VERS A SOIE

Les vers à soie sont exposés à contracter, pendant leur vie, quatre maladies principales : la *pébrine*, la *flacherie*, la *muscardine* et la *jaunisse* ou *grasserie*.

Pébrine. – C'est la maladie qui, depuis 1845, a fait le plus de tort à la sériciculture. Elle est contagieuse et héréditaire, c'est-à-dire qu'elle peut se transmettre d'un individu à un autre ou d'une génération à une autre. La pébrine est due à la présence d'un parasite, ou microbe, qui vit dans le ver. Les vers qui en sont atteints sont couverts de taches brunes très caractéristiques (fig. 113).

Pour préserver les vers à soie de cette maladie, il suffit de ne faire éclore que des graines provenant de papillons sains, ne descendant pas de vers corpusculeux.

Cette importante découverte est due à l'illustre Pasteur; elle sert de base à une nouvelle méthode de grainage dite grainage cellulaire Pasteur.

Flacherie. — La flacherie (fig. 114), comme la pébrine,

Fig. 113.— Vers tachés de pébrine, d'après L. Pasteur.

occasionne de terribles ravages dans les éducations. Les vers qui en sont atteints sont *flats*, mous; au bout de 24 heures, ils deviennent noirâtres et pourrissent en répandant une odeur infecte ; quelques-uns parviennent à fabriquer un cocon sans valeur, qui s'écrase au moindre choc. Les savantes études de M. Pasteur tendent à prouver

que cette maladie, presque subite, à partir de la quatrième mue, est due à des causes diverses dont les prin-

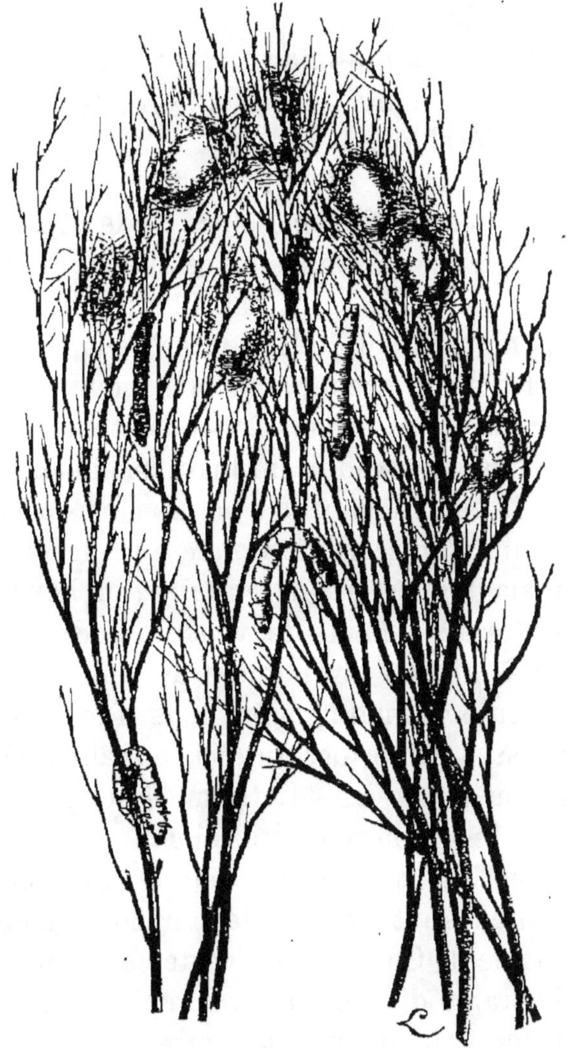

Fig. 114.— Vers atteints de flacherie, d'après L Pasteur.

cipales sont : mauvaise conservation de la graine, mauvaise qualité de la feuille, manque d'air, etc.

Dans le cas de flacherie, l'intérieur des vers contient
les germes microscopiques qui sont la cause du mal. Cette
maladie est très contagieuse.

Les cocons destinés au grainage devront provenir de

chambrées exemptes de flacherie. En multipliant les soins de propreté, en espaçant convenablement les vers, en leur donnant de la feuille saine et sèche, on évitera cette terrible épidémie.

Muscardine. — Cette maladie, quoique moins redoutable que les précédentes, occasionne, certaines années, des pertes considérables.

Un ver muscardiné meurt d'ordinaire au bout de 24 heures. Son corps devient alors raide et cassant et se couvre d'une poussière blanchâtre due au développement d'un champignon, cause du mal. Lorsque la maladie ne se déclare qu'au moment de la montée, la larve a souvent le temps de faire son cocon; mais elle meurt, dans ce cas, à l'intérieur et se dessèche. Ce cocon, plus léger que les cocons ordinaires, produit un bruit sec quand on l'agite ; la chrysalide est transformée en une espèce de praline, de là le nom de muscardine donné à la maladie.

Cette maladie n'est pas héréditaire ; on l'évite en désinfectant les locaux à l'aide de vapeurs de soufre. Lorsque la maladie se déclare au moment de l'élevage, on peut la combattre en brûlant du soufre dans la magnanerie après chaque repas. Les germes du mal sont ainsi détruits.

Jaunisse ou *grasserie.* — Cette maladie, peu dangereuse puisqu'elle n'est ni héréditaire, ni contagieuse, se déclare surtout chez les vers mûrs, prêts à faire leurs cocons.

Ceux qui en sont atteints deviennent jaunes et périssent rapidement. On se préserve de cette maladie en évitant les courants d'air et en ayant soin de ne pas donner aux larves de la feuille trop aqueuse.

GRAINAGE

Les soins que l'on est obligé d'apporter, aujourd'hui, dans la confection des graines, ne permettent pas à tous les éducateurs de se livrer à cette production. Ces soins sont motivés par la nécessité d'obtenir des récoltes élevées et sûres.

Autrefois, on se contentait de 20 à 25 kilogr. à l'once. Depuis quelques années, pour retirer un bénéfice, il faut atteindre le chiffre de 30 à 40 kilogr.

Grainage cellulaire ou *système Pasteur*. — Les instructions de M. Pasteur, au sujet du grainage, permettent d'obtenir des graines exemptes de tous germes de maladies. Pour arriver à ce résultat, on choisit d'abord une

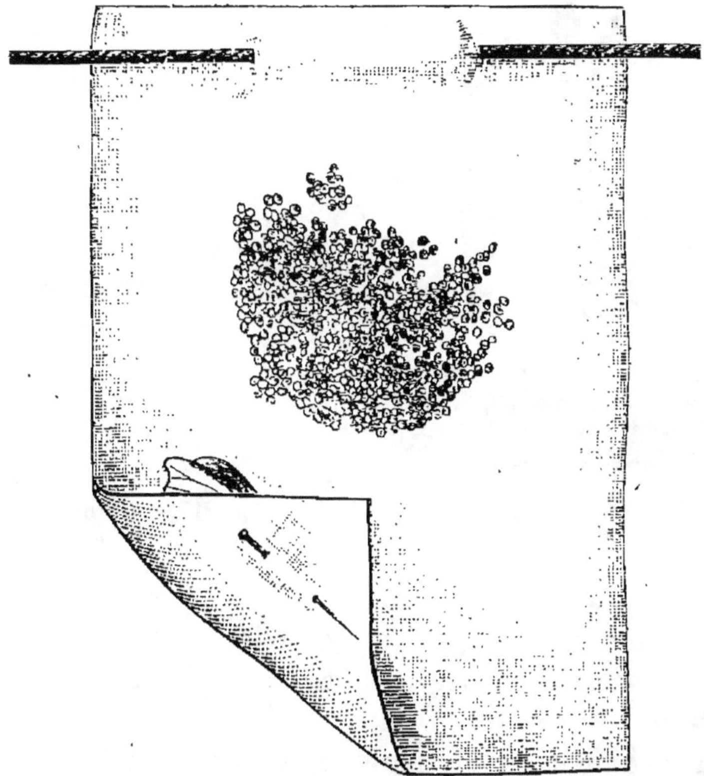

Fig. 115. — Toile-cellule Pasteur (isolement de la femelle seule.

éducation irréprochable sous le rapport de la vigueur des vers et de l'absence de la maladie ; ce choix est appelé *sélection des chambrées.*

Les cocons sont ensuite mis en filanes ou chapelets que l'on suspend à des ficelles ; au bout de quinze jours,

les papillons sortent et s'accouplent. Après l'accouplement, on porte chaque femelle dans un petit sac ou sachet en tulle, appelé *cellule*, où on la dépose sur un morceau de toile ordinaire. La ponte terminée, on emprisonne la femelle à l'intérieur du sachet ou bien en repliant
sur elle un des angles du petit carré de toile (fig. 115).

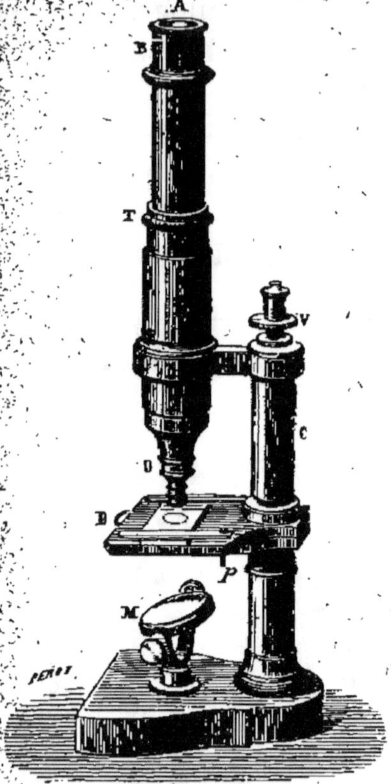

Fig. 116.— Microscope pour l'examen des papillons.

Fig. 117.— Corpuscules de la
pébrine (grossiss. 500 dia.).

L'hiver suivant, on examine successivement ces femelles au microscope et, suivant qu'elles sont saines ou cor-
pusculeuses, on conserve ou rejette la ponte qu'elles ont
produite.

On reconnaît qu'un papillon est corpusculeux ou pé-
briné lorsque l'examen microscopique révèle la présence
en très grande quantité de petits corps *ovales*.

B. APICULTURE

Les abeilles sont les insectes utiles les plus anciennement connus.

A l'état domestique, elles vivent dans des ruches au nombre de 15 à 20,000.

Dans une ruche, on distingue trois sortes d'insectes : les mâles ou faux-bourdons, l'abeille-mère et les ouvrières.

La mère, qui est unique en son genre dans la ruche, passe sa vie à pondre ; les mâles sont les époux aléatoires de la mère ; enfin, les ouvrières élèvent les constructions, nourrissent les petits et approvisionnent les colonies. Leur nombre varie de 15 à 20.000. Il en faut 10.000 pour peser un kilogr.

Les ouvrières sécrètent la cire avec laquelle elles forment des rayons ou gâteaux creusés sur les deux faces de cellules hexagonales régulières. Ces cellules ou alvéoles servent à loger les provisions et le couvain, c'est-à-dire les œufs de l'abeille-mère.

Lorsque les gâteaux de cire sont formés et les cellules construites, la mère commence à pondre des œufs dans une partie des cellules. Les œufs fécondés donnent naissance aux ouvrières et à quelques abeilles-mères ; ceux qui n'ont pas été fécondés produisent des mâles. L'autre partie est réservée pour l'emmagasinage du miel récolté par les pourvoyeuses ou ouvrières.

Le rôle des ouvrières commence aussitôt après la ponte ; les plus jeunes restent au logis pour faire éclore les œufs et soigner les petits ; les plus âgées, les butineuses, vont aux provisions. Elles vont chercher le pollen, le miel et l'eau. Le pollen et le miel sont puisés sur les fleurs des environs de la ruche.

Lorsque, après la grande ponte du printemps, les abeilles sont trop nombreuses dans leur ruche, elles se préparent à essaimer. Un groupe considérable d'individus ou *essaim* choisit une nouvelle demeure et une abeille-mère ou reine, puis quitte la ruche pour aller former une nouvelle colonie.

L'essaim se suspend ordinairement à un arbre et l'apiculteur s'en empare à l'aide d'une ruche vide garnie d'un peu de miel.

Les ruches dans lesquelles on élève les abeilles comprennent les ruches *fixes* et les ruches *mobiles*. Les premières consistent en un vase creux, formé par un simple tronc d'arbre au besoin, ou bien en un vase garni de cadres fixés aux parois de la ruche.

On appelle ruche à rayons mobiles les ruches dont chaque rayon peut s'enlever pour la récolte du miel et se replacer après. Avec ce système, on n'est pas obligé d'enfumer les abeilles pour s'emparer du miel. Le poids d'une ruche est de 15 kilogr. environ, et le prix d'une ruche pleine peut varier, suivant les époques et les localités, de 5 à 18 francs avant l'hiver, et s'élever à 20 ou 22 francs au printemps.

Les ruches à cadres mobiles sont beaucoup plus chères.

Le *rucher* ou *abeiller* est l'endroit où l'on réunit des ruches garnies d'abeilles ; il est quelquefois abrité et le plus souvent placé en plein vent.

Le miel se recueille après la floraison des principales plantes mellifères.

Généralement, on n'enlève pas tout le miel ; il faut en laisser dans la ruche une certaine quantité destinée à la nourriture des abeilles pendant l'hiver. Si cette quantité devenait insuffisante à un moment donné, on devrait distribuer aux abeilles un aliment artificiel sucré, de la mélasse ou du sirop, par exemple.

La production du miel varie avec l'importance du rucher, avec la floraison des plantes mellifères, avec le nombre et la vigueur des abeilles.

Le miel contenu dans les cellules des rayons est extrait

par pression ou à l'aide d'appareils spéciaux, puis on isole la cire par la fusion.

La qualité du miel dépend des plantes sur lesquelles les abeilles l'ont butiné. Dans le Midi, le miel de Narbonne et surtout le miel des Corbières sont très renommés.

Le talent de l'apiculteur consiste à semer, dans les environs des ruches, des plantes recherchées par les abeilles et à construire des demeures commodes.

Il doit également prévenir ou guérir les maladies susceptibles d'atteindre les abeilles, et dont la principale est la *loque* ou pourriture que l'on reconnaît à une odeur désagréable qui se dégage de la ruche. Il lui appartient enfin de mettre les ruches à l'abri des attaques de leurs principaux ennemis: des mulots, des fourmis, de quelques oiseaux, de plusieurs reptiles et insectes.

La dépense occasionnée par l'élevage des abeilles est à peu près nulle. On peut dire que les abeilles travaillent d'autant mieux qu'on les dérange moins.

Comme produit, on admet qu'une ruche fixe produit environ 9 à 10 kilogr. de miel par an, qui, à 1 fr. le kilo, représentent 9 à 10 fr. Avec les ruches à cadres mobiles, on obtient facilement 20 à 25 kilogr. de miel par ruche et par an. On dépasse même ce chiffre si la contrée et l'année sont quelque peu favorables.

En résumé, on peut assurer que la culture des abeilles, par les procédés perfectionnés, est largement rémunératrice.

C. NOTIONS DE PISCICULTURE

La pisciculture s'occupe de l'élevage du poisson en vue du repeuplement des eaux douces. Elle permet de parer à la diminution du poisson, qui résulte d'une pêche exagérée, et de l'infection de l'eau par les résidus des fabriques.

La France possède 700 à 800.000 hectares d'eau douce,

rapportant annuellement 34.000.000 de francs. Ce revenu pourrait être doublé par la mise à exécution des méthodes artificielles de multiplication et d'incubation des œufs de poisson.

Ces méthodes consistent à se procurer des femelles prêtes à pondre leurs œufs, c'est-à-dire à *frayer*. On leur presse le ventre pour faire tomber les œufs dans une cuvette, puis on fait jaillir immédiatement par dessus la laitance des mâles pour les féconder. On se procure, par la pêche, les individus mâles et femelles destinés à la reproduction.

Ces œufs ainsi préparés, dont le nombre atteint le chiffre prodigieux de 2.000 à 20.000 par kilogr. de poids vivant, sont mis en incubation dans des appareils spéciaux. Au bout de quelques semaines, ils éclosent en donnant de jeunes poissons ou alevins que l'on rend au cours d'eau. D'autres fois on se contente de préparer la multiplication naturelle, en pratiquant dans les rivières des *frayères artificielles*. Ce sont des cadres en bois que l'on a eu soin de recouvrir de plantes aquatiques sur lesquelles les poissons viennent déposer leurs œufs. Après la ponte, on détache les herbes avec précaution et on porte les cadres couverts d'œufs fécondés dans une eau où ils pourront éclore.

On attire les poissons dans ces frayères en répandant autour d'elles les aliments dont ils sont friands.

Pour pratiquer avantageusement le repeuplement des eaux, on choisit des poissons à chair fine et abondante : des carpes, des tanches, des barbeaux, des truites, des saumons, des perches, des brochets, etc.

D. ANIMAUX UTILES A L'AGRICULTURE

Certains animaux sont utiles parce qu'ils vivent aux dépens d'autres animaux ou insectes nuisibles aux cultures. Ils aident l'homme dans la destruction des parasites.

Parmi les *mammifères* utiles, nous citerons: les chauves-souris, le hérisson, les musaraignes, qui se nourrissent d'insectes.

Presque tous les *oiseaux* sont d'un concours précieux à cause de l'énorme quantité d'insectes qu'ils détruisent. C'est un devoir de les protéger et de sauvegarder leurs couvées. Ainsi une hirondelle mange un grand nombre de mouches et de papillons; une mésange donne par jour en pâture à sa couvée plus de 300 chenilles ou insectes; il en est de même de bien d'autres espèces.

Comme *reptiles* utiles, nous signalerons: les lézards, les caméléons et les orvets.

Comme *batraciens*, le crapaud.

Les *insectes* comptent également plusieurs espèces carnassières qui chassent celles vivant sur des plantes cultivées.

Enfin les *araignées* sont elles-mêmes très carnassières et détruisent un très grand nombre d'insectes nuisibles.

E. ANIMAUX ET INSECTES NUISIBLES

ANIMAUX.— Les dommages causés à l'agriculture par certains animaux sont parfois énormes. En effet, dans certains milieux, ils détruisent souvent des récoltes entières; d'autres rendent même certaines cultures impossibles.

Les *mammifères* nuisibles appartiennent aux ordres des carnivores et des rongeurs, tels que le loup, le renard, le blaireau, la belette, la fouine, etc.

Les *animaux carnivores* s'attaquent surtout aux animaux de basse-cour. On les détruit par la chasse et par l'emploi de pièges.

Les *rongeurs* nuisibles comprennent les campagnols, les mulots, les rats, les souris, les lapins, etc.

Les campagnols, d'une très grande fécondité, exercent des ravages souvent importants dans les terres cultivées.

D'une façon générale, on détruit ces animaux en les empoisonnant ou en les asphyxiant dans leurs galeries souterraines; on peut encore employer les pièges.

Les *oiseaux* nuisibles sont les oiseaux de proie, tels que le vautour, la buse, le milan, l'épervier, qui s'attaquent le plus souvent aux oiseaux utiles, quelquefois aux animaux de basse-cour et même aux mammifères nuisibles.

INSECTES.— En traitant de chaque culture, nous avons indiqué les insectes nuisibles.

Nous avons vu que ces insectes exercent pendant leur vie, à l'état de larve ou à celui d'insecte parfait, des ravages incessants. Pour s'en débarrasser, on a recours à des procédés nombreux de destruction, variables avec les mœurs de chaque animal.

Dans les contrées où ces insectes vivent en colonies nombreuses, on procède à l'échenillage pendant l'hiver. On brûle, on détruit les bourses, les toiles contenant les nids et les œufs. Une loi rend l'échenillage obligatoire.

L'alternance des cultures constitue aussi un remède efficace.

SIXIÈME PARTIE

ECONOMIE RURALE

Chapitre I. — **LA FERME**

Sous le nom de ferme on désigne les bâtiments qui servent à l'exploitation du domaine. L'importance de la ferme varie avec l'étendue des terres et les cultures qui y sont faites.

Quand on veut construire une ferme, petite ou grande, il faut avant tout choisir l'emplacement qu'elle doit occuper. On construira dans un endroit salubre, en tenant compte de la situation par rapport aux routes, aux sources, au centre de l'exploitation.

La *maison d'habitation* devra être située en un point tel que le cultivateur puisse surveiller aisément de chez lui les autres bâtiments, embrasser une partie de l'étendue du territoire de la ferme. Elle se place quelquefois au centre d'une des faces de la maison de ferme ; mais, le plus souvent, il est préférable de l'établir à quelque distance des bâtiments d'exploitation. On peut, dans ce cas, l'entourer d'un jardin et en rendre les abords très faciles.

On doit rechercher naturellement la salubrité et la commodité.

Les maisons qui n'ont qu'un rez-de-chaussée doivent être construites sur caves, afin d'être plus saines ; les maisons à un ou plusieurs étages sont préférables.

La distribution intérieure de l'habitation dépend des usages, de la situation des lieux, des besoins, etc.

L'*écurie* doit être voisine de la maison du propriétaire ou de celle du fermier. Il en est de même de la vacherie, de la bergerie, de la porcherie, du poulailler, des cases à lapins, etc.

Quant aux hangars, sous lesquels on remise le matériel agricole, ils doivent occuper les emplacements libres entre les divers bâtiments.

Le *cellier* devra être adossé à une colline quand la chose sera possible; il sera abrité contre les vents du Midi par une rampe qui servira également de chemin d'accès.

La fosse ou la plate-forme pour les fumiers doit être installée en face du logement des animaux.

Enfin, il est utile d'avoir un local pour les instruments à main.

Toutes ces constructions doivent être réunies de manière à limiter un espace rectangulaire ou carré, qui constitue la cour de la ferme.

L'importance des divers bâtiments varie avec l'étendue de la propriété.

NOTIONS SUR LES CONSTRUCTIONS RURALES

Les *matériaux* dont on se sert pour les constructions rurales sont très variés.

Les *pierres à bâtir*, les *briques*, la *terre*, le *bois*, sont employés à la confection des murs.

Le *bois* d'essences diverses et le *fer* sont utilisés pour la charpente.

Les *tuiles*, les *ardoises*, le *chaume*, le *zinc*, etc., servent à faire les toitures.

Les *pierres* sont du calcaire, du grès, du granit, du schiste; elles doivent être solides, ne pas se déliter sous l'influence de l'air, de l'humidité, de la gelée. Elles doivent se laisser tailler facilement.

Les *briques* sont formées avec des terres argileuses travaillées et durcies au feu ; les bonnes briques sont d'un rouge foncé, légères, relativement dures et rendent un son clair ; leurs dimensions et leurs formes sont très variables.

Quelquefois on construit des murs en *pierres sèches*, mais la plupart du temps on préfère lier les matériaux de construction pour augmenter leur solidité et leur durée.

Pour cela, on enduit les pierres et souvent on les recouvre avec un corps pâteux formé soit avec de la *terre*, soit avec du *plâtre*, soit avec de la *chaux*.

Le plus souvent on se sert de mortier que l'on fabrique avec de la chaux éteinte mélangée avec du sable.

Le *béton* est un mélange de chaux et de cailloux, avec lequel on forme d'une seule pièce des murs, qui acquièrent une grande solidité.

Le *pisé* est formé par de la terre légèrement humectée et tassée entre des planches de bois.

Les *bois* sont le plus souvent employés sous forme de *solives* ou de charpentes pour construire les planchers, les toitures, les escaliers, etc.

Le meilleur bois pour ces différents usages est celui du chêne ; il doit être sain et bien sec.

Les tuiles et les ardoises sont principalement employées pour couvrir les toitures ; les tuiles exigent une forte charpente, elles sont d'une plus longue durée et moins chères que l'ardoise.

La saison la plus favorable pour élever les bâtiments est le printemps. Nous nous bornerons, à propos des règles de constructions, à dire qu'il ne faut jamais construire sur un terrain compressible ; que, dans ce cas, il faut fouiller le terrain jusqu'à la rencontre d'une partie plus solide.

LA FERME BIEN ORDONNÉE

Le personnel de la ferme ne saurait être dirigé avec trop de célérité ; le chef de ce personnel doit veiller sans cesse à ce que les soins d'intérieur de ferme ne soient pas négligés.

Les cours seront toujours en parfait état de propreté, le matériel agricole sera soigné et placé avec ordre sous des hangars ou des remises ; les fourrages ne devront pas être gaspillés ; les litières devront être données en quantité suffisante, mais non surabondante; les fumiers seront entretenus comme nous l'avons dit; les animaux, toujours très propres, devront être visités tous les jours, et les harnais nettoyés. Rien ne devra traîner ; toute chose sera à sa place.

Les soins d'intérieur de ferme, sous aucun prétexte, ne devront être négligés. Que dirait-on d'un industriel dont l'ordre ne règnerait pas dans son usine ? or, l'agriculteur est un industriel.

C'est en surveillant l'administration intérieure d'une ferme qu'on réalisera toute une série de petites économies; on aurait tort de négliger ces bénéfices indirects. Et puis, on juge par la bonne tenue de la ferme de la bonne tenue des cultures.

Chapitre II.— **ASSOLEMENT**

Assoler une exploitation, c'est la diviser en autant de parties *qu'il y a de sortes de cultures*. Ces parties, qu'on appelle des soles, sont destinées à porter successivement des récoltes différentes.

L'assolement représente donc la division de la partie

cultivée du domaine et l'ordre des cultures qui reviendront sur la même sole.

L'ordre de succession des récoltes dans la même sole constitue la rotation des cultures. La succession des cultures sur le même sol est fondée sur ce fait expérimental qu'une terre à laquelle on demande de porter plusieurs années de suite la même plante annuelle fournit des rendements décroissants qui peuvent même devenir tout à fait nuls. C'est que la même plante prend toujours les mêmes principes dans le sol, et le terrain s'appauvrit.

L'assolement est *biennal*, quand la culture revient tous les deux ans sur le même terrain ; *triennal* si elle revient tous les trois ans ; *quadriennal* si elle revient tous les quatre ans, etc.

Les cultures doivent se succéder sur la même sole, de façon à permettre l'ameublissement et le nettoiement du terrain.

L'assolement le plus usité dans le Midi est le suivant :

1re année : Blé avec fumure ;

2e —   Barjelade (vesce et avoine fourragère);

3e —   Avoine.

Quelquefois, on introduit des plantes sarclées, la pomme de terre, la betterave, le sorgho à balai ou des fourrages annuels, tels que le maïs, le trèfle.

Les prairies artificielles, la luzerne et le sainfoin, sont laissées en dehors de l'assolement.

Depuis qu'on est fixé sur la valeur des engrais chimiques, le principe de l'assolement a perdu de son importance.

Au point de vue pratique, il est absolument nécessaire d'avoir un assolement.

Le cultivateur ne doit être guidé que par le prix de vente des produits sur le marché et la répartition des travaux.

Chapitre III. — **SYSTÈMES DE CULTURE**

On appelle système de culture le mode suivant lequel l'homme intervient par son travail et ses capitaux dans la production agricole ; c'est encore l'ensemble des procédés de culture que l'on peut employer dans une exploitation. On distingue la *culture pastorale*, usitée dans les pays de montagne ; la *culture améliorante*, qui enrichit le sol ; la *culture épuisante*, qui appauvrit la terre.

Les deux vrais systèmes de culture, qui les comprennent d'ailleurs tous, sont : la *culture intensive* et la *culture extensive*.

La culture intensive a pour but de donner de grosses récoltes ; elle dépense le plus possible par hectare pour obtenir le plus de produits possible ; elle vise les plus gros bénéfices en dépensant beaucoup. Cette culture exige le concours de fortes fumures et consomme beaucoup de main-d'œuvre. Elle est à sa place là où les capitaux sont abondants et où le sol a beaucoup de valeur. La culture de la vigne se prête bien à la culture intensive ; on peut soumettre aussi à ce système les cultures industrielles, fourragères et celle des céréales.

La culture extensive se pratique sur de grandes surfaces ; elle dépense le moins possible par hectare ; elle obtient peu de produit brut, mais ses bénéfices sont encore assez élevés. La culture extensive n'est pas un progrès ; elle ne se comprend que dans les pays pauvres, montagneux, où les capitaux sont rares, où la main-d'œuvre fait défaut, où les voies de communication ne sont pas nombreuses

Chapitre IV. — **DE LA PROPRIÉTÉ**

Constitution de la propriété foncière. — L'étendue du territoire français est évaluée à environ 53 millions d'hectares.

Cette vaste surface de terrain appartient, savoir :

A l'Etat, dans la proportion de. . .	1,91 p. 100
Aux départements	0,01	—
Aux communes	0,74	—
Aux institutions publiques	0,72	—
Aux particuliers	85,19	—
Propriétés non définies	3,43	—
	100 »

Mais la propriété rurale, agricole, n'occupe pas toute l'étendue du territoire. La superficie couverte par les maisons, usines, voies ferrées, etc., représente plus de 2 millions d'hectares. Il reste encore une grande surface pour l'exploitation, mais cette surface n'est pas entièrement cultivée. Ainsi, au point de vue des cultures, le territoire de la France se trouve réparti de la manière suivante :

Terres labourables.	49,20 p. 100
Vignes, prés naturels, bois, cultures arbustives.	34,10	—
Surface non cultivée (landes, marais, etc.) . . .	12,36	—
Territoire non agricole.	4,34	—
Total	100 »	—

Division de la propriété. — On ne peut avoir une idée bien nette de la division de la propriété qu'en examinant tour à tour le nombre de parcelles ou morcellements, le nombre de cotes foncières et le nombre de propriétaires.

La propriété en France est très divisée, et c'est la relation qui existe entre le nombre de cotes et celui des propriétaires qui fixe les calculs sur la division du sol. *La côte foncière* est la contribution qu'un propriétaire est obligé de payer en raison des biens qu'il possède dans une commune.

Le nombre de cotes foncières est de 14 millions environ et le nombre de propriétaires de près de 9 millions, mais dans ce total figurent pour la moitié sensiblement les possesseurs de propriétés bâties ; on peut donc admettre qu'il y a en France environ 4.800.000 propriétaires ruraux.

Le *morcellement*, dans son sens le plus général, représente la division de la propriété en parcelles ; mais ce mot peut s'employer dans d'autres circonstances ; il sert à désigner les dimensions culturales, c'est le morcellement des cultures ; il s'emploie aussi pour désigner l'éparpillement des terres composant une propriété, c'est le morcellement des champs.

Une propriété est dite morcelée lorsque, au lieu d'être réunie en un seul tenant, elle se compose de parcelles plus ou moins nombreuses et situées à des distances plus ou moins grandes de la ferme. Le morcellement occasionne une perte de temps pour les attelages, une perte de semence ; la surveillance du propriétaire est plus difficile ; on a affaire à un grand nombre de voisins ; les améliorations purement agricoles y deviennent difficiles.

On compte en France 130 millions de parcelles environ.

Grande et petite propriété. — Nous venons de voir que la propriété, dans notre pays, est très divisée et que les possesseurs de sols sont nombreux ; examinons maintenant l'importance relative de la grande et de la petite propriété.

On appelle *grande propriété* celle qui comprend 50 hectares au moins ; il y a 200.000 de ces grands propriétaires dont la propriété moyenne est de 85 hectares.

La *moyenne propriété* est celle qui renferme de 10 à 50 hectares ; il existe 700.000 propriétaires dans cette catégorie, dont la surface moyenne de leur domaine est de 23 hectares.

La *petite propriété* a une superficie de 10 hectares et au-dessous. Il y a plus de 2 millions de petits propriétaires dont la propriété de chacun varie de 7 à 8 hectares.

La grande propriété est-elle plus en progrès que la petite, ou inversement ? Laquelle doit être préférée ?

L'Angleterre est un pays de grande propriété et l'agriculture y est florissante ; en France, on rencontre les deux genres de propriétés et tous les deux y sont prospères.

L'importance des propriétés résulte du genre de culture. Dans les pays de grande culture, c'est-à-dire là où l'on cultive, sur une grande échelle, telles plantes : les céréales, les fourrages, etc., la grande propriété existe. Dans les pays de petite culture, là où on cultive un grand nombre de plantes, mais chacune sur des surfaces restreintes, là où on fait des cultures exigeant beaucoup de soins, beaucoup de main-d'œuvre, c'est la petite propriété que l'on trouve.

Au point de vue agricole, la division du sol n'est pas à redouter ; il y a une limite, c'est la diminution de valeur qui oblige tous les propriétaires à augmenter leur domaine.

CHAPITRE V. — **MODES D'EXPLOITATION DU SOL**

Il existe trois modes d'exploitation du sol :
1° Faire-valoir direct ;
2° Métayage ;
3° Fermage.

Faire-valoir direct. — L'exploitation du domaine par le propriétaire lui-même est très répandu en France. Le propriétaire peut exploiter avec le concours de sa famille ou à l'aide d'intermédiaires appelés *régisseurs, maîtres-valets, bayles*, etc.

Ce système d'exploitation, bien pratiqué, est très avantageux. On doit l'encourager.

Le fermage laisse le propriétaire du fonds en dehors de l'exploitation ; le fermier cultive à sa guise, il détient la propriété en vertu d'un bail ferme dont les clauses sont débattues entre les parties. Le fermier ne peut améliorer le sol et bien exploiter la terre que si le bail est à long terme. Plus le bail est de courte durée et moins il est avantageux pour le propriétaire.

Le prix du fermage est payé en argent ou en nature.

Dans le Midi, ce mode d'exploitation est peu répandu ; il est, au contraire, fort en usage dans le Nord.

Les fermiers du Midi sont généralement pauvres ; ceux du Nord se trouvent souvent dans une belle situation de fortune.

Le métayage est un système mixte ; le métayer partage habituellement les récoltes avec le propriétaire ; c'est une véritable association.

Le métayer apporte son travail et celui de sa famille, le propriétaire cède sa terre et fait les avances du capital. Dans le métayage, le propriétaire doit garder la direction de l'exploitation ; il doit être la tête.

Le métayage se rencontre dans le Midi, l'Est et le Centre ; dans les pays où les capitaux font défaut et où le sol est pauvre.

L'étendue d'une métairie doit être en rapport avec le travail que peut fournir la famille du métayer.

Chapitre VI. — ASSURANCES ET CRÉDIT AGRICOLES

Assurances agricoles. — L'agriculture est exposée à des risques accidentels que l'on nomme sinistres ; ce sont les incendies, la grêle, les inondations, etc. Ces faits, de pur hasard, semblent obéir à des lois déterminées. Ainsi, on a constaté qu'il y avait chaque année un certain nombre d'incendies, un incendie sur 2.000 fermes. Ces incendies peuvent entraîner la ruine des cultivateurs. L'agriculteur doit donc contracter une assurance contre l'incendie. Les Compagnies qui se livrent à ce genre de spéculation sont nombreuses.

Et non seulement il existe des Compagnies d'assurance contre l'incendie, mais encore contre la grêle et contre la mortalité des animaux.

Les agriculteurs doivent user des assurances ; ils substitueront ainsi à la possession d'une propriété incertaine la possession d'une propriété certaine.

Crédit agricole. — L'agriculture, pour prospérer, pour se développer, a besoin de capitaux, tout comme le commerce et l'industrie.

L'exploitation du sol par les cultivateurs non propriétaires est une forme de crédit bien connue.

En France, plus d'un million de cultivateurs exploitent, à titre de fermiers, des terres ou des capitaux fonciers qui représentent une valeur de 40 milliards environ. Les ressources, les garanties apportées par les cultivateurs ne dépassent pas 5 milliards, c'est-à-dire un huitième des valeurs prêtées. Aucun commerce, aucune industrie ne jouit d'un crédit pareil.

L'agriculteur est appelé à bénéficier de toutes les formes du crédit.

Si l'on veut emprunter pour plusieurs années, il faut offrir un gage à son prêteur, et ce gage est la propriété ou un ou plusieurs objets de la propriété. Quelquefois le prêteur se rapporte à l'honorabilité de son débiteur.

Le prêt sur gage, sur meuble, n'offre pas les mêmes garanties que le prêt sur immeuble. Le prêt sur immeuble ou prêt hypothécaire repose sur l'affectation d'un immeuble à la garantie de la créance du prêteur. Si l'emprunteur ne s'acquitte pas de sa charge, son immeuble est saisi et vendu.

On cherche depuis longtemps une forme de crédit agricole facilement accessible. Actuellement, l'agriculteur trouve difficilement à emprunter lorsqu'il ne peut offrir en gage sa propriété.

Il serait à désirer que l'on pût organiser des banques cantonales pouvant prêter à assez longue échéance.

Le *Crédit Foncier*, qui prête aux agriculteurs, est obligé de s'entourer de précautions telles que relativement peu nombreuses sont les personnes qui en font usage. En tous cas, la petite propriété ne peut guère y avoir recours.

Chapitre VII.— COMPTABILITÉ AGRICOLE

Dans toute exploitation agricole doit exister une comptabilité. Non pas une comptabilité compliquée, difficile à tenir, absorbante, mais une comptabilité suffisamment claire pour que l'on puisse se rendre un compte exact des opérations agricoles effectuées.

La comptabilité agricole est l'art d'inscrire les chiffres représentant les opérations que l'on fait dans la ferme, de manière à pouvoir en constater les résultats positifs ou négatifs. On doit tenir compte des dépenses de toutes sortes et les inscrire sur un registre jour par jour ; c'est le *livre-journal*. Il faut avoir ensuite un *livre de travaux* pour les attelages et les journaliers et un *livre de magasin* où sont inscrites les matières qui entrent et qui sortent. Un *livre de caisse*, où sont notés tous les mouvements de fonds, doit compléter la comptabilité. Le *grand-livre*, où l'on relève toutes les données inscrites sur le journal, en les classant par ordre de spéculation, ne sera pas absolument utile. Il compliquerait trop les écritures, surtout pour les petites exploitations.

Le grand-livre est le résumé de toutes les opérations exécutées dans l'exploitation pendant le courant de l'année. Il sert à enregistrer les diverses opérations et les résultats auxquels elles ont donné lieu.

Si, par exemple, on vend pour une somme de 10.000 fr. de vin, on créditera le compte Magasin de cette même somme, en même temps on inscrira cette somme dans la page du Doit de la Caisse avec cette mention : *A magasin*.

INDICATIONS PRATIQUES DE COMPTABILITÉ

Modèle du journal

1er mai 1891			Fr.	Cent.
Chevaux . . .	1 pour charrue, pour labourage de telle vigne.	Vigne		
	1 pour hersage de terre pour avoine.	Avoine		
	2 — transport de fumier.	Fumier		
Bœufs	6 pour charrue — défoncement pour plantation de vignes.			
Employés . .	Pierre, labouré vigne — Jean, hersé avoine — Jules, transport fumier.			
	Jacques, conduit défoncement — Louis, suivi les bœufs pour compléter le travail de la charrue.			
Ferme	La consommation des animaux n'a pas changé; les vaches donnent toujours 12 litres de lait par jour et par tête, etc.			
Troupeau. . .	Il est mort aujourd'hui une brebis.			
Porcs.	On a tué un porc pesant 120 kilogr., pour le ménage.			
Observations culturales.	J'ai fait conduire du fumier dans la vigne du Nord; m'étant aperçu que les chevaux et le chariot laissaient dans la terre des traces profondes, j'ai fait décharger le fumier sur le chemin pour le faire transporter avec une civière.			
2 mai				

LIVRE DES TRAVAUX

		CULTURE DE LA VIGNE				
DATES	NATURE des TRAVAUX	TRAVAUX				
		JOURNÉES			JOURNALIERS	
		employées	chevaux	bœufs	journées	argent
1891 février 7	Taille.					
— 8	—					
— 9	—					
mars 20	Fagotage de sarments.					
— 21	—					
avril 5	Labour et piochage.					
— 6	—					
— 12	Labour croisé.					

— Culture du blé, etc., etc. —

DATES		MOTIFS des entrées et des sorties	PRIX de l'unité à l'emmagasinage et à la vente	BLÉ		AVOINE		FOIN		VIN		FUMIER		CHARBON	
				Entrée	Sortie	Entrée	Sortie	Entrée	Sortie	Entrée	Sortie	Entrée	Sortie	Entrée	Sortie
			Prix de l'inventaire	litres	litres	litres	litres	kilog.	kil.	litres	litres	kil.	kil.	kil.	kil.
Janvier	1	Inventaire d'entrée.	4 p. %	10.000		8.000		25.000		12.000		150000			
—	5	Achat.												4000	
—	24	Pour semences.					1600								
—	31	Vente.	22 p %		6500										
Février	1	Vente.	18 p. %								6000				
—	4	Pour la vacherie.							10.000						
—	4	— les vignes.											100000		
—	4	— la cuisine.													500
...ux				10.000	6500	8.000	1600	25.000	10.000	12.000	6000	150000	100000	4000	500
En déduisant les sorties.				6.500		1.600		10.000		6.090		100000		500	
Reste en magasin. . . .				3.500		6.400		15.000		6.000		50000		3500	
A reporter.															

LIVRE DE CAISSE

RECETTES			DÉPENSES		
DATES	NATURE DES RECETTES	MONTANT	DATES	NATURE DES DÉPENSES	MONTANT
1891			1891		
Janvier 1	Inventaire d'entrée...	3561 »	Janvier 5	Magasin — Achat de 4.000 kil. de charbon à 3 fr. les 100 kil. .	120
— 2	Bergerie — Vente de 50 moutons engraissés à 40 fr. l'un	2000 »	— 12	Achat de 2 charrues à 50 fr. l'une . . .	100
— 10	Magasin — Vente de 5.000 kil. de pommes de terre à 7 fr. les 100 kil.	350 »	— 12	Main-d'œuvre — Payé de la quinzaine 10 journées à 3 fr. . .	30
	Total des recettes au 31 déc. .	5901 »		Total des dépenses au 31 déc.	250
	Vérification { Recettes . . .	5901 »			
	Vérification { Dépenses. . .	250 »			
	En caisse	5651 »			

GRAND-LIVRE

CULTURE DE LA VIGNE

Doit   *Avoir*

1891				1891		
Sept. 15	A main-d'œuvre pour exécution de la vendange	205	80	Nov. 15	Par magasin, récolte de 2000 hectol. de vin à 16 fr. l'hect. prix du jour.	32.000
— 18	A attelages — chevaux	100	60	— 19	Par magasin, récolte de 4000 fagots à 6 fr. le 100.	240
— 20	A magasin pour achat d'instruments. . . .	260	50			
	Total des dépenses.	566	90		Total de clôture.	32.240

Chapitre VIII. — INSTITUTIONS AUXILIAIRES DE L'AGRICULTURE

Depuis quelque temps, les agriculteurs ont pris la bonne habitude de constituer entre eux des associations ayant pour but de faire progresser l'agriculture. Parmi ces associations, nous citerons les *sociétés d'agriculture*, les *comices* et *syndicats agricoles*.

Les SOCIÉTÉS D'AGRICULTURE et les COMICES AGRICOLES, qui sont actuellement très répandus (il existe au moins une de ces associations par arrondissement, sont composés des principaux agriculteurs de la région. Ces associations discutent, dans leurs réunions, les questions agricoles à l'ordre du jour, organisent des concours, répandent dans les campagnes le progrès agricole.. Elles rendent de bien grands services; l'Etat les encourage par des subventions annuelles.

Les SYNDICATS AGRICOLES, depuis le vote, par le Parlement, de la loi sur les syndicats professionnels (mars 1884), se sont multipliés en France. Le but des syndicats est de procurer à leurs adhérents, c'est-à-dire aux agriculteurs, toutes les matières utiles pour l'exploitation du sol. Et ces matières sont fournies dans d'excellentes conditions de bon marché et avec une sécurité absolue quant à leur qualité propre. C'est grâce aux syndicats que les bons instruments se répandront et que les agriculteurs pourront faire usage de bons engrais chimiques. Les syndicats suppriment l'intermédiaire entre le producteur et le consommateur.

Chapitre IX. — ENSEIGNEMENT DE L'AGRICULTURE

Le rôle de la science agricole est grand, et les bienfaits qu'en retirent les agriculteurs sont considérables. Personne n'oserait soutenir le contraire. Il ne faudrait pas croire toutefois qu'il y ait antagonisme entre la science et la pratique. Quand le savant se présente à l'agriculteur, ce n'est pas avec l'intention de lui faire changer brusquement ses méthodes d'exploitation, mais bien dans le but de lui susciter des améliorations possibles. Et l'amélioration est toujours préférable à la transformation, car l'amélioration est un progrès, tandis que la transformation trop précipitée peut être un recul.

Il ne faudrait pas croire que le mérite de l'agriculteur ne réside uniquement que dans son habileté à conduire une charrue ou à semer un champ. C'est là le métier et non la science.

Et à quoi servirait, en effet, d'avoir bien travaillé un terrain et de l'avoir ensemencé d'une façon irréprochable, si le labour n'a pas eu lieu à la bonne époque, s'il a été fait avec un mauvais instrument, ou si le grain répandu ne convient pas à la nature du terrain?

Il ne suffit pas d'être un bon ouvrier, il faut encore être un agriculteur instruit.

L'agriculture doit être envisagée comme une science. Ce n'est pas un art, ce n'est pas un métier. Et la science ne doit pas être confondue avec la pratique. La pratique agricole est l'application à des cas déterminés des notions de la science. Un bon praticien est donc un agriculteur qui sait appliquer la théorie.

On confond souvent la pratique avec la routine, et pourtant ce sont là deux expressions qui signifient des choses bien différentes.

La *pratique* est la saine application de la science; la

routine est la continuation des procédés suivis par les devanciers, sans se préoccuper même si ces procédés ne seraient pas susceptibles d'amélioration.

La routine est basée sur des préjugés ; elle est un tissu d'erreurs, de contre-sens ; on doit donc la combattre.

Il est donc difficile d'être un agriculteur dans la véritable acception du mot. On répète trop souvent que la sobriété, l'ardeur au travail, l'âpreté au gain sont les seules conditions du succès ; ce sont là incontestablement des qualités précieuses, mais elles ne suffisent pas pour faire de l'homme un bon agriculteur.

Pour soutenir cette thèse, on cite l'exemple de l'homme du monde qui a reçu une instruction et une éducation supérieures à celles du paysan, mais qui a contracté aussi d'autres habitudes, et qui se ruine lorsqu'il veut s'adonner à l'agriculture. On en conclut alors qu'il faut être né et élevé au milieu des champs pour devenir un agriculteur. En tenant un pareil langage, on fait preuve de peu de réflexion. Si le fils de famille se ruine en faisant de l'agriculture, c'est qu'il manque d'instruction professionnelle.

Il ne suffit pas de louer une ferme ou d'acheter une propriété pour se réveiller agriculteur. Il faut surtout avoir étudié l'agriculture.

L'agriculteur doit donc posséder des qualités propres. De même que pour être commerçant il faut avoir étudié le commerce, et pour être industriel l'industrie, pour être agriculteur il faut avoir des notions de science agricole.

Il faut donc l'acquérir cette science agricole, et aujourd'hui on en a les moyens.

Autrefois, il y a à peine un demi-siècle, l'agriculture n'était pas considérée et encore moins honorée ; on la disait indigne d'occuper utilement les hommes de science ; on l'abandonnait à la routine. Aussi les progrès réalisés étaient bien peu sensibles. Aujourd'hui on raisonne tout autrement.

De nos jours, tout le monde peut acquérir l'enseignement professionnel, que l'on peut diviser en deux catégories :

1° Celui qui s'adresse à la jeunesse ;

2° Celui qui s'adresse à l'homme.

La jeunesse française peut apprendre l'agriculture dans quatre sortes d'établissements, qui sont, en commençant par le degré inférieur : les fermes-écoles, les Ecoles pratiques d'agriculture, les Ecoles nationales d'agriculture, l'Institut national agronomique.

Il existe en France environ 25 fermes-écoles. Les élèves y sont admis facilement et presque gratuitement ; ils y reçoivent l'instruction primaire et l'instruction professionnelle. A certaines heures, les élèves assistent à des leçons ; à d'autres heures, ils sont dans les champs ou dans les écuries : ils labourent, sèment, fauchent, greffent, pansent les animaux, etc.

Il sort des fermes-écoles d'excellents fermiers et des chefs-ouvriers fort compétents.

On trouve dans la région une ferme-école dans l'Aude et une autre dans l'Ariège.

Au-dessus de la ferme-école se trouve l'école pratique. Là, on enseigne les principes agronomiques sous une forme un peu plus élevée ; c'est l'enseignement du second degré.

On y est admis facilement, et le prix de la pension est minime ; on y entre souvent comme boursier. Ces établissements sont de création récente, on en attend le plus grand bien.

Il existe dans le Midi trois écoles pratiques : l'une à Avignon, l'autre à Aix (Bouches-du-Rhône) et la troisième à Antibes (Alpes-Maritimes).

Bien au-dessus des écoles pratiques se placent les écoles nationales d'agriculture. Là, l'instruction donnée est complète. On y étudie tous les grands problèmes agricoles et économiques. C'est de l'enseignement supérieur dont peuvent seuls profiter les esprits déjà cultivés.

Il existe en France trois Ecoles nationales : celle de Montpellier bien connue dans la région ; celle de Grignon, près de Versailles, et celle de Grand-Jouan, près de Nantes.

Enfin, pour couronner l'édifice, se trouve l'Institut national agronomique dont le siège est à Paris. C'est une véritable Faculté d'agriculture. L'enseignement est donné là par les notabilités du monde scientifique.

Voilà comment et où est enseignée l'agriculture. Tel est l'enseignement dont peut profiter la jeunesse.

Quant à l'enfant, il doit apprendre, en vertu d'une loi récente, les premières notions de l'agriculture à l'Ecole primaire même. Et il importe que ces notions soient données sous une forme agréable et mesurée qui fasse aimer la vie des champs.

La science agricole ou plutôt les progrès de cette science sont mis à la portée de l'homme, de l'agriculteur, par des professeurs d'agriculture qui font des conférences dans les campagnes, par des Stations agronomiques et des Laboratoires agricoles où l'on fait des analyses de sols et d'engrais, par des champs d'expériences où toutes les méthodes de culture nouvelles sont appliquées, par des concours agricoles et des expositions où se trouvent réunis tous les progrès réalisés par les constructeurs, les éleveurs ou les producteurs.

Telle est, dans ses grandes lignes, l'organisation de l'enseignement agricole en France.

Qu'il nous soit permis maintenant d'exprimer un vœu, c'est que tout le monde fasse des efforts en vue d'engager les jeunes gens à fréquenter les Ecoles d'agriculture. Que la France soit peuplée d'agronomes, qu'il n'existe plus de fausse opinion sur la carrière agricole, que l'enseignement professionnel soit possédé par tous. On verra alors les rendements s'élever, pour le plus grand bien de la France et de l'humanité.

Les jeunes gens devraient se tourner davantage vers

l'agriculture ; là, la carrière n'est jamais encombrée ; il y a place pour tout le monde. Et les joies que procure l'agriculture, pour être moins vives que celles goûtées dans les villes, n'en sont que plus vraies. Il appartient aux instituteurs de pousser les élèves dans cette voie, où les obstacles que l'on rencontre ne sont jamais insurmontables, et où quelquefois la fortune et toujours le bien-être récompensent les efforts faits ; qu'ils fassent aimer l'agriculture et en inspirent le goût à leurs élèves.

———————

Nous devons des remerciments à la maison Vilmorin-Andrieux, de Paris, qui a bien voulu nous prêter tous les clichés de plantes fourragères figurant dans cet ouvrage.

FIN

TABLE DES MATIÈRES

TROISIÈME PARTIE

Viticulture

A. — RECONSTITUTION DES VIGNOBLES

MÉTÉOROLOGIE

CINQUIÈME PARTIE

Etude des animaux

SIXIÈME PARTIE

Economie rurale

Montpellier. — Impr. Serre et Ricôme, rue Vieille-Intendance.

Cazalis (F.). Traité pratique de l'art de faire le vin, par le Dr F. Cazalis, directeur du *Messager agricole*, président de la Société d'agriculture de l'Hérault. Montpellier, 1890. 1 vol. in-8° de 400 pages, avec 68 figures dans le texte ; prix 7 fr. 50. Franco poste. . . . 8 fr.

(Honoré d'une souscription du Ministère de l'Agriculture)

Fitz-James (Mme la duchesse de). La viticulture franco-américaine (1869-1889). Congrès viticoles. Excursions viticoles en France et en Algérie. La viticulture au point de vue financier. Bouture à un œil ; par Mme la duchesse de Fitz-James. Montpellier, 1889. 1 vol. in-12 de 600 pages, avec figures dans le texte ; prix 6 fr. Franco poste. . . . . 6 fr.

Houdaille (F.). Le soleil et l'agriculteur, avec un appendice sur la lune et les influences lunaires, par F. Houdaille, professeur de physique à l'École nationale d'agriculture. Montpellier, 1893. 1 vol. in-12 de 542 pages, avec 82 figures dans le texte ; prix 4 fr. 50. Franco poste. . . . 5 fr.

Marès (Henri). Description des cépages principaux de la région méditerranéenne de la France, par Henri Marès, correspondant de l'Institut, membre de la Société nationale d'Agriculture de France, secrétaire perpétuel de la Société centrale d'agriculture de l'Hérault. 1 vol. in-folio carré (44 sur 56 c.) de 30 planches en chromolithographie et de 120 pages de texte ; prix en livraison. 75

Relié toile pleine, planches montées sur onglet. 85

Demi-rel. maroquin, pl. montées sur onglet, non rogné. . . . 90

Mignot (J.-P.). Traité de comptabilité agricole, contenant un exemple de tenue des livres pendant une année, par J.-P. Mignot, professeur de comptabilité agricole, agent de comptabilité agricole à l'École d'agriculture de Montpellier. Deuxième édition, revue et corrigée. Montpellier, 1892. 1 vol. gr. in-8° jésus ; prix 6 fr. Franco poste. . . . . 6 fr.

Pulliat (V.). Manuel du greffeur de vignes. Quatrième édition. Montpellier, 1889 ; in-8°. Franco poste. . . . . 1 fr.

— Mille variétés de vignes, description et synonymies, par V. Pulliat, professeur de viticulture à l'Institut national agronomique, troisième édition. Montpellier, 1888. 1 vol. in-12 de 400 pages ; prix 4 fr. Franco poste. . . . . 4 fr.

Rovasenda. Essai d'une ampélographie universelle, par le comte J. de Rovasenda ; traduit, annoté et augmenté par le Dr F. Cazalis, G. Foëx, directeur et professeur, et Pierre Viala, professeur de viticulture à l'École nationale d'agriculture de Montpellier. 2e édition, augmentée, avec une planche en couleur. Montpellier, 1887. 1 vol. in-8° ; prix 7 fr. Franco poste. . . . . 7 fr.

Rougier (L.). Instructions pratiques sur la reconstitution des vignes par les cépages américains, par L. Rougier, professeur départemental d'agriculture de la Loire. 3e édition, revue et augmentée, avec figures dans le texte. 1893. 1 vol. in-12 ; prix 3 fr. Franco poste. . . . 3 fr.

Viala (P.). Les maladies de la vigne, par Pierre Viala, professeur de viticulture à l'Institut agronomique. Troisième édition entièrement refondue. Montpellier, 1893. 1 vol. grand in-8° jésus de 595 pages, avec 20 planches en chromo et 290 figures dans le texte ; prix 20 fr. Franco poste. . . . .

(Couronné par l'Institut, prix Desmazières).

Montpellier. — Impr. Serre et Ricome, rue Vieille-Intendance.